现代数学基础丛书·典藏版　40

线性整数规划的数学基础

马仲蕃　著

科学出版社
北　京

内 容 简 介

本书系统地论述了整数规划的割平面理论和算法、混合整数规划的分解方法、组合规划和组合多面体方法、拟阵理论，以及下料、装箱、时间表、厂址选择、货郎等著名特殊整数规划问题，较全面地介绍了与整数规划有关的各种基本方法和最新进展.本书可作为运筹学、管理科学、应用数学、计算数学、系统工程等专业的大学生、研究生的教材或教学参考书.

图书在版编目(CIP)数据

线性整数规划的数学基础/马仲蕃著.—北京：科学出版社，1995.2（2016.6 重印）
(现代数学基础丛书·典藏版;40)
ISBN 978-7-03-003943-9

I.①线… II.①马… III.①线性－整数规划－数学基础 IV.①O221.4

中国版本图书馆 CIP 数据核字(2016) 第 113166 号

责任编辑：张 扬／责任校对：林青梅
责任印制：徐晓晨／封面设计：王 浩

科学出版社 出版
北京东黄城根北街 16 号
邮政编码：100717
http://www.sciencep.com

北京厚诚则铭印刷科技有限公司印刷
科学出版社发行 各地新华书店经销

*

1995 年 2 月第 一 版 开本：B5(720×1000)
2016 年 6 月印 刷 印张：19 3/4
字数：257 000

定价：138.00 元

(如有印装质量问题，我社负责调换)

目　　录

引　言

这是一本线性整数规划方面的数学基础书．其中介绍了单纯形算法和它的列生成、分解、松弛技巧；整点凸包、割平面理论和割平面算法；网络流和网络单纯形算法、截集树和最小奇截集；拟阵最优基和最优交算法、拟阵多面体；匹配多面体、2-匹配多面体、奇集不等式、梳子不等式；线性规划对偶理论、非负矩阵对偶理论、组合对偶和全对偶整数性；以及集合分解、集合覆盖、厂址选择、背包、货郎等著名的整数规划问题．本书包含了线性规划、组合规划和整数规划中的一些最基本的定理．我们期望它将来能被各理工科院校和各师范院校用作运筹学和线性代数方面的补充教材．阅读本书只需具备数学分析和线性代数的基本知识，各章节的内容以及所用的数学符号，都是比较独立的，因此，读者也可以随意挑选其中感兴趣的章节阅读．

第一章扼要地介绍了线性规划的理论和方法．这是以后各章的基础．

线性规划问题是一个特殊的条件极值问题：寻求一个定义在（n 维线性空间中的）凸多面体

$$\{x \mid x \in R^n, Ax \leqslant b\}$$

上的多元线性函数 cx（通常称作目标函数）的最大（或最小）值．其中 A,b,c 为给定的 $m \times n, m \times 1, 1 \times n$ 的有理数矩阵，R^n 表示有理数域上的 n 维线性空间．

顶点、稜和边界面是凸多面体的三个基本的几何概念．在线性规划问题中，每个（不是多余的）约束条件，对应于（n 维线性空间中的）凸多面体的一个边界面．用代数语言描述的基本允许解和极方向对应于凸多面体的顶点和稜的方向．大家都知道，线性

方程组

$$Ax = b$$

的通解可表示为如下的形式

$$x = x^* + \sum_i \beta_i y^i,$$

其中 x^* 是方程组的任意一个特解，$\{y^i\}$ 是对应的齐次方程组

$$Ay = 0$$

的基本解系.线性不等式组:

$$Ax \leqslant b$$

的通解,也可类似地表示为如下的形式:

$$x = \sum_i \lambda_i x^i + \sum_j \mu_j y^j,\ \lambda_i, \mu_j \geqslant 0,\ \sum_i \lambda_i = 1,$$

其中 $\{x^i\}$ 是多面体的所有顶点，$\{y^j\}$ 是对应的齐次不等式组

$$Ay \leqslant 0$$

的基本解系,在线性规划中,被称作极射向.

线性规划的一个基本性质是:假如目标函数的最大值存在,则必可在基本允许解上达到. 单纯形方法的思路是从某个基本允许解出发,沿着极方向，从一个基本允许解走到另一个基本允许解,使对应的目标函数值不断改进,最后达到最大(或最小)值. 然而,困难就在于不一定每一次叠代都能使目标函数值得到改进. 在所谓"退化"的情形下,甚至有产生"死循环"的危险(参见第一章 §11 中的习题 6). 如何排除死循环,便是单纯形方法的重要理论部份.书中介绍了两种排除死循环的方法: "小指标优先" (Bland 法则) 和"字典序" (Dantzig 法则). 而字典序也是整数规划中的一个基本概念.

"列生成"、"分解"和"松弛"是单纯形方法的重要组成部分.正是由于应用了这些技巧，才能解决变量和条件都上万的大规模线性规划问题.

对偶定理是线性规划理论的核心部分.很多组合规划问题,往往必须依靠对偶定理来判别是否达到了最大值或最小值. 若把列

生成技术应用到对偶线性规划上，则对原来的线性规划问题而言，便是应用了松弛技术(或者，我们可以称其为“行生成”技术)。

因为本书主要想介绍单纯形方法和对偶理论在整数规划中的推广应用，不想涉及算法复杂性方面的内容。因此，如 Khachian 方法，Karmarkar 方法，以及单纯形方法的有效性的概率分析等方面，虽然都是标志着线性规划的最新进展，这里就不介绍了。

第二章介绍了线性整数规划的割平面理论和方法。

人们常常用 0,1 变量来表示取与舍，开与关，有与无等逻辑关系。例如对事件 j，用 $x_j = 1$ 表示事件发生；$x_j = 0$ 表示事件不发生。那末，条件

$$\sum_j x_j \leqslant 1, \text{所有 } x_j \text{ 取 0 或 1}$$

表示最多有一事件发生。条件

$$\sum_j x_j \geqslant 1, \text{所有 } x_j \text{ 取 0 或 1}$$

表示至少有一事件发生。条件

$$\sum_j x_j = 1, \text{所有 } x_j \text{ 取 0 或 1}$$

表示恰好有一事件发生。条件

$$x_i - x_j = 0,\ x_i \text{ 和 } x_j \text{ 取 0 或 1}$$

表示事件 i 和 j 同时发生或同时不发生。条件

$$x_i \leqslant x_j,\ x_i \text{ 和 } x_j \text{ 取 0 或 1}$$

表示只有在事件 j 发生后，i 才有可能发生。

假设

$$P_1 = \{x \mid x \in R^n, A'x \leqslant b'\},$$
$$P_2 = \{x \mid x \in R^n, A''x \leqslant b''\},$$

那末，和集 $P_1 \cup P_2$ 可表示为如下的形式

$$A'x \leqslant b' + w(1 - \bar{x}_1),$$
$$A''x \leqslant b'' + w(1 - \bar{x}_2),$$
$$\bar{x}_1 + \bar{x}_2 \geqslant 1,$$

其中的 $\bar{x}_1,\bar{x}_2$ 是 0,1 变量，w 是一个分量都足够大的向量.

线性整数规划是一类要求全部变量取整数值的线性规划问题：

$$\max\ cx$$

满足 $Ax \leqslant b$，x 是非负整数向量. 只要求一部分变量取整数值的线性规划问题，称为线性混合整数规划问题. 当所有的整数变量都取 0 或 1 时，则称其为 0,1 规划问题. 因此，线性整数规划问题的定义域是所有分量为整数的允许解（即某个多面体中的"整点"）. 如上图所示.

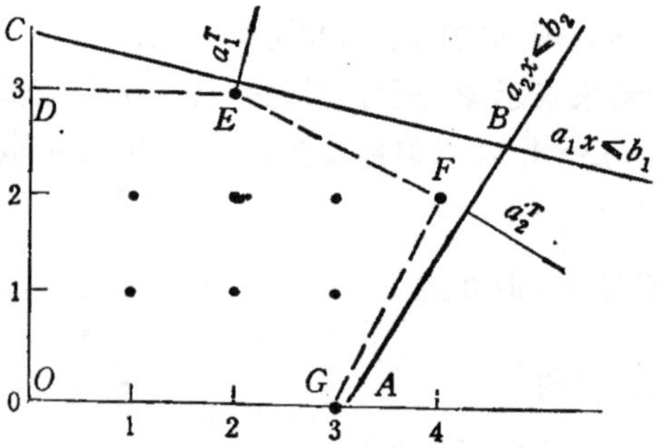

线性整数规划中的一个最基本的概念是"整点凸包"，即包含所有整数允许解的最小的凸多面体. 如图中的 $ODEFGO$. 假如我们能写出整点凸包的不等式条件，那末，只要在整点凸包上，应用单纯形方法求线性规划问题的基本最优解，便可得到整数规划问题的最优解. 寻求整点凸包的边界面，是整数规划中的一个核心问题. 一般地说，要完整地写出整点凸包的边界面，是非常困难的. 但是，从计算角度，假如我们应用了松弛技术，那末，实际上只需写出一部分边界条件就足够了.

考虑整数规划问题：

$$\max\{cx \mid x \in P\},$$

其中

$$P = \{x \mid Ax \leqslant b,\ x\ \text{是整数向量}\}.$$

假设 P 的凸包为：

$$(P)^{\triangle} = \{x \mid E_j x \leqslant d_j, j \in J\},$$

那末，上述整数规划问题等价于如下的线性规划问题：

$$\max\{cx \mid E_j x \leqslant d_j, j \in J\}.$$

假设我们已有 J 的一个子集 R，使得松弛问题

$$\max\{cx \mid E_j x \leqslant d_j, j \in R\}$$

有最优解. 并且,不妨可设,运用单纯形算法，求得的最优基为

$$B = \begin{pmatrix} E_1 \\ \vdots \\ E_n \end{pmatrix},$$

最优解为 $x^* = B^{-1}d$，其中

$$d = \begin{pmatrix} d_1 \\ \vdots \\ d_n \end{pmatrix}.$$

假如 x^* 是整数向量,且使 $Ax^* \leqslant b$，那末，x^* 便是我们所考虑的整数规划问题的最优解. 相反,必存在某个 $s \in J \backslash R$，使得

$$E_s x^* > d_s.$$

运用对偶单纯形算法,以 s 为旋转行,可确定旋转列r, $1 \leqslant r \leqslant n$. 定义:

$$\bar{R} = (R \backslash \{r\}) \cup \{s\}.$$

用 $\bar{R}$ 代替 R，继续考虑新的松弛问题:

$$\max\{cx \mid E_j x \leqslant d_j, j \in \bar{R}\}.$$

从理论上说,反复进行上述过程,必能找到整数规划的最优解. 关键之处是如何找出使 x^* 不满足的凸包面

$$E_s x \leqslant d_s.$$

这是一个大家注目的难题.

1958 年，R. E. Gomory 首先提出了“割平面”的概念，建立了割平面算法,从而使整数规划逐步形成为一个独立的分支.

考虑整数规划问题的约束条件:

$$S = \{x \mid Ax \leqslant b, x \geqslant 0,\ x \text{ 是整数向量}\}.$$

若有一行向量 $u \geqslant 0$，使得 uA 是一个整数向量，ub 不是整数，那末,容易看出:

$$x \in S \Rightarrow (uA)x \leqslant \lfloor ub \rfloor.$$

其中符号 $\lfloor r \rfloor$ 表示不超过 r 的最大整数。这时的条件

$$uAx \leqslant \lfloor ub \rfloor$$

就称为 S 的一个割平面。

函数 $f: R^m \to R^1$，若满足：

$f(d_1) + f(d_2) \leqslant f(d_1 + d_2)$（对任意的 $d_1, d_2 \in R^m$），

则称 f 是一个超加（Superadditive）函数。函数 f 若满足：

$f(d_1) \leqslant f(d_2)$（对任意的 $d_1 \leqslant d_2$），

则称 f 是一个非降函数。

设 $A = (P_1, \cdots, P_n)$，$P_j \in R^m$。设 f 是一个非降的超加函数，则有关系

$$x \in S \Rightarrow \sum_{j=1}^{n} f(P_j) \leqslant f(b).$$

这是一类更广泛的割平面。可以证明，S 的整点凸包的任何边界面，都可用上述方法生成.关键是如何找出适当的非降超加函数。

Gomory 的割平面算法也是一种松弛方法。用一系列松弛线性规划问题的最优解去追近整数规划最优解。他巧妙地利用了单纯形表中的系数，不断地生成具有上述性质的向量 $u \geqslant 0$，从而生成一系列的割平面：$uAx \leqslant \lfloor ub \rfloor$，使得加上这些割平面条件后，整数规划问题就化为一个等价的线性规划问题. Gomory 的割平面算法，能保证在有限步内求得整数规划最优解。理论上是很精美的，但是，实际计算时，往往效果不很好。这是因为 Gomory 割平面不一定是整点凸包的边界面。1979 年，M. Grötschel 和 M. W. Padberg 等人，对一些特殊的整数规划问题，例如货郎（Travelling Salesman）问题和背包（Knapsack）问题等。提出了一种新的割平面算法，效果较好。它的特点是所加的割平面大都是凸包的边界面。

第三章介绍了线性混合整数规划的几种基本算法：Gomory 割平面算法、Benders 分解算法、拉格朗日松弛法、以及一般的分枝估界法。Benders 分解法和拉格朗日松弛法之间有其内在的联

系，是互为对偶的方法．它们巧妙地利用了线性规划的对偶理论、分解原则和松弛方法．这些算法是整数规划计算方法中很重要的部分．这些方法已经在场址选择等问题中得到了较好的应用．

第四章介绍了图上的一些特殊的线性组合规划问题．这是一些能够完整地写出它的整点凸包的0,1规划问题． 可以认为，它们是属于线性规划和整数规划之交．这些组合问题本身也是图论和组合最优化中的著名问题．然而，在这里，我们只涉及与线性规划对偶理论和整点凸包有关的内容．

在§1,2两节中，首先介绍了图论中有关的基本概念，说明图的很多基本参数都可叙述成0，1规划问题． 特别地，当图的关联矩阵是全单位模矩阵时(矩阵中任何阶子行列式的值为0，1或－1)，例如当图是二部图时，则图的很多参数，可直接写成线性规划问题．这时，它的所有基本允许解都是0,1解，因此，这时的约束条件本身便是一个整点凸包．

§3中介绍了匹配问题的整点凸包，即著名的 J. Edmonds 多面体．这是一个能够完整地写出整点凸包的整数规划问题．匹配问题整点凸包的边界条件是一些"奇集"不等式，这些不等式可以利用最小截集算法生成．

§4中介绍了2-匹配问题的整点凸包． V. Chvátal 称它的边界条件为"梳子"不等式．这些不等式也可以利用最小截集算法生成． 后来，M. Grötschel 和 M. Padberg 等人把梳子不等式的概念，成功地推广应用到了货郎问题，取得了惊人的效果．

§5中介绍了一类特殊的0,1矩阵，叫做均衡矩阵 (Balanced Matrices)，它是全单位模矩阵的一种推广．若A是一个m行n列的均衡矩阵，则约束条件

$$\{x \mid Ax = 1, x \geqslant 0\}$$

的所有基本允许解都是0，1解 (其中的1表示分量都为1的向量)，并且具有如下整数形式的对偶定理

$$\max\left\{\sum_j w_j x_j \mid Ax \leqslant 1,\ x \text{是非负整数向量}\right\}$$

$$= \min\left\{\sum_i y_i \mid yA \geqslant w, y\text{是非负整数向量}\right\}$$

（其中的 $w=(w_1,\cdots,w_n)$ 是任意给定的非负整数向量）.

§6 中介绍了 D. R. Fulkerson 建立的，反映非负矩阵对偶性的 Block 和 Antiblock 理论. 从几何角度讲，它是研究一类凸多面体的点、面对偶性. 这里，我们根据所含的内容，称其为非负矩阵的配偶理论，它是线性规划对偶理论的应用和发展. 例如，对非负矩阵

$$A=\begin{pmatrix}1 & \frac{1}{2}\\ \frac{1}{3} & 1\end{pmatrix}$$

可以定义两个多面体

$$P=\{x \mid Ax \geqslant 1, x \geqslant 0\}$$

和

$$Q=\{x \mid Ax \leqslant 1, x \geqslant 0\}.$$

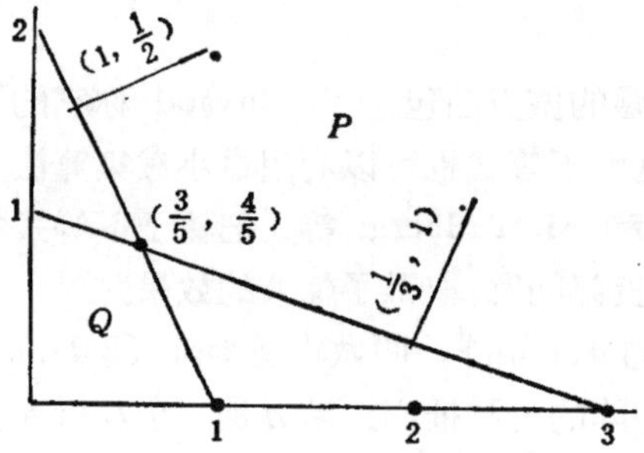

如左图所示：P 的所有顶点为 (3, 0)，$\left(\frac{3}{5},\frac{4}{5}\right)$，(0,2)；$Q$ 的所有顶点为 (1,0)，$\left(\frac{3}{5},\frac{4}{5}\right)$，(0, 1). 分别以 P 和 Q 的顶点为行，可得非负矩阵：

$$B=\begin{pmatrix}3, & 0\\ \frac{3}{5}, & \frac{4}{5}\\ 0, & 2\end{pmatrix}\text{和 } F=\begin{pmatrix}1, & 0\\ \frac{3}{5} & \frac{4}{5}\\ 0 & 1\end{pmatrix}.$$

称 B 为 A 的外配偶 (Block)，F 为 A 的内配偶 (Antiblock). 假

如我们再考察多面体

$$\{x \mid Bx \geqslant 1, x \geqslant 0\}$$

和

$$\{x \mid Fx \leqslant 1, x \geqslant 0\},$$

就会发现它们的顶点便是 A 的行．因此，外(内)配偶的外(内)配偶便是其本身．当 A 是一个具有某种性质的 0,1 矩阵时，(例如当 A 是均衡矩阵时)，则外(内)配偶 $B(F)$ 也都是 0,1 矩阵．由此，可导出图论中很多著名的极大极小定理．

在这一章的 §7 中，我们还简单地介绍了"全对偶整数性"(T.D.I.)这一较新的概念．它是全单位模性的一种推广．有很多组合对偶定理，可以通过全对偶整数性来得到证明．

第五章介绍了网络流和网络单纯形算法．求网络的最小截集的算法(即最大流算法)是线性规划、图论、组合最优化和整数规划等学科共同的基本方法．是其他很多算法的基石．

§1 中主要是利用线性规划对偶定理来证明：网络的最大流量等于网络的最小截量．

§2 中介绍了求最小循环流的线性规划原始、对偶算法(Out-of-kitter Method)．

§3 中介绍了 R. E. Gomory 和 T. C. Hu 提出的截集树的基本概念．

§4 中介绍了利用截集树求最小奇截集的 V. Chvátal 方法．

§5 中介绍了网络单纯形算法以及旋转列的选取规则．

§6 中综合应用全对偶整数性和非负矩阵的配偶性，证明了图论中一系列的组合对偶定理．

第六章介绍了拟阵(Matroid)在组合规划中的应用．很多形式上十分不同的组合问题，可以统一地用拟阵的数学模型来描述；很多形式上不同的组合算法，也都可统一地用拟阵交算法来描述．已经能够完整地写出拟阵的独立集凸包(简称拟阵多面体)和两个拟阵的独立集之交的凸包(简称拟阵交多面体)．

第七章介绍了三个基本的整数规划问题．

集合覆盖 (Set Covering):

$$\min\{cx \mid Ax \geqslant 1, x \text{ 是 } 0,1 \text{ 向量}\};$$

集合剖分 (Set Partition):

$$\max\{cx \mid Ax = 1, x \text{ 是 } 0,1 \text{ 向量}\};$$

集合组装 (Set Packing):

$$\max\{cx \mid Ax \leqslant 1, x \text{ 是 } 0,1 \text{ 向量}\}.$$

其中 A 是一个 0,1 矩阵,1是分量都为 1 的向量. 一般地说，我们很难完整地写出这些问题的整点凸包的边界面. 多面体

$$P = \{x \mid Ax = 1, x \geqslant 0\}$$

中,虽然可能有一些顶点不是 0,1 解,但是，对任意的 0,1 解 x^0,必存在 0,1 解序列:

$$x^0 = x^1, x^2, \cdots, x^k = x^*,$$

使得:

(i) x^i 和 x^{i+1} 是 P 的两个相邻的顶点,而 x^* 是集合剖分问题的最优解;

(ii) $cx^i \leqslant cx^{i+1}, i = 1, \cdots, k-1$.

因此，我们有希望能在多面体 P 上直接应用单纯形算法求整数规划的最优解,但是,至今尚未实现. 这里，只介绍了集合覆盖问题的一个特殊的割平面算法.

第八章介绍了著名的背包问题.也有人称它为一维下料问题:

$$\max\left\{\sum_i c_j x_j \,\middle|\, \sum_i a_j x_j \leqslant w,\ x_j \text{ 取 } 0 \text{ 或 } 1\right\}.$$

§1 中介绍了它的整点凸包的一类边界面. 这是一类很有效的割平面.

§2 中介绍了背包问题的递推函数法(即动态规划方法)、最短路方法、以及针对大规模问题的近似算法. 另外,还简单地介绍了 Abel 群上的背包问题.

第九章介绍了著名的货郎问题. 它是和整数规划的发展紧密联系在一起的.

1954 年, G. B. Dantzig, D. R. Fulkerson 和 S. M.

Johnson 在研究货郎问题的算法时，首先提出了“子圈”(Subtour)条件，这是割平面的萌芽．同时，他们也提出了分解成几个子问题之和的思想．这是分枝估界法的萌芽．

1960 年，A. H. Land 和 A. G. Doig 首先提出了货郎问题的分枝估界法．后来，它迅速地发展成为整数规划的一般解法．

1979 年，M. Grötschel 和 M. W. Padberg 等人，首先证明了子圈不等式和梳子不等式都是货郎问题整点凸包的边界面条件．以这些条件作为割平面，用新的割平面方法，找到了过 120 个点的货郎问题的最优解（它是一条通过联邦德国 120 个城市的最短旅游路线）．这是一个被人们研究了十几年的实际问题．

第一章 线性规划

§1 基本概念

线性规划问题的标准形式为

$$\text{求 } \max x_0 = \sum_{j=1}^{n} c_j x_j, \tag{1}$$

满足条件

$$\sum_{j=1}^{n} a_{ij} x_j = b_i, i = 1,2,\cdots,m, \tag{2}$$

$$x_j \geqslant 0,\ j = 1,2,\cdots,n. \tag{3}$$

其中的 c_j, a_{ij}, b_i 都是已知的实数，x_j 是未知量. (1) 称为目标函数,(2)和(3)称为约束条件. 满足方程组(2)的解 $\{x_1,\cdots,x_n\}$,若同时又满足条件(3),则称其为允许解. 使目标函数 x_0 的值达到最大的允许解,称为最优解. 利用向量和矩阵的符号,记

$$c = (c_1,\cdots,c_n),$$

$$A = \begin{pmatrix} a_{11} \cdots a_{1n} \\ a_{m1} \cdots a_{mn} \end{pmatrix},$$

$$A_i = (a_{i1},\cdots,a_{in}), i = 1,2,\cdots,m,$$

$$P_j = \begin{pmatrix} a_{1j} \\ \vdots \\ a_{mj} \end{pmatrix},\ j = 1,2,\cdots,n,$$

$$b = \begin{pmatrix} b_1 \\ \vdots \\ b_m \end{pmatrix},$$

$$x = \begin{pmatrix} x_1 \\ \vdots \\ x_n \end{pmatrix},$$

则(1),(2),(3)可写为

求 $\max\ x_0 = cx$,

满足条件

$$A_i x = b_i,\ i = 1,2,\cdots,m,\ x \geqslant \mathbf{0}.$$

或者写为

求 $\max\ x_0 = cx$,

满足条件

$$\sum_{j=1}^{n} x_j P_j = b,\ x_j \geqslant 0,\ j = 1,2,\cdots,n.$$

或者简单地写为

求 $\max\ \{x_0 | x_0 = cx, Ax = b, x \geqslant 0\}$.

假如所给问题的目标函数是求 $\min\ cx$, 则可等价地化为求 $\{-\max(-cx)\}$. 假如所给问题的约束条件中含有不等式

$$A_i x \leqslant b_i,\ \text{或}\ A_i x \geqslant b_i,$$

则可等价地化为如下的等式条件

$$A_i x + x_{n+i} = b_i, x_{n+i} \geqslant 0,$$

或

$$A_i x - x_{n+i} = b_i, x_{n+i} \geqslant 0,$$

称 x_{n+i} 为松弛变量.

约束条件(2),(3)所确定的定义域是高维空间中的凸多面体. 一个多面体的最基本的概念是顶点和棱, 顶点称为多面体的零维边界面, 棱称为一维边界面. 下面所定义的基本允许解和极方向是顶点和棱的代数描述. 引进单纯形表是为了使计算过程表格化.

对线性规划问题, 求 $\max\{x_0 | x_0 = cx, Ax = b, x \geqslant 0\}$.

设系数矩阵 A 的秩等于行数 m, 从 A 中任意的取出 m 列

$P_{j_1}, P_{j_2}, \cdots, P_{j_m}$,构成$A$的一个$m \times m$的子矩阵 $B = (P_{j_1} P_{j_2} \cdots P_{j_m})$，若$B$非奇异（即 $|B| \neq 0$），则称B为线性规划问题的一个基。变量 $x_{j_1}, x_{j_2}, \cdots x_{j_m}$ 称为B的基变量，其余的变量称为B的非基变量。对基 $B = (P_{j_1} P_{j_2} \cdots P_{j_m})$，让所有的非基变量都取零值后,约束条件化为

$$x_{j_1} P_{j_1} + x_{j_2} P_{j_2} + \cdots + x_{j_m} P_{j_m} = b,$$

若记向量

$$x_B = \begin{pmatrix} x_{j_1} \\ \vdots \\ x_{j_m} \end{pmatrix},$$

则上式可写成

$$B x_B = b.$$

利用高斯消去法,可解得

$$x_B = B^{-1} b,$$

记向量

$$B^{-1} b = \begin{pmatrix} b_{10} \\ \vdots \\ b_{m0} \end{pmatrix}.$$

称方程组(2)的解

$$x_{j_1} = b_{10}, \cdots, x_{j_m} = b_{m0}, \text{ 其余 } x_j = 0 \tag{4}$$

为对应于B的基本解；若满足 $B^{-1} b \geqslant 0$，则称其为基本允许解，而这时的B称为允许基。

对应于基 $B = (P_{j_1}, \cdots P_{j_m})$，考虑线性方程组

$$\left.\begin{aligned} &\sum_{i=1}^{m} a_{ij_1} \pi_i = c_{j_1}, \\ &\vdots \\ &\sum_{i=1}^{m} a_{ij_m} \pi_i = c_{j_m}, \end{aligned}\right. \tag{5}$$

定义向量

$$c_B = (c_{j_1}, \cdots, c_{j_m}), \pi = (\pi_1, \cdots \pi_m),$$

则(5)可写为

$$\pi P_{j_1}=c_{j_1},\cdots,\pi P_{j_m}=c_{j_m},$$

或者

$$\pi B=c_B.$$

利用高斯消去法,可解得

$$\pi=c_BB^{-1}.$$

称 π 为对应于基 B 的单纯形乘子. 用 π 乘方程 $Ax=b$ 的两边,可得

$$\pi Ax=c_BB^{-1}Ax=c_BB^{-1}b=\pi b. \tag{6}$$

从 $x_0=cx$ 的两边减(6)式的两边,可得

$$x_0-\pi b=cx-\pi Ax,$$

即

$$x_0+(\pi A-c)x=\pi b. \tag{7}$$

将基本解(4)代入(7),可求得目标函数值

$$x_0=x_0+(\pi P_{j_1}-c_{j_1})b_{10}+\cdots+(\pi P_{j_m}-c_{j_m})b_{m0}=\pi b.$$

定理 1.1 对基 B, 若 $B^{-1}b\geqslant 0$, 且 $c_BB^{-1}A-c\geqslant 0$, 则对应于 B 的基本解(4)便是最优解. 我们称其为基本最优解,而这时的基 B 称为最优基.

证明: 由 $B^{-1}b\geqslant 0$, 可知(4)是基本允许解;由 $(\pi A-c)=(c_BB^{-1}A-c)\geqslant 0$,则对一切允许解 x, 有关系$(\pi A-c)x\geqslant 0$, 根据关系式(7),可知任何允许解的目标函数值 $x_0\leqslant\pi b$. 但是允许解(4)使目标函数值达到 πb, 因此必是最优解. 证毕.

对应于基 $B=(P_{j_1}\cdots P_{j_m})$, 在方程组 $Ax=b$ 中,从第 i 个方程解出变量 x_{j_i}, 代入其他各方程,则可化成如下的等价形式

$$B^{-1}Ax=B^{-1}b,$$

与方程(7)联在一起,可得关系式

$$\begin{pmatrix}1 & c_BB^{-1}A-c\\ 0 & B^{-1}A\end{pmatrix}\begin{pmatrix}x_0\\ x\end{pmatrix}=\begin{pmatrix}c_BB^{-1}b\\ B^{-1}b\end{pmatrix}. \tag{8}$$

我们称线性方程组(8)的系数矩阵

$$\begin{pmatrix} c_B B^{-1}b & c_B B^{-1}A - c \\ B^{-1}b & B^{-1}A \end{pmatrix} \tag{9}$$

为对应于基B的单纯形表，记作 $T(B)$. 记

$$c_B B^{-1}b = b_{00}, \tag{10}$$

$$B^{-1}b = \begin{pmatrix} b_{10} \\ \vdots \\ b_{m0} \end{pmatrix}, \tag{11}$$

$$B^{-1}P_j = \begin{pmatrix} b_{1j} \\ \vdots \\ b_{mj} \end{pmatrix}, j = 1,2,\cdots n, \tag{12}$$

$$\pi P_j - c_j = c_B B^{-1}P_j - c_j = b_{0j}, j = 1,2,\cdots n, \tag{13}$$

则

$$T(B) = (b_{ij}) = \begin{pmatrix} b_{00} & b_{01} & \cdots & b_{0n} \\ b_{10} & b_{11} & \cdots & b_{1n} \\ \vdots & \vdots & & \vdots \\ b_{m0} & b_{m1} & \cdots & b_{mn} \end{pmatrix}.$$

对任意的基 $B = (P_{j_1}P_{j_2}\cdots P_{j_m})$，设 $T(B) = (b_{ij})$. 对应于每一非基变量 x_j，考虑包含$m+1$个变量的线性齐次方程组

$$y_{j_1}P_{j_1} + \cdots + y_{j_m}P_{j_m} + y_jP_j = 0.$$

它的解集是一条直线. 记其中使 $y_j = 1$ 的解为

$$y^j = \begin{pmatrix} y_1^j \\ \vdots \\ y_n^j \end{pmatrix}. \tag{14}$$

记

$$y_B^j = \begin{pmatrix} y_{j_1}^j \\ \vdots \\ y_{j_m}^j \end{pmatrix},$$

则 y_B^j 满足

$$By_B^j + P_j = 0,$$

即

$$y_B^j = -B^{-1}P_j.$$

因此，y^j 满足关系

$$\begin{aligned} &y_{j_i}^j = -b_{ij}, i = 1,2,\cdots,m, \\ &y_j^j = 1, \qquad\qquad (15) \\ &y_k^j = 0,\ \text{对其余所有分量}, \end{aligned}$$

称 y^j 为基 B 的一个对应于非基变量 x_j 的极方向。根据定义，有性质

$$Ay^j = By_B^j + P_j = 0, \qquad (16)$$

因为

$$\begin{aligned} b_{0j} &= c_B B^{-1} P_j - c_j = \sum_{i=1}^{m} c_{j_i} b_{ij} - c_j \\ &= \sum_{i=1}^{m} c_{j_i}(-y_{j_i}^j) + (-y_j^j)c_j \\ &= -\sum_{k=1}^{n} c_k y_k^j, \end{aligned}$$

因此有性质

$$cy^j = -b_{0j}. \qquad (17)$$

定理 1.2 对任意的单纯形表 (b_{ij})，若有某 j，使得

$$b_{0j} < 0, b_{ij} \leqslant 0, i = 1,2,\cdots,m,$$

则对应的线性规划问题或者无允许解，或者 x_0 无上界，因此无最优解。

证明：由定理的假设及极方向 y^j 的定义(15)，可知 $y^j \geqslant 0$，由(17)可知 $cy^j > 0$。现在，若问题有允许解 x，则对任何实数 $\lambda > 0$，有关系 $A(x + \lambda y^j) = Ax + \lambda Ay^j = Ax = b$，$x + \lambda y^j \geqslant 0$。因此，$x + \lambda y^j$ 也是允许解，且当 $\lambda \to +\infty$ 时，有

$$c(x + \lambda y^j) \to +\infty.$$

证毕。

一个极方向 y^j，若使 $y^j \geqslant 0$，则称其为一个极射向。

对基 $B = (P_{j_1}, \cdots, P_{j_m})$，设其单纯形表 $T(B) = (b_{ij})$，考

虑其中的某一非零元素 $b_{rs}, r, s \geqslant 1, j_r \neq s$（即 x_s 不是第 r 个基变量）. 将矩阵 (b_{ij}) 作如下的行初等变换

$$\bar{b}_{rj} = \frac{b_{rj}}{b_{rs}}, j = 0, 1, \cdots, n, \tag{18}$$

$$\bar{b}_{ij} = b_{ij} - \frac{b_{rj}}{b_{rs}} b_{is}, i \neq r, j = 0, 1, \cdots, n, \tag{19}$$

可得矩阵 $(\bar{b}_{ij})$. 从对应于单纯形表 (b_{ij}) 的方程组

$$\begin{aligned} x_0 + \sum_{j=1}^{n} b_{0j} x_j &= b_{00}, \\ \sum_{j=1}^{n} b_{ij} x_j &= b_{i0}, i = 1, 2, \cdots, m \end{aligned}$$

看，上述变换相当于从第 r 个方程中解出变量 x_s（这时 x_{j_r} 变为非基变量），然后将其代入其他各方程. 也就是说，用 x_s 代替基变量 x_{j_r}. 因此，可得以下定理.

定理 1.3 经上述初等变换后所得的矩阵 $(\bar{b}_{ij})$ 是基

$$\bar{B} = (P_{j_1} \cdots P_{j_{r-1}} P_s P_{j_{r+1}} \cdots P_{j_m})$$

的单纯形表. 令

$$E_{rs} = \begin{pmatrix} 1 & & & -\frac{b_{0s}}{b_{rs}} & & & \\ & \ddots & & \vdots & & & \\ & & 1 & -\frac{b_{r-1\,s}}{b_{rs}} & & & \\ & & & \frac{1}{b_{rs}} & & & \\ & & & -\frac{b_{r+1\,s}}{b_{rs}} & 1 & & \\ & & & \vdots & & \ddots & \\ & & & -\frac{b_{ms}}{b_{rs}} & & & 1 \end{pmatrix}, \tag{20}$$

则

$$(\bar{b}_{ij}) = E_{rs} \cdot (b_{ij}). \tag{21}$$

我们称变换(18),(19)为 (r,s) 旋转变换. 称 b_{rs} 为旋转元,s 为旋转列,r 为旋转行,旋转列所对应的非基变量称为旋入变量,旋转行所对应的基变量称为旋出变量

§2 单纯形方法

假设我们已知一允许基 $B=(P_{j_1}\cdots P_{j_m})$,设 $T(B)=(b_{ij})$.以后再介绍初始允许基的求法. 由于 B 是允许基,所以 $b_{i0}\geqslant 0$ $(i=1,2,\cdots,m)$.

单纯形计算程序

1) 若 $b_{0j}\geqslant 0,(j=1,2,\cdots,n)$,则步骤终止. 根据定理 1.1,我们已获得基本最优解:

$x_{j_i}=b_{i0},i=1,2,\cdots m;x_j=0$,(其余分量).

相反,设

$$s=\min\{j\,|\,b_{0j}<0,j\geqslant 1\}.$$

2) 若 $b_{is}\leqslant 0,(i=1,2,\cdots m)$,则步骤终止. 根据定理 1.2,已知问题无最优解. 相反,求

$$\theta=\min\left\{\frac{b_{i0}}{b_{is}}\middle|\, b_{is}>0,1\leqslant i\leqslant m\right\}=\frac{b_{r0}}{b_{rs}},$$

假如达到最小的比值不唯一,则取其中所对应的基变量指标最小的行作为 r. 即取指标 r 满足

$$j_r=\min\left\{j_i\,\middle|\,\frac{b_{i0}}{b_{is}}=\theta,b_{is}>0\right\}$$

(这个选取指标 r 及 s 的规则,通常称作小指标规则).

3) 作 (r,s) 旋转变换,得基 $\bar{B}$ 及 $T(\bar{B})=(\bar{b}_{ij})$,其中

$$\bar{B}=(P_{j_1}\cdots P_{j_{r-1}}P_sP_{j_{r+1}}\cdots P_{j_m}),$$

$$\bar{b}_{rj}=\frac{b_{rj}}{b_{rs}},j=0,1,\cdots,n,$$

$$\bar{b}_{ij}=b_{ij}-\frac{b_{ij}}{b_{rs}}b_{is},\ 0\leqslant i\neq r\leqslant m, 0\leqslant j\leqslant n,$$

用 $(\bar{b}_{ij})$ 代替 (b_{ij})，转到步骤 1.

定理 1.4 步骤 3) 中所得的基 $\bar{B}$ 仍为一允许基.

证明：由 $b_{rs}>0, b_{r0}\geqslant 0$，可知 $\bar{b}_{r0}=\frac{b_{r0}}{b_{rs}}\geqslant 0$. 对 $i\neq r$，若 $b_{is}\leqslant 0$，则

$$\bar{b}_{i0}=b_{i0}-\frac{b_{r0}}{b_{rs}}b_{is}\geqslant b_{i0}\geqslant 0.$$

若 $b_{is}>0$，则由步骤 2 中 θ 及 j_r 的取法，可知

$$\bar{b}_{i0}=b_{is}\left(\frac{b_{i0}}{b_{is}}-\frac{b_{r0}}{b_{rs}}\right)=b_{is}\left(\frac{b_{i0}}{b_{is}}-\theta\right)\geqslant 0.$$

证毕.

定理 1.5 步骤 3) 中所得的 $(\bar{b}_{ij})$ 使得

$$\bar{b}_{00}\geqslant b_{00},$$

当且仅当 $b_{r0}=0$ 时，$\bar{b}_{00}=b_{00}$.

证明：因为 $b_{rs}>0$，$b_{r0}\geqslant 0$，$b_{0s}<0$，所以

$$\bar{b}_{00}-b_{00}=\left(-\frac{b_{0s}}{b_{rs}}\right)b_{r0}\geqslant 0,$$

当且仅当 $b_{r0}=0$ 时，$\bar{b}_{00}-b_{00}=0$. 证毕.

定理 1.6 上述计算程序必在有限步内终止.

证明：根据定理 1.4，可知计算过程是由允许基到允许基的逐次叠代. 因此，只要能证明计算过程中，基不重复出现，那末，由于基的总数是有限的，程序也就必须在有限步内终止于步骤 1) 或 2). 下面我们用反证法. 假设对某个线性规划问题，运用上述算法时，产生了死循环：

$$T(B_1)\to T(B_2)\to\cdots\to T(B_k)\to T(B_1).$$

将变量的指标 $\{1,2,\cdots n\}$ 划分为互不相交的子集 I, J, H 之和，使得

$j\in I$，当且仅当 x_j 是所有 B_t 的基变量. I 称作固定基变

量指标集。

$j\in H$，当且仅当 x_j 是所有 B_t 的非基变量。H称作固定非基变量指标集

$j\in J$，当且仅当 x_j 既是某 B_t 的基变量，也是某 B_u 的非基变量。J 称作循环变量指标集。

将行指标 $\{1,\cdots,m\}$ 划分为互不相交的子集 L、M 之和，使得对任何的基 B_t，满足

$i\in L$，当且仅当，第 i 个基变量的指标 $j_i\in I$。L 称作非旋转行指标集。

$i\in M$，当且仅当，第 i 个基变量的指标 $j_i\in J$，M称作旋转行指标集。

设 $T(B_t)=(b_{ij}^t)$，$t=1,2,\cdots,k$，设由 $T(B_t)$ 变换到 $T(B_{t+1})$ 的旋转行为 $r(t)$，旋出基变量的指标为 r_t，旋入的非基变量指标为 s_t，(当然，此时的旋转列也为 s_t)，其中

$$t=1,2,\cdots k,$$

而 $B_{k+1}=B_1$。根据上述定义，立即可得

$$J=\bigcup_{t=1}^{k}\{s_t\}=\bigcup_{t=1}^{k}\{r_t\},$$

$$M=\bigcup_{t=1}^{k}\{r(t)\}.$$

根据定理 1.5 的前一部分，可得

$$b_{00}^1\leqslant b_{00}^2\leqslant\cdots\leqslant b_{00}^k\leqslant b_{00}^1,$$

因此有

$$b_{00}^1=b_{00}^2=\cdots=b_{00}^k.$$

根据定理 1.5 的后一部分，可得

$$b_{r(t)0}^t=0,t=1,2,\cdots,k,$$

根据旋转变换关系式

$$\bar{b}_{i0}=b_{i0}-\frac{b_{r0}b_{is}}{b_{rs}},\ (i\neq r);\ \ \bar{b}_{r0}=\frac{b_{r0}}{b_{rs}},$$

立即可得

$$b_{i0}^1 = b_{i0}^2 = \cdots = b_{i0}^k,\ i = 0,1,\cdots,m.$$

因此有

$$b_{r(t)0}^v = 0,\ t = 1,2,\cdots,k, v = 1,2,\cdots,k,$$

即

$$b_{i0}^t = 0, i \in M, t = 1,2,\cdots,k.$$

定义

$$q = \max\{j | j \in J\}.$$

设 $s_f = r_\cdot = q$，对 $T(B_f) = (b_{ij}^f)$，根据步骤 1 中旋转列的选取规则，可知

$$b_{0q}^f < 0, b_{0j}^f \geqslant 0, j \in J \backslash \{q\},$$

令向量

$$Z = (z_1, z_2, \cdots, z_n),$$

其中 $z_j = b_{0j}^f, j = 1,2,\cdots,n$. 根据 b_{0j} 的定义(13)，有关系

$$Z = c_{B_f} B_f^{-1} A - c. \tag{22}$$

对 $T(B_e) = (b_{ij}^e)$，设基 $B_e = (P_{j_1}, P_{j_2} \cdots, P_{j_m})$. 重新记 $s_e = s$, $r(e) = r$，则 $j_r = q$. 因为对所有的 $i \in M$ 有 $b_{i0}^e = 0$，(根据关系(21))，由步骤2)中旋转行的选取规则，可知

$$b_{0s}^e < 0, b_{rs}^e > 0, b_{is}^e \leqslant 0, i \in M \backslash \{r\}.$$

这是因为

$$i \in M \Leftrightarrow j_i \in J,$$
$$j_r = q = \max\{j | j \in J\},$$

故若有某 $i \in M \backslash \{r\}$，使 $b_{is}^e > 0$，则因为

$$\frac{b_{i0}^e}{b_{is}^e} = 0, j_i < q,$$

就应该选取 i 为旋转行而不取 r.

对单纯形表 $T(B_e)$，设对应于 x_s 的极方向为 y，则根据性质(16)，(17)，有关系式

$$Ay = 0, cy = -b_{0s}^e > 0, \tag{23}$$

由(22)和(23)可得关系式

$$Zy = (c_{B_f}B_f^{-1}A)y - cy = b_{0s}^e < 0. \tag{24}$$

另一方面，由 Z 和 y 的定义可知

$$z_j = b_{0j}^f = 0,\ j \in I,$$
$$y_j = 0,\ j \in H,$$
$$z_j \geqslant 0,\ j \in J\backslash\{q\},$$
$$y_j \geqslant 0,\ j \in J\backslash\{q\},$$

因此可得关系式

$$Zy = \sum_{j=1}^{n} z_j y_j = \sum_{j\in J} z_j y_j$$
$$= \sum_{j\in J\backslash\{q\}} z_j y_j - b_{0q}^f b_{rs}^e$$
$$\geqslant -b_{0q}^f b_{rs}^e > 0,$$

这就与关系式(24)互相矛盾. 证毕.

例 1 求

$$\max\ x_0 = x_1 - x_2,$$

满足

$$-x_1 + x_2 \leqslant 1,$$
$$x_2 \leqslant 2,$$
$$x_1 \geqslant 0, x_2 \geqslant 0.$$

定义域如右图所示.

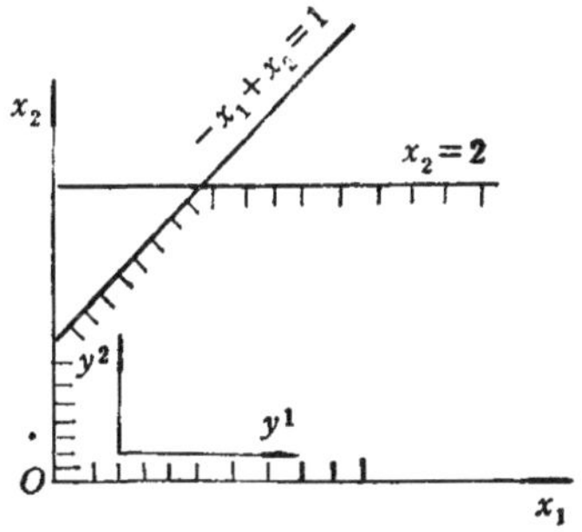

图 1

化成标准形式为:

求 $\max\ x_0 = x_1 - x_2$,

满足

$$-x_1 + x_2 + x_3 = 1, x_2 + x_4 = 2,$$
$$x_1, x_2, x_3, x_4 \geqslant 0.$$

基 $B = (P_3 P_4)$ 的单纯形表为

$$\begin{array}{ccccc} & x_1 & x_2 & x_3 & x_4 \end{array}$$
$$\begin{pmatrix} 0 & -1 & 1 & 0 & 0 \\ 1 & -1 & 1 & 1 & 0 \\ 2 & 0 & 1 & 0 & 1 \end{pmatrix}.$$

对应于 B 的基本解为

$$x_1 = 0, x_2 = 0, x_3 = 1, x_4 = 2.$$

对应于非基变量 x_1 的极方向 y^1 为

$$y^1 = (1,0,1,0)^T \geqslant 0, cy^1 = 1 > 0.$$

对应于 x_2 的极方向 y^2 为

$$y^2 = (0,1,-1,-1), cy^2 = -1 < 0.$$

y^1 为极射向．根据定理 1.2，问题无最大值．

例 2 求 $\max\ x_0 = 2x_1 + x_2$,

满足
$$x_1 + x_2 \leqslant 5,$$
$$x_1 \geqslant x_2,$$
$$6x_1 + 2x_2 \leqslant 21,$$
$$x_1, x_2 \geqslant 0.$$

定义域如下图所示．

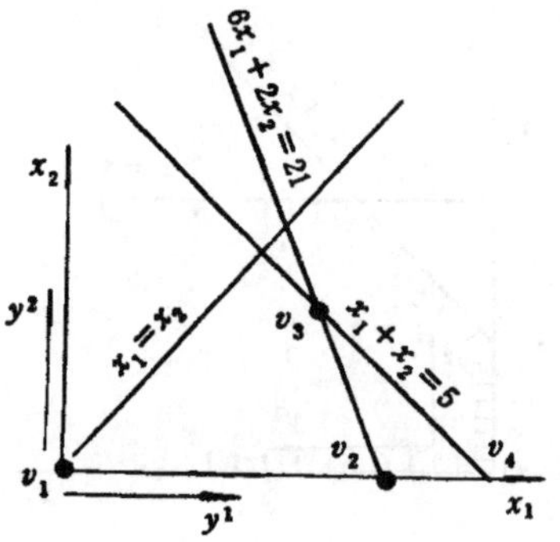

图 2

化成标准形式后为：

求 $\max\ x_0 = 2x_1 + x_2$,

满足

$$\begin{aligned} x_1 + x_2 + x_3 \qquad\quad &= 5, \\ -x_1 + x_2 \qquad + x_4 \qquad &= 0, \\ 6x_1 + 2x_2 \qquad\qquad + x_5 &= 21, \\ x_1, \cdots, x_5 &\geqslant 0. \end{aligned}$$

基 $B_1 = (P_3, P_4, P_5)$ 所对应的单纯形表为

$$T(B_1) = \begin{pmatrix} 0 & -2 & -1 & 0 & 0 & 0 \\ 5 & 1 & 1 & 1 & 0 & 0 \\ 0 & -1 & 1 & 0 & 1 & 0 \\ 21 & 6 & 2 & 0 & 0 & 1 \end{pmatrix},$$

对应于 B_1 的基本解为

$$x_0 = 0, x_1 = x_2 = 0, x_3 = 5, x_4 = 0, x_5 = 21.$$

在 $T(B_1)$ 中，两个极方向 y^1 和 y^2 为

$$y^1=(1,0,-1,1,-6)^T,y^2=(0,1,-1-1,-2)^T.$$

在 $T(B_1)$ 中，若以 b_{11} 为旋转元进行旋转变换，则可得基 $B_2=(P_1P_4P_5)$ 的单纯形表 $T(B_2)$，

$$T(B_2)=\begin{pmatrix} 10 & 0 & 1 & 2 & 0 & 0 \\ 5 & 1 & 1 & 1 & 0 & 0 \\ 5 & 0 & 2 & 1 & 1 & 0 \\ -9 & 0 & -4 & -6 & 0 & 1 \end{pmatrix}.$$

对应于 B_2 的基本解为

$$x_0=10,x_1=5,x_2=0,x_3=0,x_4=5,x_5=-9.$$

B_1 是允许基，对应的基本解为图中 v_1 点。B_2 不是允许基，对应的基本解为图中 v_4 点，旋转变换(1,1)，使基本解 v_1 沿着极方向 y^1 走到了基本解 v_4。走得太远了，已超越定义域边界。假如作(?, 1)旋转变换，则可得对应于基 $B_3=(P_3P_4P_1)$ 的单纯形表 $T(B_3)$，

$$T(B_3)=\begin{pmatrix} 7 & 0 & -\frac{1}{3} & 0 & 0 & \frac{1}{3} \\ \frac{3}{2} & 0 & \frac{2}{3} & 1 & 0 & -\frac{1}{6} \\ \frac{7}{2} & 0 & \frac{3}{4} & 0 & 1 & \frac{1}{6} \\ \frac{7}{2} & 1 & \frac{1}{3} & 0 & 0 & \frac{1}{6} \end{pmatrix}.$$

对应于 B_3 的基本解为允许解：

$$x_0=7,\ x_1=\frac{7}{2},x_2=0,\ x_3=\frac{3}{2},x_4=\frac{7}{2},x_5=0.$$

旋转变换(3.1)，使基本解 v_1 沿着极方向 y^1 走到了基本解 v_2.

下面让我们从允许基 B_3 开始，进行单纯形程序.

1. 因为 $b_{02}=-\frac{1}{3}<0$，故 $s=2$。

2. 因为

$$\theta=\min\left\{\frac{3}{2}\Big/\frac{2}{3},\frac{7}{2}\Big/\frac{4}{3},\frac{7}{2}\Big/\frac{1}{3}\right\}=\frac{9}{4},$$

$j_r=3$，故 $r=1$。

3. 作(1,2)旋转变换后，得 $T(B_4)$，

$$T(B_4)=\begin{pmatrix}\frac{31}{4} & 0 & 0 & \frac{1}{2} & 0 & \frac{1}{4}\\ \frac{9}{4} & 0 & 1 & \frac{3}{2} & 0 & -\frac{1}{4}\\ \frac{1}{2} & 0 & 0 & -2 & 1 & \frac{1}{2}\\ \frac{11}{4} & 1 & 0 & -\frac{1}{2} & 0 & \frac{1}{4}\end{pmatrix}.$$

$B_4=(P_2P_4P_1)$，对应于 B_4 的基本解是图中的点 v_3。

因为所有的 $b_{0j}\geqslant 0$，故 B_4 是最优基，基本最优解为

$$x_1=\frac{11}{4},\ x_2=\frac{9}{4},x_3=0,x_4=\frac{1}{2},\ x_5=0.$$

下面介绍第一个基本允许解的求法．对线性规划问题 (1)，(2)，(3)，不妨可设 $b_i\geqslant 0, i=1,2,\cdots,m$．不然的话，只要方程两边乘 -1 即可．让我们考虑下述辅助问题．

求

$$\max\ x_0=\sum_{i=1}^{m}\sum_{j=1}^{n}a_{ij}x_j, \tag{25}$$

满足

$$\begin{aligned} y_1+\sum_{j=1}^{n}a_{1j}x_j&=b_1,\\ \vdots\qquad\quad \vdots\quad&\quad\ \vdots\\ y_m+\sum_{j=1}^{n}a_{mj}x_j&=b_m,\end{aligned} \tag{26}$$

$$y_1, \cdots, y_m, x_1, \cdots, x_n \geqslant 0. \tag{27}$$

对辅助问题,显然有一个现存的基本允许解:

$$y_i = b_i \geqslant 0, i = 1,2,\cdots,m,$$
$$x_j = 0, j = 1,2,\cdots,n.$$

对应的单纯形表为

$$\begin{pmatrix} 0 & 0 \cdots 0 & -\sum_{i=1}^{m} a_{i1}, \cdots, -\sum_{i=1}^{m} a_{in} \\ b_1 & 1 & a_{11} \qquad\qquad a_{1n} \\ \vdots & \ddots & \vdots \qquad\qquad \vdots \\ b_m & \quad 1 & a_{m1}, \quad \cdots, \quad a_{mn} \end{pmatrix}.$$

我们称这个基为人造基. 从人造基开始,应用单纯形程序,必可求得问题(25),(26),(27)的最优基(因为目标函数值有上界). 设求得的基为 $B, T(B) = (b_{ij}), i = 0,1,\cdots,m; j = 0,1,\cdots,m+n$.

(i) 若 $\max \ x_0 = b_{00} < \sum_{i=1}^{m} b_i$, 则规划(1), (2), (3)无允许解.

(ii) 若 $\max \ x_0 = b_{00} = \sum_{i=1}^{m} b_i$, 则显然所求得的辅助问题最优解满足条件

$$y_i = 0, i = 1,2,\cdots,m.$$

这时有两种可能性:

1) B 的基变量全为 x 变量,则 B 已是 (1),(2),(3) 的一个允许基,此时,只要在表 (b_{ij}) 中去掉附加的 $1,2,\cdots m$ 列(即对应于 y_i 的列),同时用 $(C_B B^{-1} b, C_B B^{-1} A - C)$ 代替行$(b_{00}, b_{01}, \cdots, b_{0n})$后,即得初始允许单纯形表

2) 若 B 的基变量中含有 y 变量. 也就是说, (b_{ij}) 中含有某 r 行,对应的方程为如下形式

$$y_r + \sum_{k \in I} b_{rk} y_k + \sum_{j \in J} b_{rj} x_j = 0,$$

其中 y_r 为基变量，$y_k(k\in I)$，$x_j(j\in J)$ 为非基变量. 若这时所有的 $b_{rj}=0$，即为

$$y_r+\sum_{k\in I} b_{rk}y_k=0.$$

则方程组(2)线性相关，其中的第 r 个方程可以去掉. 若至少有某个 $b_{rs}\neq 0$，$(s\in J)$，则进行 (r,s) 旋转变换，可得基 $\bar{B}$ 及表 $(\bar{b}_{ij})$，而其中 $\bar{b}_{i0}=b_{i0}\geqslant 0, i=0,1,\cdots,m$，$\bar{B}$ 中减少了一个 y 基变量. 有限步后必可化为情形 1).

根据单纯形算法，直接可得如下的结论.

定理 1.7 线性规划问题(1)，(2)，(3)，若有允许解，则必有基本允许解.

定理 1.8 线性规划问题(1)，(2)，(3)，若有最优解，则必有基本最优解.

§3 改进单纯形方法

单纯形算法所需要的只是下面一些数据：

(i) $b_{0j}=C_BB^{-1}P_j-C_j, j=0,1,\cdots,n$;

(ii) 旋转列 $s=\min\{j\mid b_{0j}<0, j\geqslant 1\}$;

(iii) $(b_{1s},\cdots b_{ms})^T=B^{-1}P_s, (b_{10},\cdots,b_{m0})^T=x_B=B^{-1}b$;

(iv) $\theta=\min\left\{\dfrac{b_{i0}}{b_{is}}\,\middle|\, b_{is}>0, 1\leqslant i\leqslant m\right\}=\dfrac{b_{r0}}{b_{rs}}.$

经 (r,s) 旋转变换后就可得到新的基 $\bar{B}$. 从计算公式中可以看出，这些数据只要知道 B^{-1}，就可直接从问题的初始数据 $\{A,b,c\}$ 计算出来. 当基 B 旋转变换到 $\bar{B}$ 时，$\bar{B}^{-1}$ 很容易从 B^{-1} 修正得到.

定理 1.9 $\bar{B}^{-1}=E_{rs}B^{-1}$.

证明：因为 $B=(P_{j_1}\cdots P_{j_{r-1}}P_{j_r}P_{j_{r+1}}\cdots P_{j_m})$，$\bar{B}=(P_{j_1}\cdots P_{j_{r-1}}P_sP_{j_{r+1}}\cdots P_{j_m})$，则容易证明，$B^{-1}\bar{B}=B_{rs}$，其中

$$B_{rs}=\begin{pmatrix}1 & & & b_{1s} & & & \\ & \ddots & & \vdots & & & \\ & & 1 & b_{r-1\,s} & & & \\ & & & b_{rs} & & & \\ & & & b_{r+1\,s} & 1 & & \\ & & & \vdots & & \ddots & \\ & & & b_{ms} & & & 1\end{pmatrix}.$$

通过直接验算，可知 $B_{rs}^{-1}=E_{rs}$，其中

$$E_{rs}=\begin{pmatrix}1 & & & -\dfrac{b_{1s}}{b_{rs}} & & & \\ & \ddots & & \vdots & & & \\ & & 1 & -\dfrac{b_{r-1\,s}}{b_{rs}} & & & \\ & & & \dfrac{1}{b_{rs}} & & & \\ & & & -\dfrac{b_{r+1\,s}}{b_{rs}} & 1 & & \\ & & & \vdots & & \ddots & \\ & & & -\dfrac{b_{ms}}{b_{rs}} & & & 1\end{pmatrix},$$

因此可得

$$\bar{B}^{-1}B=(B^{-1}\bar{B})^{-1}=B_{rs}^{-1}=E_{rs},$$
$$\bar{B}^{-1}=E_{rs}B^{-1}.$$

证毕.

改进单纯形程序.

设已给初始允许基 $B=(P_{j_1},\cdots,P_{j_m})$. 记

$$B^{-1}=\begin{pmatrix}b_{11}\cdots & b_{1m}\\ & \\ b_{m1} & b_{mm}\end{pmatrix},\ x_B=B^{-1}b=\begin{pmatrix}b_{10}\\ \vdots\\ b_{m0}\end{pmatrix}.$$

1. 计算单纯形乘子 $\pi=C_BB^{-1}$;

2. 计算 $b_{0j} = \pi P_j - C_j$, $j = 1,2,\cdots,n$.
(通常称 b_{0j} 为检验数)

若所有的 $b_{0j} \geqslant 0$, $j = 1,\cdots,n$, 则步骤终止，我们已获最优基. 相反,设

$$b_{0s} = \pi P_s - C_s < 0, s \geqslant 1,$$
$$b_{0j} = \pi P_j - C_j \geqslant 0, 1 \leqslant j < s;$$

3. 计算向量

$$B^{-1}P_s = (b_{1s},\cdots,b_{ms})^T,$$

若所有的 $b_{is} \leqslant 0$,$(1 \leqslant i \leqslant m)$, 则步骤终止. 问题无最优解.相反,求

$$\theta = \min\left\{\frac{b_{i0}}{b_{is}}\middle| b_{is} > 0, 1 \leqslant i \leqslant m\right\},$$

$$j_r = \min\left\{j_i \middle| \frac{b_{i0}}{b_{is}} = \theta, b_{is} > 0\right\};$$

4. 形成初等变换矩阵 E_{rs};

5. 置 $\bar{B} = (P_{i_1}\cdots P_{i_{r-1}}P_sP_{i_{r+1}}\cdots P_{i_m})$,
$\bar{B}^{-1} = E_{rs}B^{-1}$,
$x_{\bar{B}} = E_{rs}x_B$,

然后转到步骤 1.

一个基 B, 即使本身很稀疏(即 B 中非零元素所占的比率很小), B^{-1} 也可能变得很稠密,例如

$$B = \begin{pmatrix} 1 & & & & 1 \\ 1 & 1 & & & \\ & 1 & 1 & & \\ & & 1 & 1 & \\ & & & 1 & 1 \end{pmatrix}, B^{-1} = \begin{pmatrix} \frac{1}{2} & \frac{1}{2} & -\frac{1}{2} & \frac{1}{2} & -\frac{1}{2} \\ -\frac{1}{2} & \frac{1}{2} & \frac{1}{2} & -\frac{1}{2} & \frac{1}{2} \\ \frac{1}{2} & -\frac{1}{2} & \frac{1}{2} & \frac{1}{2} & -\frac{1}{2} \\ -\frac{1}{2} & \frac{1}{2} & -\frac{1}{2} & \frac{1}{2} & \frac{1}{2} \\ \frac{1}{2} & -\frac{1}{2} & \frac{1}{2} & -\frac{1}{2} & \frac{1}{2} \end{pmatrix}.$$

但是，我们知道，B 可以分解为 LU，因而 $B^{-1}=U^{-1}L^{-1}$，其中 L,L^{-1} 都是下三角矩阵，U,U^{-1} 都是上三角矩阵. 进一步，U^{-1} 和 L^{-1} 又可以分别表示成初等变换矩阵的乘积. 因而 B^{-1} 有如下形式的 U,L 分解表示式

$$B^{-1}=U_1^{-1}U_2^{-1}\cdots U_p^{-1}L_q^{-1}L_{q-1}^{-1}\cdots L_1^{-1},$$

其中 U_i^{-1} 都是上三角矩阵，L_i^{-1} 都是下三角矩阵. 譬如对上述数字例子而言，B^{-1} 可表示成如下形式

$$B^{-1}=U_5^{-1}L_4^{-1}L_3^{-1}L_2^{-1}L_1^{-1},$$

其中

$$U_5^{-1}=\begin{pmatrix}1&&&&-\frac{1}{2}\\&1&&&\frac{1}{2}\\&&1&&-\frac{1}{2}\\&&&1&\frac{1}{2}\\&&&&\frac{1}{2}\end{pmatrix},\quad L_4^{-1}=\begin{pmatrix}1&&&&\\&1&&&\\&&1&&\\&&&1&\\&&&-1&1\end{pmatrix},$$

$$L_3^{-1}=\begin{pmatrix}1&&&&\\&1&&&\\&&1&&\\&&-1&1&\\&&&&1\end{pmatrix},\quad L_2^{-1}=\begin{pmatrix}1&&&&\\&1&&&\\&-1&1&&\\&&&1&\\&&&&1\end{pmatrix},$$

$$L_1^{-1}=\begin{pmatrix}1&&&&\\-1&1&&&\\&&1&&\\&&&1&\\&&&&1\end{pmatrix}.$$

在每个初等变换矩阵中，只有一列不是单位向量．因此，实际上只要记录这一列就够了．例如就上述例子而言，记录了矩阵 E：

$$\begin{array}{ccccc} U_5^{-1} & L_4^{-1} & L_3^{-1} & L_2^{-1} & L_1^{-1} \end{array}$$

$$E=\begin{pmatrix} -\frac{1}{2} & & & & 1 \\ \frac{1}{2} & & & 1 & -1 \\ -\frac{1}{2} & & 1 & -1 & \\ \frac{1}{2} & 1 & -1 & & \\ \frac{1}{2} & -1 & & & \end{pmatrix}$$

就相当于记录了各初等变换矩阵，从而也就记录了 B^{-1}．但是，我们已经看到，矩阵 E 要比 B^{-1} 往往稀疏得多．为了减少计算过程中的数据存储量，也为了充分利用系数矩阵 A 的稀疏性，我们往往把 B^{-1} 表示成上述的初等变换矩阵乘积的形式．

在改进单纯形算法中，假设我们已有一个允许基 B，并且 B^{-1} 已表示成初等变换矩阵的乘积：

$$B^{-1}=E_kE_{k-1}\cdots E_1,$$

则有关系：

$$\pi=C_BE_kE_{k-1}\cdots E_1,$$

$$\overline{P}_s=B^{-1}P_s=E_kE_{k-1}\cdots E_1P_s,$$

$$\overline{P}_0=B^{-1}b=E_kE_{k-1}\cdots E_1b.$$

设经 (r,s) 旋转变换后得基 $\overline{B}$，则

$$\overline{B}^{-1}=E_{rs}B^{-1}=E_{rs}E_kE_{k-1}\cdots E_1=E_{k+1}\cdots E_1.$$

为了减少计算过程中的累积误差，当 k 增加到一定程度时，可周期地对 $\overline{B}^{-1}$ 重新求它的 U,L 分解式．

§4 允许解的一般表达式

设 $x^1,\cdots,x^u$ 是线性规划问题(1)，(2)，(3)的所有基本允许

解．设 $y^0,\cdots,y^v$ 是它的所有的极射向．这里，我们把零向量也看作是极射向，记作 y^0．因此，假如 $v=0$，实际上表示问题没有极射向，即定义域有界．

定理 1.10 x 是允许解的充分必要条件为：存在非负实数 $\lambda_1,\cdots,\lambda_u,\mu_0,\cdots,\mu_v$，使得满足

$$x=\sum_{i=1}^{u}\lambda_i x^i+\sum_{j=0}^{v}\mu_j y^j,\ \sum_{i=1}^{u}\lambda_i=1.$$

证明：充分性．由 $Ay^j=0$，$Ax^i=b$，得

$$Ax=\sum_{i=1}^{u}\lambda_i Ax^i+\sum_{j=0}^{v}\mu_j Ay^j$$

$$=b\sum_{i=1}^{u}\lambda_i=b.$$

由 $\lambda_i\geqslant 0,\mu_j\geqslant 0$，$x^i\geqslant 0$，$y^j\geqslant 0$，可知 $x\geqslant 0$．因此 x 是允许解．

必要性．对 x 的非零分量个数进行数学归纳．若允许解 x 的非零分量个数是 1，设为

$$x_{j_1}>0,x_j=0,\ 1\leqslant j\neq j_1\leqslant n,$$

则必可找出适当的 $m-1$ 个向量，设为 $P_{i_2}\cdots P_{i_m}$，使 $B=(P_j\ P_{i_2}\cdots P_{i_m})$ 构成一个基（即 $P_{i_1}\cdots P_{i_m}$ 线性无关）．而这时，对应于 B 的基本解便是 x．现在假设对非零分量个数小于 r 的一切允许解 x，定理成立，从而证明等于 r 时也成立．不失一般性，设 x 满足

$$x_j>0,\ j=1,2,\cdots,r,$$
$$x_j=0,\ j=r+1,\cdots,n.$$

若这时，向量 $P_1,\cdots,P_r$ 线性无关，则必可找出适当的 $m-r$ 个向量，设为 $P_{r+1},\cdots,P_m$，使得 $B=(P_1\cdots P_rP_{r+1}\cdots P_m)$ 构成一个基，而对应的基本解为 x．若 $P_1\cdots P_r$ 线性相关，不妨可设向量 $P_{k+1},\cdots P_r(k\geqslant 1)$ 是 $P_1,\cdots,P_r$ 中的最大线性无关组．因此，$P_1,\cdots,P_k$ 都可用 $P_{k+1},\cdots P_r$ 线性表出．设 $P_{r+1},\cdots$

P_{k+m} 是适当的 $m+k-r$ 个向量,使得

$$B=(P_{k+1}\cdots P_r P_{r+1}\cdots P_{k+m})$$

构成一个基。记 $T(B)=(b_{ij})$。考虑 $T(B)$ 中的极方向 $\bar{y}^1=(y_1 y_2\cdots y_n)^T$，其中

$$y_1=1, y_2=\cdots=y_k=0,$$
$$y_{k+i}=-b_{i1}, i=1,2,\cdots m,$$
$$y_j=0，对其余的各分量.$$

由 $A\bar{y}^1=0$，可知

$$P_1=\sum_{i=1}^{m}(-y_{k+i})P_{k+i}.$$

但是,我们已经知道 P_1 可用 $P_{k+1},\cdots P_r$ 线性表出,因此必有

$$y_{r+1}=\cdots=y_{k+m}=0.$$

下面分两种情形考虑.

(i) 若 $y_i\geqslant 0, i=k+1,\cdots,r$. 则 $\bar{y}^1$ 是一个极射向，不妨假设,它就是 y^1. 作

$$x'=x-\theta y^1,$$
$$\theta=\min\left\{\frac{x_i}{y_i}\middle| y_i>0,\ 1\leqslant i\leqslant r\right\}=\frac{x_s}{y_s}.$$

容易证明，x' 仍是允许解. 但此时，x' 的非零分量个数必小于 r (因为 $x'_i=0, i=r+1,\cdots,n$，且 $x'_s=0$). 由归纳假设，x' 可表示为

$$x'=\sum_{i=1}^{u}\lambda'_i x^i+\sum_{j=0}^{v}\mu'_j y^j,$$

其中

$$\sum_{i=1}^{u}\lambda'_i=1, \lambda'_i\geqslant 0, \mu'_j\geqslant 0.$$

因此可得

$$x=x'+\theta y^1=\sum_{i=1}^{u}\lambda'_i x^i+(\mu'_1+\theta)y^1+\sum_{j=2}^{v}\mu'_j y^j.$$

(ii) 若 y_i 中有正有负．则作

$$x' = x - \theta_1 \vec{y}^1, \quad x'' = x + \theta_2 \vec{y}^1,$$

其中

$$\theta_1 = \min\left\{\frac{x_i}{y_i} \middle| \, y_i > 0\right\} = \frac{x_s}{y_s} > 0,$$

$$\theta_2 = \min\left\{\frac{x_i}{-y_i} \middle| \, y_i < 0\right\} = \frac{x_t}{-y_t} > 0.$$

容易证明，x', x'' 都是允许解，且它们的非零分量个数都小于 r．由归纳法假设，x', x'' 可表示为

$$x' = \sum_{i=1}^{u} \lambda_i' x^i + \sum_{j=0}^{v} \mu_j' y^j,$$

$$x'' = \sum_{i=1}^{u} \lambda_i'' x^i + \sum_{j=0}^{v} \mu_j'' y^j.$$

其中

$$\sum_{i=1}^{u} \lambda_i' = 1, \sum_{i=1}^{u} \lambda_i'' = 1, \lambda_i', \lambda_i'', \mu_j', \mu_j'' \geqslant 0.$$

但是

$$x = \frac{\theta_2}{\theta_1 + \theta_2} \lambda' + \frac{\theta_1}{\theta_1 + \theta_2} x'',$$

代入后可得

$$x = \sum_{i=1}^{u} \lambda_i x^i + \sum_{j=0}^{v} \mu_j y^j,$$

其中

$$\lambda_i = \frac{\theta_2}{\theta_1 + \theta_2} \lambda_i' + \frac{\theta_1}{\theta_1 + \theta_2} \lambda_i'',$$

$$\mu_j = \frac{\theta_2}{\theta_1 + \theta_2} \mu_j' + \frac{\theta_1}{\theta_1 + \theta_2} \mu_j'',$$

且满足

$$\sum_{i=1}^{\mu} \lambda_i = 1, \lambda_i \geq 0, \mu_j \geq 0.$$

证毕.

§5 对偶理论

从单纯形方法中,我们已经看出,求解线性规划问题

$$\max\{Cx \mid Ax = b, x \geq 0\} \tag{28}$$

相当于求一个基 B, 使得 $B^{-1}b \geq 0$, 且对应的乘子 $\pi = C_B B^{-1}$ 满足条件 $\pi A \geq C$. 现在,我们考虑问题

$$\min\{ub \mid uA \geq C\}, \tag{29}$$

其中 $u = (u_1, u_2 \cdots, u_m)$, 称问题(29)为(28)的对偶规划(或者乘子规划). 称满足条件 $uA \geq C$ 的 u 为对偶允许解. 使 ub 达到最小值的对偶允许解,称为对偶最优解.

定理 1.11 (28)和(29)的任何允许解 x 和 u, 必满足关系式 $ub \geq Cx$.

证明: 由 $Ax = b$, 得 $uAx = ub$. 由 $uA \geq C$ 及 $x \geq 0$, 得 $ub = uAx \geq Cx$. 证毕.

定理 1.12 若 B 是 (28) 的最优基, 则 $u^0 = \pi = C_B B^{-1}$ 是(29)的最优解.

证明: 由 B 是最优基,则 $C_B B^{-1}A - C \geq 0$, 因此, $u^0 = \pi = C_B B^{-1}$ 是一个对偶允许解. 设 x^0 是对应于 B 的基本最优解, 则有关系

$$Cx^0 = C_B B^{-1}b = u^0 b.$$

由定理 1.11. 对任何对偶允许解 u, 有关系:

$$ub \geq Cx^0 = u^0 b,$$

因此 u^0 是一个对偶最优解. 证毕.

一个基 B, 若使乘子 $\pi = C_B B^{-1}$ 是对偶允许解, 则称 B 为对偶允许基,而对应的 π 称为基本对偶允许解,若使 π 为对偶最优

解，则称 B 为对偶最优基，而 π 称为基本对偶最优解. 定理 1.12 说明一个最优基必是对偶最优基.

定理 1.13 (28)和(29)若同时存在允许解，则必同时有基本最优解，且

$$\min_{u\text{为对偶允许}} ub = \max_{x\text{为允许}} Cx.$$

证明：由定理 1.11 可知 Cx 有上界，因此，应用单纯形方法，必可求得一个最优基，再根据定理 1.12，命题即可得证，证毕.

定理 1.14 允许和对偶允许解 x^0, u^0 是最优和对偶最优解的充要条件为

$$(u^0A - C)x^0 = 0.$$

证明：由定理 1.11、1.12、1.13，容易推得 x^0, u^0 是最优解和对偶最优解的充要条件为

$$Cx^0 = u^0b = u^0Ax^0.$$

由此，命题即可得证. 证毕.

由于 $x^0 \geqslant 0, u^0A - C \geqslant 0$，故上述充要条件等价于

$$(u^0P_j - C_j)x_j^0 = 0, j = 1, 2, \cdots, n.$$

若有某对偶最优解 u^0，使得对某指标 j，满足 $u^0P_j > C_j$（称 j 对(29)是松的），则一切最优解 x，必使 $x_j = 0$（称 j 对(28)是紧的）. 若有某最优解 x^0，使得对某指标 j，满足 $x_j^0 > 0$，（称 j 对(28)是松的），则一切对偶最优解 u，必使 $uP_j = C_j$（称 j 对(29)是紧的）.

对偶理论是线性规划中的基本理论. 利用对偶理论，可以证明有关线性不等式组的一些基本结果.

定理 1.15 线性不等式组 $Ax \geqslant b$ 相容的充分必要条件为：对任意的满足

$$uA = 0, u \geqslant 0$$

的 u，都使 $ub \leqslant 0$.

证明：考虑线性规划问题：

$$\min\{0x \mid Ax \geqslant b\},$$

它是问题：

$$\max\{b^T u^T \mid A^T u^T = 0, u^T \geqslant 0\}$$

的对偶规划. 根据对偶理论可知

$$\{Ax \geqslant b\} \text{ 有允许解} \Longleftrightarrow$$
$$\min\{0x \mid Ax \geqslant b\} = 0 \Longleftrightarrow$$
$$\max\{b^T u^T \mid A^T u^T = 0, u^T \geqslant 0\} = 0.$$

证毕.

定理 1.16 设 $Ax \geqslant b$ 有允许解，且

$$Ax \geqslant b \Rightarrow \alpha x \geqslant d,$$

则必存在向量 $u^0 \geqslant 0$，使得 $u^0 A = \alpha, u^0 b \geqslant d$.

证明：$\{Ax \geqslant b \Rightarrow \alpha x \geqslant d\} \Longleftrightarrow$

$$\min\{\alpha x \mid Ax \geqslant b\} \geqslant d \Longleftrightarrow$$
$$\max\{b^T u^T \mid A^T u^T = \alpha^T, u^T \geqslant 0\} \geqslant d,$$

故必存在向量 $u^0 \geqslant 0$，使得 $u^0 A = \alpha, u^0 b \geqslant d$，证毕.

假如我们将对偶规划的变量 u 作如下的变换：

$$u^T = w - v, w \geqslant 0, v \geqslant 0,$$

则对偶规划(29)可以写成如下的标准线性规划形式：

$$\left.\begin{array}{l} \text{求 } \max -b^T w + b^T v, \\ \text{满足} \\ -A^T w + A^T v + y = -C^T, \\ w, v, y, \geqslant 0. \end{array}\right\} \tag{30}$$

根据定义，(30)的对偶规划应写为

$$\left.\begin{array}{l} \text{求 } \min -x^T C^T, \\ \text{满足} \\ -x^T A^T \geqslant -b^T, \\ x^T A^T \geqslant b^T, \\ x^T \geqslant 0. \end{array}\right\} \tag{31}$$

问题(31)就是问题(28). 因此，一个线性规划问题的对偶的对偶，便是其本身.

假如原线性规划问题呈如下形式

求 $\max\{Cx \mid Ax \leqslant b, x \geqslant 0\}$,

那末,容易证明,对偶规划应写为

求 $\min\{ub \mid uA \geqslant C, u \geqslant 0\}$.

这时,松紧关系可写成如下形式

允许解 x^0, u^0 分别是最优解的充要条件为

$$(u^0A - C)x^0 = 0,\ u^0(Ax^0 - b) = 0.$$

一般地,假如原线性规划问题呈如下形式

$$\begin{aligned}&\text{求 } \max\ Cx + Ey,\\ &\text{满足}\\ &Ax + Fy = b,\\ &\bar{A}x + \bar{F}y \leqslant \bar{b},\\ &x \qquad\quad \geqslant 0.\end{aligned}$$

那末,容易证明,对偶规划应写为

$$\begin{aligned}&\text{求 } \min\ ub + v\bar{b},\\ &\text{满足}\\ &uA + v\bar{A} \geqslant C,\\ &uF + v\bar{F} = F,\\ &v \qquad\quad \geqslant 0.\end{aligned}$$

这时,松紧关系可写成如下形式

允许和对偶允许解 (x^0, y^0), (u^0, v^0) 分别是最优和对偶最优解的充要条件是

$$\begin{aligned}&(u^0A + v^0\bar{A} - C)x^0 = 0,\\ &v^0(\bar{A}x^0 + \bar{F}y^0 - \bar{b}) = 0.\end{aligned}$$

右面的图表可能会有助于我们记忆对偶关系.

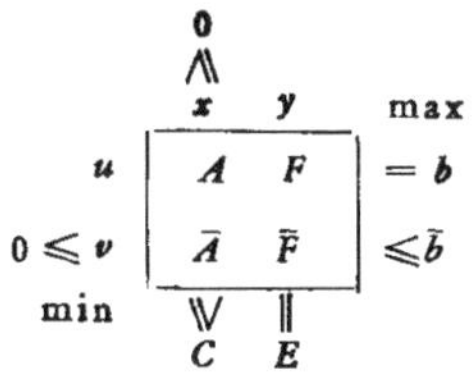

图 3

单纯形方法是通过允许基(所有的 $b_{i0} \geqslant 0$)的逐次迭代,直到所有的 $b_{0j} \geqslant 0$(即所得的允许基也是对偶允许基). 所谓对偶单纯形方法,是通过

对偶允许基的逐次迭代（即始终保持所有 $b_{0j} \geqslant 0$），直到所有的 $b_{i0} \geqslant 0$（即所得的对偶允许基也是允许基）.

对偶单纯形方法的计算程序：

步骤 1. 设已给一对偶允许基 $B=(P_{j_1},\cdots,P_{j_m})$，单纯形表 $T(B)=(b_{ij})$. 因此有

$$b_{0j} \geqslant 0, j=1,\cdots,n.$$

步骤 2. 若 $b_{i0} \geqslant 0, i=1,\cdots,m$，则步骤终止，已获基本最优解. 相反，设

$$j_r=\min\{j_i \mid b_{i0}<0, i=1,\cdots,m\}.$$

步骤 3. 若 $b_{rj} \geqslant 0, j=1,\cdots,n$，则步骤终止. 第 r 个方程产生矛盾，问题无允许解. 相反，求

$$\theta=\max\left\{\frac{b_{0j}}{b_{rj}} \middle| b_{rj}<0, 1 \leqslant j \leqslant n\right\}.$$

设

$$s=\min\left\{j \,\middle|\, \frac{b_{0j}}{b_{rj}}=\theta, b_{rj}<0, 1 \leqslant j \leqslant n\right\}.$$

步骤 4. 以 b_{rs} 为旋转元，作旋转变换后，可得基

$$\bar{B}=(P_{j_1},\cdots P_s \cdots P_{j_m})$$

以及 $T(\bar{B})=(\bar{b}_{ij})$. 其中

$$\bar{b}_{rj}=\frac{b_{rj}}{b_{rs}}, j=0,1,\cdots,n,$$

$$\bar{b}_{ij}=b_{ij}-\frac{b_{rj}}{b_{rs}} b_{is}, i \neq r, j=0,1,\cdots,n.$$

用 $\bar{B}$ 代替 B，$T(\bar{B})$ 代替 $T(B)$，然后转到步骤 1.

对偶单纯形方法，实际上就是在对偶规划问题上应用通常的单纯形方法.

§6 变量带上界限制的线性规划问题

这一节，让我们考虑如下形式的问题

$$\max\{x_0 | x_0 = Cx, Ax = b, 0 \leqslant x \leqslant d\},\tag{32}$$

其中

$$d = \begin{pmatrix} d_1 \\ d_2 \\ \vdots \\ d_n \end{pmatrix},\ 0 < d_j < +\infty, j = 1, 2, \cdots, n.$$

虽然将条件 $x_j \leqslant d_j$ 化为 $x_j + x_j' = d_j$ $(x_j' \geqslant 0)$ 后，就可合并到 $Ax = b$ 中，但是，这样就往往会使单纯形表扩大到很难计算．这里，我们介绍一种不需要扩大单纯形表的计算程序．

对基 $B = (P_{i_1} \cdots P_{i_m})$，设 $T(B) = (b_{ij})$．让

$J = \{j | x_j$ 为 B 的非基变量$\}$．

$\{J_1 | J_2\}$ 表示 J 的任一剖分．即

$$J_1 \cup J_2 = J, J_1 \cap J_2 = \phi.$$

定义

$$z_{i0} = b_{i0} - \sum_{j \in J_2} b_{ij} d_j, i = 0, 1, \cdots, m.$$

称方程组

$$x_0 = Cx,\ Ax = b$$

的解：

$$\left.\begin{aligned} &x_0 = z_{00}, \\ &x_{i_i} = z_{i0},\quad i = 1, \cdots, m, \\ &x_j = d_j,\quad j \in J_2, \\ &x_j = 0,\quad j \in J_1 \end{aligned}\right\}\tag{33}$$

为对应于 B 的剖分 $\{J_1 | J_2\}$ 的基本解．

定理 1.17 若对 $j \in J_1$ 有 $b_{0j} \geqslant 0$，对 $j \in J_2$ 有 $b_{0j} \leqslant 0$，且 $0 \leqslant z_{i0} \leqslant d_{i_i}, i = 1, 2, \cdots, m$ 则对应于 B 的剖分 $\{J_1 | J_2\}$ 的基本解便是(32)的最优解．

证明：因为

$$x_0 = b_{00} - \sum_{j \in J_1} b_{0j} x_j - \sum_{j \in J_2} b_{0j} x_j,$$

$$b_{0j} \geqslant 0, \ j \in J_1,$$
$$x_j \geqslant 0, \ j \in J,$$

故

$$x_0 \leqslant b_{00} - \sum_{j \in J_2} b_{0j} x_j,$$

因为

$$b_{0j} \leqslant 0, x_j \leqslant d_j, j \in J_2,$$

故

$$x_0 \leqslant b_{00} - \sum_{j \in J_2} b_{0j} d_j = z_{00}.$$

另一方面,对应于剖分 $\{J_1|J_2\}$ 的基本解恰巧使

$$x_0 = z_{00}, \text{ 且 } 0 \leqslant z_{i0} \leqslant d_{j_i}, i = 1, 2, \cdots m,$$

因此,它是(32)的最优解. 证毕.

变量带上界限制问题的计算程序:

1. 任给一基 $B = (P_{j_1} \cdots P_{j_m})$, 设对应于 B 的单纯形表为 $T(B) = (b_{ij})$. 取剖分 $\{J_1|J_2\}$ 如下:

$J_1 = \{j|x_j$ 为非基变量,使 $b_{0j} \geqslant 0\}$,

$J_2 = \{j|x_j$ 为非基变量,使 $b_{0j} < 0\}$.

2. 若 $0 \leqslant z_{i0} \leqslant d_{j_i}$, $i = 1, \cdots, m$, 则步骤终止. 由定理 1.17,可知已获最优解. 相反,设

$$j_r = \min\{j_i | z_{i0} < 0, \text{ 或 } z_{i0} > d_{j_i}, 1 \leqslant i \leqslant m\}.$$

若 $z_{r0} < 0$, 则转到步骤 3;若 $z_{r0} > d_{j_r}$, 则转到步骤 4.

3. 若对所有的 $j \in J_1$, 有 $b_{rj} \geqslant 0$; 对所有的 $j \in J_2$, 有 $b_{rj} \leqslant 0$, 则第 r 个方程是矛盾方程,问题无允许解,步骤终止. 相反,设

$$\theta = \max\left\{\frac{b_{0j}}{b_{rj}} \middle| \ j \in J_1, b_{rj} < 0 \text{ 或 } j \in J_2, b_{rj} > 0\right\},$$

$$s = \min\left\{j \middle| \frac{b_{0j}}{b_{rj}} = \theta, \text{ 且当 } j \in J_1 \text{ 时, } b_{rj} < 0, \text{ 当 } j \in J_2 \text{ 时, } b_{rj} > 0\right\}.$$

然后转到步骤 5.

4. 若对所有的 $j \in J_1$，有 $b_{rj} \leqslant 0$；对所有的 $j \in J_2$，有 $b_{rj} \geqslant 0$，则第 r 个方程是矛盾方程，问题无允许解，步骤终止。相反，设

$$\theta = \min \left\{ \frac{b_{0j}}{b_{rj}} \middle| j \in J_1, b_{rj} > 0 \text{ 或 } j \in J_2, b_{rj} < 0 \right\},$$

$$s = \min \left\{ j \middle| \frac{b_{0j}}{b_{rj}} = \theta, \text{ 且当 } j \in J_1 \text{ 时，有 } b_{rj} > 0, \text{ 当 } j \in J_2 \text{ 时，} b_{rj} < 0 \right\}.$$

然后转到步骤 5。

5. 作 (r,s) 旋转变换后，可得新的基

$$\bar{B} = (P_{j_1} \cdots P_{j_{r-1}} P_s P_{j_{r+1}} \cdots P_{j_m}) \text{ 及 } T(\bar{B}) = (\bar{b}_{ij}).$$

6. 若 $z_{r0} < 0, s \in J_1$，则置 $\bar{J}_1 = (J_1 \backslash s) \cup j_r, \bar{J}_2 = J_2$；若 $z_{r0} < 0, s \in J_2$，则置 $\bar{J}_1 = J_1 \cup j_r, \bar{J}_2 = J_2 \backslash s$。

若 $z_{r0} > d_{j_r}, s \in J_1$，则置 $\bar{J}_1 = J_1 \backslash s, \bar{J}_2 = J_2 \cup j_r$。若 $z_{r0} > d_{j_r}$，$s \in J_2$，则置 $\bar{J}_1 = J_1, \bar{J}_2 = (J_2 \backslash s) \cup j_r$。

7. 置

$$\bar{z}_{i0} = \bar{b}_{i0} - \sum_{j \in \bar{J}_2} \bar{b}_{ij} d_j, i = 0, 1, \cdots, m,$$

以 $\bar{B}, T(\bar{B}), \bar{z}_{i0}$ 分别代替 $B, T(B), z_{i0}$，转到步骤 2。

定理 1.18 算法中所得的 $T(\bar{B}) = (\bar{b}_{ij})$ 和 $\{\bar{J}_1 | \bar{J}_2\}$ 满足：

当 $j \in \bar{J}_1$ 时，$\bar{b}_{0j} \geqslant 0$，

当 $j \in \bar{J}_2$ 时，$\bar{b}_{0j} \leqslant 0$。

证明：这里，我们只证明情形 $z_{r0} > d_{j_r}$，$s \in J_2$。对其余的情形可完全类似地分别证明。

根据步骤 4，这时有 $b_{rs} < 0$，$b_{0s} \leqslant 0$。根据步骤 6，这时有 $\bar{J}_1 = J_1, \bar{J}_2 = (J_2 \backslash s) \cup j_r$。因为

$$\bar{b}_{0j} = b_{0j} - \frac{b_{0s}}{b_{rs}} b_{rj},$$

若 $j \in \bar{J}_1 = J_1$，且 $b_{rj} \leqslant 0$，则由 $b_{0j} \geqslant 0$，可得 $\bar{b}_{0j} \geqslant b_{0j} \geqslant 0$；若 $j \in \bar{J}_1 = J_1$，且 $b_{rj} > 0$，则由 θ 的取法，可知

$$\bar{b}_{0j} = b_{rj}\left(\frac{b_{0j}}{b_{rj}} - \theta\right) \geqslant 0.$$

若 $j \in \bar{J}_2 \backslash j_r$，则 $j \in J_2$，因此 $b_{0j} \leqslant 0$. 这时，若 $b_{rj} \geqslant 0$，则显然有 $\bar{b}_{0j} \leqslant b_{0j} \leqslant 0$；若 $b_{rj} < 0$，则由 θ 的取法，可得

$$\bar{b}_{0j} = b_{rj}\left(\frac{b_{0j}}{b_{rs}} - \theta\right) \leqslant 0.$$

最后，若 $j = j_r$，则

$$\bar{b}_{0j_r} = -\frac{b_{0s}}{b_{rs}} < 0.$$

证毕.

定理 1.19 $\bar{z}_{00} \leqslant z_{00}$,

$\bar{z}_{00} = z_{00}$，当且仅当 $\theta = 0$ 时

证明：这里也只证明情形 $z_{r0} > d_{j_r}, s \in J_2$. 其他情形可完全类似地证明. 因为

$$\begin{aligned}
\bar{z}_{00} &= \bar{b}_{00} - \sum_{j \in \bar{J}_2} \bar{b}_{0j} d_j \\
&= \bar{b}_{00} - \sum_{j \in J_2} \bar{b}_{0j} d_j - \bar{b}_{0j_r} d_{j_r} + \bar{b}_{0s} d_s \\
&= \bar{b}_{00} - \sum_{j \in J_2} \bar{b}_{0j} d_j - \bar{b}_{0j_r} d_{j_r} \\
&= b_{00} - \theta b_{r0} - \sum_{j \in J_2} (b_{0j} - \theta b_{rj}) d_j + \theta d_{j_r} \\
&= z_{00} - \theta(z_{r0} - d_{j_r}).
\end{aligned}$$

注意 $\theta \geqslant 0$，命题即可得证. 证毕.

定理 1.20 上述变量带上界限制问题的计算程序必在有限步内终止.

证明：只要能证明计算过程中，同样的基 B 及剖分 $\{J_1 | J_2\}$ 不重复出现(即不发生死循环)，则步骤必在有限步内终止. 现在，我们用反证法，假设对某变量带上界限制问题(32)，上述算法产生了死循环

$$T(B_1) \to T(B_2) \to \cdots \to T(B_k) \to T(B_1).$$
$$\{J_1^1|J_2^1\} \quad \{J_1^2|J_2^2\} \qquad\qquad \{J_1^k|J_2^k\} \quad \{J_1^1|J_2^1\}$$

将 $T(B)$ 的列指标集合 $\{1,\cdots,n\}$ 剖分为子集 F G,H 之和,使得

$j\in F \Longleftrightarrow x_j$ 是所有的 B_t 的基变量. 称 F 为固定基变量指标集.

$j\in H \Longleftrightarrow x_j$ 是所有 B_t 的非基变量. 称 H 为固定非基变量指标集.

$j\in G \Longleftrightarrow x_j$ 既是某 B_t 的基变量，也是某 B_u 的非基变量. 称 G 为循环变量指标集

将 $T(B)$ 的行指标集合 $\{1,\cdots,m\}$ 剖分为子集 L, M 之和,使得

$i\in L \Longleftrightarrow$ 位于第 i 个方程的基变量 x_j，必使 $j\in F$. 称 L 是对应于固定基变量的行指标集合.

$i\in M \Longleftrightarrow$ 位于第 i 个方程的基变量 x_j，必使 $j\in G$. 称 M 是对应于循环基变量的行指标集合.

设

$$T(B_t)=(b_{ij}^t),t=1,\cdots,k,$$

$$z_{i0}^t=b_{i0}^t-\sum_{j\in J_2^t} b_{ij}^t d_j,t=1,\cdots,k,i=0,1,\cdots,m, \quad (34)$$

由 $T(B_t)$ 变换到 $T(B_{t+1})$ 的旋转行为 $r(t)$，旋出基变量为 x_{r_t}，旋转列为 s_t，旋入非基变量为 x_{s_t}($t=1,\cdots,k$, 而 $B_{k+1}=B_1$).

根据上述定义,立即可得

$$G=\bigcup_{t=1}^{k}\{s_t\}=\bigcup_{t=1}^{k}\{r_t\},M=\bigcup_{t=1}^{k}\{r(t)\}. \quad (35)$$

根据定理 1.19,可得

$$z_{00}^1 \geqslant z_{00}^2 \geqslant \cdots \geqslant z_{00}^k \geqslant z_{00}^1,$$

即

$$z_{00}^1=z_{00}^2=\cdots=z_{00}^k. \quad (36)$$

因此，在循环过程中，所有的 $\theta=0$，即 $b^t_{0s_t}=0, t=1,\cdots,k$。由旋转变换关系

$$\bar{b}_{0j}=b_{0j}-\theta b_{rj}$$

立即可得

$$b^1_{0j}=b^2_{0j}=\cdots=b^k_{0j}, j=0,1,\cdots,n.$$

由 $b^t_{0s_t}=0$，可得

$$b^t_{0j}=0，对\ j\in G, t=1,\cdots,k. \tag{37}$$

令

$$q=\max\{j|j\in G\}, \tag{38}$$

为了书写方便，不失一般性，假设 $r_1=s_f=q$，而对 $1<t<f$，$s_t\neq q$。且记 $r(1)=v, r(f)=r$（即 $T(B_1)$ 的旋转行为 v，对应的旋出基变量为 x_q，$T(B_f)$ 的旋转列为 q，旋转行为 r）。设

$$B_1=(P_{j_1}\cdots P_{j_m}), B_f=(P_{f_1}\cdots P_{f_m}), j_v=q.$$

对 $T(B_1)=(b^1_{ij})$，根据旋转行的选取规则，可得

$0\leqslant z^1_{i0}\leqslant d_{j_i}$，对所有的 $j_i\in G\backslash q$。

因为不然的话，就不能取 x_q 为旋出基变量。

对 z^1_{v0} 有两种不同情形：

若 $z^1_{v0}<0$，则由步骤 6 可知 $q\in J^t_1$，（对 $2\leqslant t\leqslant f$）；

若 $z^1_{v0}>d_q$，则 $q\in J^t_2$，（对 $2\leqslant t\leqslant f$）。

记对应于 B_1 的剖分 $\{J^1_1|J^1_2\}$ 的基本解为

$$x^1=(x^1_1,\cdots,x^1_n)^T,$$

其中

$$x^1_{j_i}=z^1_{i0}, i=1,\cdots,m, \tag{39}$$

$$x^1_j=d_j, j\in J^1_2, \tag{40}$$

$$x^1_j=0，其余的分量, \tag{41}$$

对 $T(B_f)=(b^f_{ij})$，由于 x^1 是(32)的基本解，自然必满足方程：

$$x^1_{j_r}+\sum_{j\in J^f_1}b^f_{rj}x^1_j+\sum_{j\in J^f_2}b^f_{rj}x^1_j=b^f_{r0}. \tag{42}$$

令

$$G_1=(G\cap J_1^f)\backslash q, H_1=H\cap J_1^f,$$
$$G_2=(G\cap J_2^f)\backslash q, H_2=H\cap J_2^f,$$

由于

$$b_{rj}^f=0, j\in F,$$
$$x_j^1=0, j\in H\cap J_1^f,$$

则

$$x_{j_r}^1+x_q^1 b_{rq}^f+\sum_{j\in G_1} b_{rj}^f x_j^1+\sum_{j\in G_2} b_{rj}^f x_j^1+\sum_{j\in H_2} b_{rj}^f d_j=b_{r0}^f. \tag{43}$$

下面分四种情形讨论

(i) $z_{r0}^f<0, z_{v0}^1=x_q^1<0, q\in J_1^f$.

因为对所有的 $j\in G$，有 $b_{0j}^f=0$（由(37)），根据步骤 3 中旋转列的选取规则，必有

$$b_{rj}^f\geqslant 0, j\in G_1,$$
$$b_{rj}^f\leqslant 0, j\in G_2,$$
$$b_{rq}^f<0$$

（否则就不可能取 q 为 $T(B_f)$ 的旋转列）。

因为 x^1 满足条件：

$$0\leqslant x_j^1\leqslant d_j, j\in(G\backslash q) \tag{44}$$

（因为 $x_{j_i}^1=z_{i0}^1$，而 $0\leqslant z_{i0}^1\leqslant d_{j_i}$，对 $j_i\in(G\backslash q)$），所以有

$$b_{rq}^f x_q^1>0, \tag{45}$$
$$b_{rj}^f x_j^1\geqslant 0, j\in G_1, \tag{46}$$
$$b_{rj}^f x_j^1\geqslant b_{rj}^f d_j, j\in G_2, \tag{47}$$

因此，从方程(43)可推得不等式

$$\sum_{j\in G_2} b_{rj}^f d_j+\sum_{j\in H_2} b_{rj}^f d_j=\sum_{j\in J_2^f} b_{rj}^f d_j\leqslant b_{r0}^f. \tag{48}$$

另一方面，由 $z_{r0}^f<0$，可得

$$b_{r0}^f-\sum_{j\in J_2^f} b_{rj}^f d_j<0.$$

与(48)相矛盾。

(ii) $z_{r0}^{t}<0, z_{v0}^{1}=x_{q}^{1}>d_{q}, q \in J_{2}^{t}$.

只要注意这时必有 $b_{rq}^{t}>0$，就可和情形 (i) 相似地导致矛盾.

(iii) $z_{r0}^{t}>d_{t_r}, z_{v0}^{1}=x_{q}^{1}<0, q \in J_{1}^{t}$,

根据步骤 4 中旋转列的选取规则,必有

$$b_{rj}^{t} \leqslant 0, j \in G_{1},$$
$$b_{rj}^{t} \geqslant 0, j \in G_{2},$$
$$b_{rq}^{t}>0.$$

由此,从方程(43),可推得不等式

$$\sum_{j \in G_{2}} b_{rj}^{t} d_{j}+\sum_{j \in H_{2}} b_{rj}^{t} d_{j}+d_{t_r}=\sum_{j \in J_{2}^{t}} b_{rj}^{t} d_{j}+d_{t_r} \geqslant b_{r0}^{t}. \quad (49)$$

另一方面,由 $z_{r0}^{t}>d_{t_r}$，可得

$$b_{r0}^{t}-\sum_{j \in J_{2}^{t}} b_{rj}^{t} d_{j}>d_{t_r}.$$

与(49)相矛盾.

(iv) $z_{r0}^{t}>d_{t_r}, z_{v0}^{1}=x_{q}^{1}>d_{q}, q \in J_{2}^{t}$.

只要注意这时必有 $b_{rq}^{t}<0$，就可推得

$$b_{rq}^{t} d_{q}+\sum_{j \in G_{2}} b_{rj}^{t} d_{j}+\sum_{j \in H_{2}} b_{rj}^{t} d_{j}+d_{t_r}=\sum_{j \in J_{2}^{t}} b_{rj}^{t} d_{j}+d_{t_r} \geqslant b_{r0}^{t},$$

从而与 $z_{r0}^{t}>d_{t_r}$ 相矛盾. 证毕.

§7 几 何 意 义

现在,我们将 n 维向量 x 看作 n 维欧氏空间中的点. 对不同的点 $x, x^{1}, \cdots, x^{k}$,若存在非负实数 $\alpha_{1}, \cdots, \alpha_{k}, \sum_{i=1}^{k} \alpha_{i}=1$, 使得

$$x=\alpha_{1} x^{1}+\cdots+\alpha_{k} x^{k},$$

则称 x 为 $x^{1}, \cdots, x^{k}$ 的一个凸组合. 由所有凸组合所构成的点

集 S:

$$S=\left\{x \mid x=\sum_{i=1}^{k} \alpha_i x^i, \sum_{i=1}^{k} \alpha_i=1, \alpha_i \geqslant 0, i=1, \cdots k\right\}$$

称为 $\{x^1, \cdots, x^k\}$ 的凸包. 记作 $\{x^1, \cdots, x^k\}^{\Delta}$. 特别地, 凸包 $\{x^1, x^2\}^{\Delta}$ 是一个线段,通常记作 $\overline{x^1x^2}$. 一个点集 D, 若对D中任意的两点 x, 和 y, 都有 $\overline{xy}\subseteq D$, 则称D为一个凸集. 容易证明,两个或两个以上的凸集的交集仍是凸集;若D是一个凸集, 则对任意的有限个点 $x^i\in D, i=1,2,\cdots,k$; 必有 $\{x^1,\cdots,x^k\}^{\Delta}\subseteq D$. 对凸集$D$中的点 x, 若D中不存在 x^1 和 x^2, $x^1\neq x^2$ 以及 $\alpha_1>0, \alpha_2>0, \alpha_1+\alpha_2=1$,使得

$$x=\alpha_1 x^1+\alpha_2 x^2,$$

则称 x 为D的一个顶点;顶点不是凸集中任何线段的内点. 联系到线性规划问题的定义域

$$\{x \mid Ax=b, x\geqslant 0\},$$

容易证明,它是一个凸集,通常称其为凸多面体.

定理 1.21 设 x 为凸多面体

$$\{x \mid Ax=b, x\geqslant 0\}$$

中的任一顶点,当 $j\in J_1$ 时, $x_j>0$; 当 $j\in J_2$ 时, $x_j=0$, 则对 $j\in J_1$ 中的所有列向量 P_j 必线性无关. 其中

$$J_1\cup J_2=\{1,2,\cdots n\}.$$

证明: 设若不然,则存在一组不全为零的数 δ_j, $j\in J_1$, 使得

$$\sum_{j\in J_1}\delta_j P_j=0.$$

取

$$\theta=\min\left\{\frac{x_j}{|\delta_j|}\,\middle|\,\delta_j\neq 0, j\in J_1\right\},$$

作向量 x^1 和 x^2 如下:

$$x_j^1=x_j+\theta\delta_j, j\in J_1,$$
$$x_j^1=x_j, \qquad j\in J_2,$$

$$x_j^2 = x_j - \theta\delta_j, \quad j \in J_1,$$
$$x_j^2 = x_j, \qquad j \in J_2,$$
则容易证明，x^1 和 x^2 仍满足约束条件：
$$Ax = b, x \geqslant 0.$$
但是，这时有关系
$$x = \frac{x^1 + x^2}{2},$$
这就与 x 是顶点相矛盾．证毕．

定理 1.22 多面体
$$\{x \mid Ax = b, x \geqslant 0\}$$
中的点 x 是它的顶点的充要条件为：x 是一个基本允许解．

证明：设 A 为 $m \times n$ 的矩阵，A 的秩为 m．

必要性．不失一般性，设 $x_j > 0, j = 1, \cdots k; x_j = 0, j = k+1, \cdots, n$．由定理 1.21，向量 $P_1, \cdots P_k$ 线性无关．由 A 的秩为 m，则可找出适当的 $m-k$ 个向量，例如设为 $P_{k+1}, \cdots P_m$，使 $P_1, \cdots P_m$ 线性无关．因此，$B = (P_1 \cdots P_m)$ 构成一个基，它的对应的基本解便是 x．

充分性．不妨假设，x 是对应于基 $B = (P_1 \cdots P_m)$ 的基本允许解，因此有
$$x_j = 0, j = m+1, \cdots, n, \tag{50}$$
$$Bx_B = b, x_B = (x_1, \cdots, x_m)^T. \tag{51}$$
若 x 不是多面体的顶点，则存在两个不同的允许解 x^1 和 x^2，以及 $\alpha_1 > 0, \alpha_2 > 0, \alpha_1 + \alpha_2 = 1$，使得
$$x = \alpha_1 x^1 + \alpha_2 x^2.$$
由(50)及允许解的分量的非负性，可知
$$x_j^1 = x_j^2 = 0, j = m+1, \cdots, n,$$
因此可得
$$Bx_B^1 = Bx_B^2 = Bx_B = b,$$
$$x_B^1 = x_B^2 = x_B = B^{-1}b.$$
与 $x^1 \neq x^2$ 相矛盾．证毕．

凸多面体中的两个不同的顶点 x^1 和 x^2，若不存在凸多面体中的线段 $\overline{z^1z^2}$，使得 $\overline{z^1z^2}\cap\overline{x^1x^2}=\{x\}$，且 x 不同于 x^1,x^2,z^1,z^2，则称顶点 x^1 与 x^2 相邻. 连结两个相邻顶点的线段，称为凸多面体的棱.

定理 1.23 设有允许基 $B^1=(P_1\cdots P_{r-1}P_rP_{r+1}\cdots P_m)$，$B^2=(P_1\cdots P_{r-1}P_sP_{r+1}\cdots P_m)$，对应的基本允许解(即顶点)分别为 x^1、x^2，设 B^1 经过 (r,s) 旋转变换后得到 B^2，则顶点 x^1 和 x^2 相邻.

证明：设若相反，有允许解 z^1 和 z^2，使得

$$\overline{z^1z^2}\cap\overline{x^1x^2}=\{x\},x\neq x^1,x^2,z^1,z^2.$$

因为 $x_j^1=x_j^2=0$，对 $m+1\leqslant j\neq s\leqslant n$，$x\in\overline{x^1x^2}$，故 $x_j=0$，对 $m+1\leqslant j\neq s\leqslant n$. 又因为 $x\in\overline{z^1z^2}$，$z^1\geqslant 0$，$z^2\geqslant 0$，故 $z_j^1=z_j^2=0$，对 $m+1\leqslant j\neq s\leqslant n$. 因此，$x^1,x^2,z^1,z^2$ 都满足条件

$$\sum_{j=1}^{m}x_jP_j+x_sP_s=b,$$

$$x_j=0,\text{ 对 } m+1\leqslant j\neq s\leqslant n,$$

$$x\geqslant 0.$$

但是，满足上述条件的解集是线段 $\overline{x^1x^2}$. 因此 z^1，$z^2\in\overline{x^1x^2}$，与假设相矛盾. 证毕.

定理 1.22 和 1.23 说明了单纯形方法的计算过程是由一个顶点沿着棱走到另一个相邻的顶点，而棱的方向便是极方向.

基本允许解这一概念是对标准形式的线性规划问题而言. 顶点这一概念与约束条件的表达形式无关. 今后，当问题的约束条件还未化成标准形式时，我们常常使用顶点这一概念.

§8 字典序单纯形方法

在 §2 中所介绍的单纯形方法，旋转列和旋转行的选择，都与

变量的排列次序密切有关．一当排定次序后，计算过程也就随着确定了．其基本思想是这样：假如我们定义一系列子问题 P^k:

$$\max\{Cx \mid Ax = b, x \geqslant 0, \text{当 } j > k \text{ 时}, x_j = 0\}.$$

那末，仅当求得 P^k 的最优解后，才继续考虑问题 P^{k+1}．下面介绍一种比较灵活的选取旋转元的单纯形方法，通常称作字典序单纯形方法．这一方法将在线性整数规划中得到应用．

线性方程组 $Ax = b$ 的解集是一个 $n-m$ 维的线性流形．其中有 $n-m$ 个变量可任意的取值．对 A 中的任意的基 B，记它的非基变量为参变量 $t_1,\cdots,t_d, d = n-m$．以非基变量为参数，从方程组 $Ax = b$ 中，用高斯消去法，解出基变量后，可将线性规划问题化成如下的参数形式

求 $\max x_0$，满足条件

$$x_0 = \alpha_{00} + \sum_{j=1}^{d} \alpha_{0j}(-t_j),$$

$$x_1 = \alpha_{10} + \sum_{j=1}^{d} \alpha_{1j}(-t_j),$$

$$\vdots \qquad\qquad \vdots$$

$$x_n = \alpha_{n0} + \sum_{j=1}^{d} \alpha_{nj}(-t_j),$$

$$x_i \geqslant 0, i = 1,2,\cdots n.$$

当某个 x_i 是非基变量时，对应的方程式实际上是恒等式：

$$x_i = 0 + (-1)(-x_i).$$

记向量

$$\bar{x} = (x_0 x_1 \cdots x_n)^T = (x_0 x^T)^T,$$

$$\alpha_j = (\alpha_{0j}\alpha_{1j}\cdots\alpha_{nj})^T, j = 0,1,\cdots,d,$$

则问题又可缩写成如下的向量形式

$$\text{求 } \max\left\{x_0 \mid \bar{x} = \alpha_0 + \sum_{j=1}^{d} \alpha_j(-t_j), x_i \geqslant 0, i = 1,2,\cdots n\right\},$$

容易证明以下事实

(i) 若 $\alpha_{i0} \geqslant 0$，$i = 1,2,\cdots n$，则 $\bar{x} = \alpha_0$ 便是一个基本允许解.

(ii) 若 $\alpha_{0j} \geqslant 0, j = 1, 2, \cdots d$，则对任何允许解 $\bar{x}$，必使 $x_0 \leqslant \alpha_{00}$。

(iii) 若所有的 $\alpha_{i0} \geqslant 0, \alpha_{0j} \geqslant 0, i = 1,2,\cdots n, j = 1,2,\cdots, d$，则 $\bar{x} = \alpha_0$ 是一个基本最优解.

(iv) 若有某 s，使得 $\alpha_{0s} < 0, \alpha_s \leqslant 0$，则 $y^s = -\alpha_s$ 是一个极射向，线性规划问题无最大值.

(v) 若有某 r，使得 $\alpha_{r0} < 0, \alpha_{rj} \geqslant 0, j = 1,2,\cdots,d$，则线性规划问题无允许解.

对参数表示式

$$\bar{x} = \alpha_0 + \sum_{j=1}^{d} \alpha_j(-t_j),$$

假如我们要用 x_r 代替 t_s，作为新的第 s 个参变量，那么只要从 x_r 的表达式中，解出 t_s，代入其他各式即成．设用 x_r 替换 t_s 后的参数表示式为

$$\bar{x} = \bar{\alpha}_0 + \sum_{j=1}^{d} \bar{\alpha}_j(-\bar{t}_j),$$

其中

$$\bar{t}_s = x_r, \bar{t}_j = t_j, j \neq s,$$

则 $\bar{\alpha}_j$ 与 α_j 之间有如下的关系式.

定理 1.24 $\bar{\alpha}_s = -\dfrac{1}{\alpha_{rs}}\alpha_s, \bar{\alpha}_j = \alpha_j - \dfrac{\alpha_{rj}}{\alpha_{rs}}\alpha_s, j \neq s$。

证明：从关系式

$$x_r = \alpha_{r0} + \sum_{j \neq s} \alpha_{rj}(-t_j) + \alpha_{rs}(-t_s)$$

可解得

$$t_s = \frac{\alpha_{r0}}{\alpha_{rs}} + \sum_{j \neq s} \frac{\alpha_{rj}}{\alpha_{rs}}(-t_j) + \frac{1}{\alpha_{rs}}(-x_r).$$

代入 $\bar{x}$ 的表达式中,可得

$$\begin{aligned}
\bar{x} &= \alpha_0 + \sum_{j \neq s} \alpha_j(-t_j) \\
&\quad + \alpha_s\left(-\frac{\alpha_{r0}}{\alpha_{rs}} - \sum_{j \neq s} \frac{\alpha_{rj}}{\alpha_{rs}}(-t_j) - \frac{1}{\alpha_{rs}}(-x_r)\right) \\
&= \left(\alpha_0 - \frac{\alpha_{r0}}{\alpha_{rs}}\alpha_s\right) + \sum_{j \neq s}\left(\alpha_j - \frac{\alpha_{rj}}{\alpha_{rs}}\alpha_s\right)(-t_j) + \frac{\alpha_s}{\alpha_{rs}}x_r \\
&= \bar{\alpha}_0 + \sum_{j \neq s} \bar{\alpha}_j(-\bar{t}_j) + \bar{\alpha}_s(-\bar{t}_s).
\end{aligned}$$

证毕.

一个非零向量 α，若按分量的下标顺序，第一个不为零的分量是正数,则称 α 是字典序正，记作 $\alpha \succ 0$. 若 $-\alpha \succ 0$，则称 α 是字典序负,记作 $\alpha \prec 0$. 若两个向量 α 和 β，使得 $\alpha - \beta \succ 0$，则记为 $\alpha \succ \beta$. 例如 $(1,-5,-6,4)^T \succ 0$, $(0,0,-1,8)^T \prec 0$, $(0,-1,0,-8)^T \succ (-9,9,8,7)^T$. 按照字典序,所有维数相同的向量构成一全序集合. 下面,我们介绍字典序单纯形方法.

考虑问题

$$\max\left\{x_0 \,\middle|\, \bar{x} = \alpha_0 + \sum_{j=1}^{d} \alpha_j(-t_j),\ x_j \geqslant 0,\ j = 1,\cdots,n\right\}.$$

假设各向量 $\alpha_j, j \neq 0$，已使满足 $\alpha_j \succ 0$. 如何获得这样的初始表示式,将在本节末叙述.

计算程序

1. 计算 $\alpha_{r0} = \min\{\alpha_{i0} \mid i = 1,2,\cdots,n\}$. 若 $\alpha_{r0} \geqslant 0$，则步骤终止，$\bar{x} = \alpha_0$ 便是问题的最优解. 而且对任何允许解 $\bar{x}$，有关系

$$\bar{x} = \alpha_0 + \sum_{j=1}^{d} \alpha_j(-t_j) \prec \alpha_0,$$

即此时的 α_0 按字典序最大达到了最优. 若 $\alpha_{r0}<0$，则进行步骤 2.

2. 若所有的 $\alpha_{rj}\geqslant 0$，$j=1,\cdots,d$，则步骤终止，问题无允许解(因为无非负的 x 满足第 r 个方程). 相反,进行步骤 3.

3. 按照向量的字典序的大小,计算

$$\max\{\alpha_j/\alpha_{rj}\,|\,\alpha_{rj}<0,\ j=1,\cdots,d\}=\frac{1}{\alpha_{rs}}\alpha_s$$

4. 用 x_r 替换 t_s，作为新的第 s 个参变量(即作 (r,s) 旋转变换)，得新的表达式

$$\bar{x}=\bar{\alpha}_0+\sum_{j=1}^{d}\bar{\alpha}_j(-\bar{t}_j),$$

其中

$$\bar{\alpha}_s=-\frac{1}{\alpha_{rs}}\alpha_s,\quad \bar{\alpha}_j=\alpha_j-\frac{\alpha_{rj}}{\alpha_{rs}}\alpha_s,\quad j\neq s,$$

$$\bar{t}_j=t_j,\quad j\neq s,\quad \bar{t}_s=x_r,$$

然后,用新的表达式代替原来的表达式,转到步骤 1.

定理 1.25 若 $\alpha_j\succ 0$，$j=1,2,\cdots,d$，则

$$\bar{\alpha}_j\succ 0,\quad j=1,2,\cdots,d,$$

$$\alpha_0\succ\bar{\alpha}_0.$$

证明: 由 $\alpha_{rs}<0$，$\alpha_s\succ 0$，即得

$$\bar{\alpha}_s=-\frac{1}{\alpha_{rs}}\alpha_s\succ 0.$$

对 $j\neq s,0$，若 $\alpha_{rj}\geqslant 0$，则

$$\bar{\alpha}_j=\alpha_j-\frac{\alpha_{rj}}{\alpha_{rs}}\alpha_s\geqslant\alpha_j\succ 0.$$

若 $\alpha_{rj}<0$，则由 s 的取法,(见步骤 3)可知

$$\bar{\alpha}_j=\alpha_{rj}\left(\frac{1}{r_{rj}}\alpha_j-\frac{1}{\alpha_{rs}}\alpha_s\right)\succ 0.$$

又因为

$$\bar{\alpha}_0 = \alpha_0 - \frac{\alpha_{r0}}{\alpha_{rs}}\alpha_s,\ \alpha_{r0} < 0,\ \alpha_{rs} < 0,\ \alpha_s \succ 0,$$

可得

$$\bar{\alpha}_0 \prec \alpha_0.$$

证毕.

由定理 1.25 可知上述字典序计算程序，在计算过程中，同样的参数表达式决不重复出现，而且，参数表达式的数目不会超过 C_m^n 种，所以，程序必在有限步内终止.

最后，让我们回过来讨论寻求字典序正（即 $\alpha_j \succ 0$）的初始表达式的方法，通常称作M方法.

首先，任给一个基 B，设其非基变量为 $t_1, \cdots, t_d$. 设以 t_j 为参变量的参数表示式为

$$\bar{x} = \alpha_0 + \sum_{j=1}^{d} \alpha_j(-t_j),$$

假设按字典序的大小，求得

$$\min\{\alpha_j \mid j = 1, 2, \cdots, d\} = \alpha_s.$$

若 $\alpha_s \prec 0$，则已获字典序正的表示式. 相反，我们附加一个参考的条件

$$x_{n+1} = M + \sum_{j=1}^{d} (-t_j) \geqslant 0,$$

即

$$\sum_{j=1}^{d} t_j \leqslant M,$$

其中M是足够大的数. 然后，以 x_{n+1} 替换参变量 t_s，可得表示式

$$\bar{x} = \bar{\alpha}_0 + \sum_{j=1}^{d} \bar{\alpha}_j(-\bar{t}_j),$$

其中

$$\bar{\alpha}_s = -\alpha_s,\ \bar{\alpha}_j = \alpha_j - \alpha_s,\ j \neq s,\ \bar{\alpha}_0 = \alpha_0 - M\alpha_s,$$

$$\bar{t}_s = x_{n+1}, \quad \bar{t}_j = t_j, \quad j \neq s.$$

显然,这时已有 $\bar{a}_j \succ 0 (j = 1,2,\cdots,d)$. 因此,就可应用上述字典序单纯形方法求解. 只要M足够大, 加上参考条件后的问题与原问题等价.

§9 列生成方法

先看一个经典的线性规划实例: 钢筋下料. 设钢筋的原材料长度为 l. 要利用这些钢筋下长度分别为 $l_1,\cdots,l_m$ 的毛坯料. 假设毛坯料长 l_i 的需要量为 b_i, 问应该采用什么下料方式, 使既满足需要,又化的钢筋根数最少?

用非负的整数向量 $P_j = (a_{1j}, a_{2j}, \cdots a_{mj})^T$ 表示第 j 种下料方式,其中 a_{ij} 表示下毛料 l_i 的数目. 则所有的向量 P_j 必须满足条件

$$\sum_{i=1}^{m} l_i a_{ij} \leqslant l, \text{ 所有 } a_{ij} \text{ 为非负整数}, \tag{52}$$

反之,满足(52)的任何向量 P_j 都对应着一种下料方式. 特别地, 我们让

$$P_1 = \begin{pmatrix} a_{11} \\ 0 \\ \vdots \\ 0 \end{pmatrix}, P_2 = \begin{pmatrix} 0 \\ a_{22} \\ 0 \\ \vdots \\ 0 \end{pmatrix}, \cdots P_m = \begin{pmatrix} 0 \\ \vdots \\ 0 \\ a_{mm} \end{pmatrix},$$

其中

$$a_{ii} = \left\lfloor \frac{l}{l_i} \right\rfloor, \quad i = 1,2,\cdots m,$$

数 $\lfloor r \rfloor$ 表示不超过 r 的最大整数. $P_1,\cdots,P_m$ 表示只下一种毛料的方式.

设采用方式 P_j 下料的钢筋总数为 x_j, 则上述问题可写为如下形式

求 $\min \sum_j x_j$, (53)

满足条件

$$\sum_j a_{ij}x_j = b_i, \quad i = 1,2,\cdots,m, \tag{54}$$

$$\sum_{i=1}^m a_{ij}l_i \leqslant l, \text{ 对所有的方式 } j, \tag{55}$$

$$a_{ij} \text{ 为非负整数}, \tag{56}$$

$$x_j \geqslant 0, \text{ 对所有的方式 } j. \tag{57}$$

称问题(53),(54),(57)为下料问题的主规划. 对主规划而言,$B^0 = (P_1,\cdots P_m)$ 是一个允许基,且有

$$(B^0)^{-1} = \begin{pmatrix} \frac{1}{a_{11}} & & & \\ & \frac{1}{a_{22}} & & \\ & & \ddots & \\ & & & \frac{1}{a_{mm}} \end{pmatrix},$$

$$\pi^0 = C_{B^0}(B^0)^{-1} = \left(-\frac{1}{a_{11}}, -\frac{1}{a_{22}}, \cdots -\frac{1}{a_{mm}}\right).$$

对应于 B^0 的基本解为

$$x_i = \frac{b_i}{a_{ii}}, \quad i = 1,2,\cdots,m, \tag{58}$$

$$x_j = 0, \text{ 对其余的方案 } j.$$

一般地说,假设我们已有一允许基 $B = (P_{j_1}P_{j_2}\cdots P_{j_m})$,设已求得

$$B^{-1} = \begin{pmatrix} b_{11}\, b_{12} \cdots b_{1m} \\ b_{m1} b_{m2} \cdots b_{mm} \end{pmatrix},$$

$$B^{-1}b = \begin{pmatrix} b_{10} \\ b_{20} \\ \vdots \\ b_{m0} \end{pmatrix},$$

这里 $b=(b_1,b_2,\cdots b_m)^T$. 则对应于 B 的乘子 π 为

$$\pi=(\pi_1,\pi_2\cdots\pi_m)=(-1,-1,\cdots,-1)B^{-1}$$

$$=\left(-\sum_{i=1}^{m} b_{i1},-\sum_{i=1}^{m} b_{i2},\cdots-\sum_{i=1}^{m} b_{im}\right).$$

根据改进单纯形算法,假如满足条件

$$\pi P_j-C_j=\pi P_j+1\geqslant 0, \text{ 对所有的 } j, \tag{59}$$

则 B 便是最优基. 然而,条件(59)又等价于下述问题(通常称其为背包问题)的最小值非负.

求
$$\min z=1+\sum_{i=1}^{m}\pi_i a_i, \tag{60}$$

满足

$$\sum_{i=1}^{m} l_i a_i\leqslant l,\ a_i \text{ 为非负整数}. \tag{61}$$

称问题(60),(61)为下料问题的子规划. 它是一类特殊的整数规划问题,我们以后将详细论述.

现在,假设我们已求得子问题的解为

$$a_1=a_1^*,\cdots,a_m=a_m^*,\quad z=z^*=1+\sum_{i=1}^{m}\pi_i a_i^*.$$

这时,若 $z^*\geqslant 0$, 则步骤终止, B 便是主规划的最优基. 若 $z^*<0$, 则生成列向量

$$P_s=\begin{pmatrix}a_1^*\\a_2^*\\\vdots\\a_m^*\end{pmatrix},\quad B^{-1}P_s=\begin{pmatrix}b_{1s}\\b_{2s}\\\vdots\\b_{ms}\end{pmatrix}.$$

计算

$$\frac{b_{r0}}{b_{rs}}=\min\left\{\frac{b_{i0}}{b_{is}}\middle|\ b_{is}>0,\ i=1,2,\cdots,m\right\}.$$

经 (r,s) 旋转变换后可得

$$\bar{B}=(P_{i_1}\cdots P_{i_{r-1}}P_s P_{i_{r+1}}\cdots P_{i_m}).$$

$$\bar{B}^{-1} = E_{rs}B^{-1} = (\bar{b}_{ij}),$$
$$\bar{B}^{-1}b = (\bar{b}_{10}, \bar{b}_{20}, \cdots \bar{b}_{m0})^T,$$
$$\bar{\pi} = C_{\bar{B}}\bar{B}^{-1} = \left(-\sum_{i=1}^{m} \bar{b}_{i1}, \cdots, -\sum_{i=1}^{m} \bar{b}_{im}\right).$$

然后,用 $\bar{\pi}$ 代替 π, 继续求解子问题(60),(61).

利用子规划的最优解来形成主规划的旋转列，这一过程称为列生成过程. 一般地说,我们可考虑如下形式的问题.

给定一m维的列向量集合 Q, 以及一定义在Q上的实值函数 $C(P)$. 要求一实值函数 $x(P)$, 使得满足

$$\sum_{P\in Q} C(P)x(P) \text{ 达到最大值,}$$

$$\sum_{P\in Q} x(P)P = b,$$

$$x(P) \geqslant 0, \text{ 对所有的 } P\in Q.$$

假设已获得Q中的m个向量 $P_1, P_2, \cdots, P_m$, 使得

$$B = (P_1, P_2, \cdots P_m)$$

构成上述规划问题的一个允许基. 记

$$\pi = C_B B^{-1}, \text{ (其中 } C_B = (C(P_1), \cdots, C(P_m)))$$

则可得一般形式的列生成方法如下

1. 求 $z = \min\{\pi P - C(P) \mid P \in Q\}$.

若 $z \geqslant 0$, 则步骤终止, B便是一个最优基.

若 $z < 0$, 则进行步骤 2.

2. 设 $z = \pi P_s - C(P_s)$. 生成旋转列 $B^{-1}P_s$, 然后利用通常的单纯形规则,确定旋转行 r.

3. 进行 (r, s) 旋转变换后, 可得基 $\bar{B}$、$\bar{B}^{-1}$ 以及$\bar{\pi}$, 用 $\bar{B}^{-1}$, $\bar{\pi}$ 代替 B^{-1}, π, 转到步骤 1.

§10 2-分 解 原 则

将约束条件划分成适当的两部分，考虑如下的线性规划问题

求 $$\max x_0 = cx, \tag{62}$$
满足条件
$$A_1x = b_1,\ (b_1\ 为\ m_1\ 维向量) \tag{63}$$
$$A_2x = b_2,\ (b_2\ 为\ m_2\ 维向量) \tag{64}$$
$$x \geqslant 0. \tag{65}$$
记
$$S_2 = \{x \mid A_2x = b_2, x \geqslant 0\}.$$
设 S_2 的所有基本允许解为 $x^1, x^2, \cdots, x^u$；S_2 的所有极射向为 $y^0, y^1, \cdots, y^v$。则根据允许解的一般表示定理 1.10，对任意的 $x \in S_2$，有关系：
$$x = \sum_i \lambda_i x^i + \sum_j \mu_j y^j, \tag{66}$$
$$\sum_i \lambda_i = 1,\ \lambda_i \geqslant 0,\ \mu_j \geqslant 0. \tag{67}$$
将(66)代入(62)和(63)，可将原线性规划问题化为如下的等价形式

求 $$\max\ x_0 = \sum_{i=1}^{u} f_i\lambda_i + \sum_{j=0}^{v} g_j\mu_j, \tag{68}$$
满足条件
$$\sum_i \lambda_i P_i + \sum_j \mu_j Q_j = b_1, \tag{69}$$
$$\sum_i \lambda_i = 1, \tag{70}$$
$$\lambda_i \geqslant 0,\ \mu_j \geqslant 0, \tag{71}$$
其中
$$f_i = cx^i,\ g_j = cy^j,\ P_i = A_1x^i,\ Q_j = A_1y^j. \tag{72}$$
我们称上述问题(68),(69),(70),(71)为主规划。

假设已知主规划的一个允许基 B（不然的话，利用人造基方法求第一个允许基），设

$$\pi = \tilde{c}_B B^{-1},$$

其中

$$\tilde{c} = (f_1, \cdots f_u, g_0 \cdots g_v),$$

而 $\tilde{c}_B$ 表示 $\tilde{c}$ 中对应于基变量的那一部分所构成的向量. 根据改进单纯形算法,B 是最优基的条件为

$$\pi \begin{pmatrix} P_j \\ 1 \end{pmatrix} - f_j \geqslant 0, \ j = 1, \cdots, u, \tag{73}$$

$$\pi \begin{pmatrix} Q_j \\ 0 \end{pmatrix} - g_j \geqslant 0, \ j = 0, \cdots, v. \tag{74}$$

设 $\pi = (\pi_1, \pi_0)$,π_1 为 m_1 维的行向量, π_0 是数量,则条件(73),(74)可写为

$$\begin{aligned} \pi_1 P_j + \pi_0 - f_j &= \pi_1 A_1 x^j + \pi_0 - cx^j \\ &= (\pi_1 A_1 - c) x^j + \pi_0 \geqslant 0, \ j = 1, \cdots, \mu, \end{aligned} \tag{75}$$

$$\begin{aligned} \pi_1 Q_j - g_j &= \pi_1 A_1 y^j - cy^j \\ &= (\pi_1 A_1 - c) y^j \geqslant 0, \ j = 0, \cdots, v. \end{aligned} \tag{76}$$

下面,我们利用列生成原理,考虑子规划问题

$$\min\{(\pi_1 A_1 - c)x + \pi_0 \mid A_2 x = b_2, x \geqslant 0\}. \tag{77}$$

条件(76),对所有的极射向成立, 意味着子规划有最小值(只要子规划有允许解). 条件(75)意味着子规划的最小值非负. 反之,若子规划无最小值,则存在某极射向 y^s, 使得

$$\pi_1 Q_s - g_s = (\pi_1 A_1 - c) y^s < 0.$$

这时,我们生成主规划的旋转列

$$B^{-1}\begin{pmatrix} A_1 y^s \\ 0 \end{pmatrix},$$

旋入变量为 μ_s. 若子规划有最小值,但是最小值小于零, 则有某基本允许解 x^s, 使得

$$\pi_1 P_s + \pi_0 - f_s = (\pi_1 A_1 - c) x^s + \pi_0 < 0.$$

这时,我们生成主规划的旋转列

$$B^{-1}\begin{pmatrix} A_1 x^s \\ 1 \end{pmatrix},$$

旋入变量为 λ_s. 下面,详细叙述计算步骤.

2-分解程序

1.取人造基 $B=I$, $B^{-1}=I$, 基变量为 $y_1, y_2, \cdots y_{m_1+1}$, $c_B=(-1,\cdots,-1)$, $\pi=(\pi_1,\pi_0)=c_B B^{-1}=(-1,\cdots,-1,-1)$. 其中 I 为 m_1+1 维单位矩阵, c_B 为 m_1+1 维行向量, π_1 为 m_1 维向量, $\pi_0=-1$. 置

$$P_0=\begin{pmatrix} b_0 \\ \vdots \\ b_{m_1+1\,0} \end{pmatrix}=B^{-1}\begin{pmatrix} b_1 \\ 1 \end{pmatrix}=\begin{pmatrix} b_1 \\ 1 \end{pmatrix},$$

$$x_0=c_B P_0,$$

$$\delta=0.$$

(当 $\delta=0$ 时,表示程序进行着第一阶段, 正在求第一个初始允许基. 当 $\delta=1$ 时,表示在进行第二阶段,求最优基)

2.置 $\tilde{c}=\pi_1 A_1-\delta c$.

3.解子规划

$$\min\{\tilde{c}x \mid A_2 x=b_2, x\geqslant 0\}.$$

若子规划无允许解,则步骤终止,原问题(62)—(65)也无允许解;若子规划有最优解, 设为 x^s, 则转到步骤 4;若子规划有允许解,但无最优解,则应用单纯形算法时, 可求得一个极射向 y^s, 使 $\tilde{c}y^s<0$, 这时,转到步骤 5.

4.若 $\pi_0+\tilde{c}x^s\geqslant 0$, 则转到步骤 8;相反,置

$$P_s=\begin{pmatrix} A_1 x^s \\ 1 \end{pmatrix},$$

然后转到步骤 6.

5.置

$$P_s=\begin{pmatrix} A_1 y^s \\ 0 \end{pmatrix}.$$

6.计算

$$B^{-1}P_s=\begin{pmatrix} b_{1s} \\ \vdots \\ b_{m_1+1\,s} \end{pmatrix}.$$

若所有的 $b_{is}\leqslant 0$，则步骤终止，原问题无最优解．相反，计算

$$\theta=\frac{b_{r0}}{b_{rs}}=\min\left\{\frac{b_{i0}}{b_{is}}\middle| b_{is}>0,\ 1\leqslant i\leqslant m_1+1\right\}.$$

7．将第 r 个基变量改为 λ_s（或 μ_s），将 c_B 中的第 r 个分量改为 δcx^s（或 δcy^s），同时，记录对应的基本允许解 x^s（或极射向 y^s），置

$$E_{rs}=\begin{pmatrix} 1 & & & -\frac{b_{1s}}{b_{rs}} & & & \\ & \ddots & & \vdots & & & \\ & & 1 & \vdots & & & \\ & & & \frac{1}{b_{rs}} & & & \\ & & & \vdots & 1 & & \\ & & & -\frac{b_{m_1+1\,s}}{b_{rs}} & & \ddots & \\ & & & & & & 1 \end{pmatrix},$$

$\bar{B}^{-1}=E_{rs}B^{-1}$,

$\bar{P}_0=(\bar{b}_{10}\cdots\bar{b}_{m_1+1\,0})^T=E_{rs}P_0=E_{rs}(b_{10}\cdots b_{m_1+1\,0})^T$,

$\bar{\pi}=(\bar{\pi}_1,\bar{\pi}_0)=c_{\bar{B}}\bar{B}^{-1}$,

$x_0=c_{\bar{B}}\bar{P}_0$.

用 $(\bar{\pi}_1,\bar{\pi}_0),\bar{B}^{-1},\bar{P}_0$ 代替 $(\pi_1,\pi_0),B^{-1},P_0$，转到步骤 2.

8．若这时已使 $\delta=1$，则步骤终止，最优解可写为

$$x^*=\sum_{\lambda_i^*\in\text{基变量}}\lambda_i^*x^i+\sum_{\mu_i^*\in\text{基变量}}\mu_i^*y^i$$

（λ_i^*,μ_i^* 表示当时的基变量所取的值）；若这时的 $\delta=0$，则分两种情形，若又有 $x_0<0$，则步骤终止，原问题无允许解．若 $\delta=x_0=0$，则将 c_B 中所有对应于基变量 λ_i 的分量都改为 cx^i，将所有对应于基变量 μ_i 的分量都改为 cy^i，然后，置 $\delta=1$，转到步骤 2.

很多实际问题，约束条件可排成如下的分块形式

求 $\quad\max\quad x_0=c_1x_1+c_2x_2+\cdots+c_px_p,\qquad\qquad(78)$

满足条件

$$A_{11}x_1 + A_{12}x_2 + \cdots + A_{1p}x_p = b_1, \tag{79}$$

$$\left.\begin{aligned} A_{21}x_1 \qquad\qquad\qquad &= b_{21}, \\ A_{22}x_2 \qquad\quad &= b_{22}, \\ \ddots \qquad & \\ A_{2p}x_p &= b_{2p}, \end{aligned}\right\} \tag{80}$$

$$x_1 \geqslant 0, \cdots, x_p \geqslant 0. \tag{81}$$

其中的 A_{ik} 都是矩阵，x_k, c_k, b_1, b_{2k} 都是具有适当维数的向量. 利用 2-分解原则，让

$$c = (c_1, \cdots, c_p),$$

$$A_1 = (A_{11}, \cdots, A_{1p}),$$

$$A_2 = \begin{pmatrix} A_{21} & & \\ & \ddots & \\ & & A_{2p} \end{pmatrix},$$

$$x = \begin{pmatrix} x_1 \\ \vdots \\ x_p \end{pmatrix}, \quad b_2 = \begin{pmatrix} b_{21} \\ \vdots \\ b_{2p} \end{pmatrix},$$

$$s_2 = \{x \mid A_{2k}x_k = b_{2k}, x_k \geqslant 0,\ k = 1, \cdots, p\},$$

则子问题的形式为

求 $$\min \sum_{k=1}^{p} (\pi_1 A_{1k} - c_k)x_k, \tag{82}$$

满足条件

$$A_{2k}x_k = b_{2k},\ x_k \geqslant 0,\ k = 1, \cdots, p. \tag{83}$$

由于条件(83)中，对不同的 k，各组条件互不相关，因此，子规划可分离为 p 个独立的小规划问题：

. 求 $$\min(\pi_1 A_{1k} - c_k)x_k, \tag{84}$$

满足条件

$$A_{2k}x_k = b_{2k}, x_k \geqslant 0. \tag{85}$$

(i) 若对任意的 k，$(1 \leqslant k \leqslant p)$，小规划(84)，(85)都有最

优解，记它们为 x_k^s，则子规划有最优解 x^s，

$$x^s=\begin{pmatrix} x_1^s \\ \vdots \\ x_p^s \end{pmatrix}.$$

(ii) 若有某一个 $k\ (1\leqslant k\leqslant p)$，使对应的小规划问题无允许解，则问题(78)—(81)也无允许解。

(iii) 若对所有的 $k(1\leqslant k\leqslant p)$，小规划都有允许解，但有某一个 k，使对应的小规划无最小值，即存在小规划的一个极射向 y_k^s，使得

$$(\pi_1 A_{1k}-c_k)y_k^s<0,$$

则我们可得子规划的一个极射向 y^s 如下

$$y^s=\begin{pmatrix} 0 \\ \vdots \\ y_k^s \\ \vdots \\ 0 \end{pmatrix},$$

它使得 $(\pi_1 A_1-c)y^s=(\pi_1 A_{1k}-c_k)y_k^s<0$.

根据性质 (i), (ii), (iii)，读者已不难写出针对分块规划问题的分解计算程序。

§11 练 习 题

1. 设 $B_1=(p_1p_2\cdots p_m)$，$B_2=(p_{i_1}p_{i_2}\cdots p_{i_m})$ 是线性规划问题的任意两个基。证明存在 $\{1,2,\cdots m\}$ 的一个排列 $i_1i_2\cdots i_m$，使得对任意的 $k,1\leqslant k\leqslant m$，$(p_{i_1}\cdots p_{i_{k-1}}p_{i_k}p_{i_{k+1}}\cdots p_{i_m})$ 是线性规划问题的一个基

2. 在单纯形计算程序中，若在某一步，x_s 被取作了旋入变量，证明在此后的旋转变换过程中，x_s 恒为基变量。

3. 在单纯形计算程序中，证明以 i 列为旋转列的次数最多为 2^{n-i} (其中的 n 是变量的数目)。

4. 设 $x=(x_1,\cdots,x_n)^T$ 是任意的一个基本解，证明：

$$|x_j| \leqslant m!\alpha^{m-1}\beta.$$

其中的

$$\alpha = \max\{|a_{ij}| \mid i=1,\cdots,m;\ j=1,\cdots,n\},$$

$$\beta = \max\{|b_i| \mid i=1,\cdots,m\}.$$

5. 设 x^* 是多面体

$$\{x \mid Ax=b, x\geqslant 0\}$$

的任意一个顶点。证明存在某整数向量

$$c=(c_1,\cdots,c_n),$$

使得 x^* 是线性规划问题

$$\max\{cx \mid Ax=b, x\geqslant 0\}$$

的唯一的最优解。

6. 将单纯形算法中的旋转列 s 和旋转行 r 的选取规则改成如下形式

$$b_{0s}=\min\{b_{0j} \mid 1\leqslant j\leqslant n\}<0,$$

$$\theta=\min\{b_{i0}/b_{is} \mid 1\leqslant i\leqslant m,\ b_{is}>0\},$$

$$r=\min\{i \mid b_{i0}/b_{is}=\theta,\ b_{is}>0\}.$$

然后，计算下述线性规划问题

$$\max x_0 = 3+\frac{3}{4}x_1-20x_2+\frac{1}{2}x_3-6x_4,$$

满足条件

$$\frac{1}{4}x_1-8x_2-x_3+9x_4\leqslant 0,$$

$$\frac{1}{2}x_1-12x_2-\frac{1}{2}x_3+3x_4\leqslant 0,$$

$$x_3\leqslant 1,$$

$$x_1,x_2,x_3,x_4\geqslant 0.$$

求进行 6 次旋转变换后的单纯形表（以松弛变量为初始允许基的基变量）。

7. 设 x^0 是任给的一个允许解，记

$$J^0 = \{j \mid x_j^0 > 0\}.$$

如何从 x^0 出发,求得这样一个基本允许解 x^*, 使得 $cx^* \geqslant cx^0$, $J^* \subseteq J^0$, 其中

$$J^* = \{j \mid x_j^* > 0\}.$$

8. 求证: 当 $n = m + 1$ 时,最多有两个基本允许解。

9. 考虑分式规划问题

$$\max\ x_0 = \frac{cx + c_0}{dx + d_0},$$

满足条件

$$Ax = b,\ x \geqslant 0,$$

其中的 $d \geqslant 0$, $d_0 > 0$. 求证: 若问题有最优解, 则必有基本的最优解。

10. 将下述问题

$$\min \sum_{i=1}^{m} \left| b_i - \sum_{j=1}^{n} a_{ij} x_j \right|$$

化为等价的线性规划问题。

11. 将下述问题

$$\min \sum_{j=1}^{n} |x_j|,$$

满足条件

$$\sum_{j=1}^{n} a_{ij} x_j \geqslant b_i,\ i = 1, 2, \cdots, m$$

化为等价的线性规划问题。

12. 利用字典序单纯形算法,计算线性规划问题:

$$\max\ x_0 = \sum_{j=1}^{n} 10^{n-j} x_j,$$

满足条件

$$2 \sum_{j=1}^{i-1} 10^{i-j} x_j + x_i + x_{n+i} = 100^{i-1},\ i = 1, \cdots, n,$$

$$x_j \geqslant 0, \quad j = 1, \cdots, n,$$

假如初始的基本允许解取为

$$x_{n+i} = 100^{i-1}, \quad x_i = 0, \quad i = 1, \cdots, n,$$

试用数学归纳法证明：

(i) 经过 $2^{n-1} - 1$ 次旋转变换后，目标函数的表达式变为

$$x_0 = 10\left(100^{n-2} - \sum_{j=1}^{n-2} 10^{n-1-j} x_j - x_{2n-1}\right) + x_n.$$

(ii) 经过 2^{n-1} 次旋转变换后，目标函数的表达式变为

$$x_0 = 90 \times 100^{n-2} + 10\left(\sum_{j=1}^{n-2} 10^{n-1-j} x_j + x_{2n-1}\right) - x_{2n}.$$

(iii) 经过 $2^n - 1$ 次旋转变换后，目标函数的表达式变为

$$x_0 = 100^{n-1} - \sum_{j=1}^{n-1} 10^{n-j} x_j - x_{2n}.$$

第二章　线性整数规划

§1　基本概念和性质

线性整数规划问题的标准形式为

求
$$\max\ x_0 = \sum_{j=1}^{n} c_j x_j + c_0, \tag{1}$$
满足条件
$$\sum_{j=1}^{n} a_{ij} x_j \leqslant b_i,\ \ i = 1, \cdots, m, \tag{2}$$
$$x_j \geqslant 0,\ \ j = 0, 1, \cdots, n, \tag{3}$$
$$x_j\ \text{取整数值},\ \ j = 0, 1, \cdots, n, \tag{4}$$
其中的 c_j, a_{ij}, b_i 都是已知的整数，c_0 是足够大的一个正整数. 利用第一章 §1 中的向量和矩阵的符号，问题可写成如下的形式

求　$\max x_0 = cx + c_0$,

满足条件

$Ax \leqslant b$, $x \geqslant 0$, x 为整数向量.

作为引言，我们先介绍一个代数学中的基本定理，它与整数规划问题密切相关.

定理 2.1　假设 A, b 中的分量都是整数. $Ax = b$ 有整数解 x 的充要条件是：对任意使 uA 为整数向量的 $u = (u_1, \cdots, u_m)$，必使 ub 是整数.

证明：必要性是显然的. 下面证明充分性. 设

$$\varepsilon = \begin{pmatrix} \varepsilon_1 \\ \vdots \\ \varepsilon_i \\ \vdots \\ \varepsilon_m \end{pmatrix} = \begin{pmatrix} \varepsilon_1 & & & \Large 0 & \\ & \ddots & & & \Large 0 \\ & & \varepsilon_i & & \\ \Large 0 & & & \ddots & \\ & & & & \varepsilon_m \end{pmatrix}$$

是 A 的 Smith 标准型，即有 $m\times m$ 的整数矩阵 L 和 $n\times n$ 的整数矩阵 U，$|L|=|U|=1$，使得 $LAU=\varepsilon$。其中 ε_i 表示 ε 的第 i 行，ε_i 都是整数，且 $\varepsilon_i|\varepsilon_{i+1}$，$i=1,\cdots,m-1$。这里的符号 $\alpha|\beta$ 表示 β 能被 α 整除，$\alpha\nmid\beta$ 表示 β 不能被 α 整除。因为

$$|L|=|U|=1,$$

L 和 U 都是整数矩阵，故 L^{-1} 和 U^{-1} 也都是整数矩阵，且有关系

$$LA=\varepsilon U^{-1},\quad A=L^{-1}\varepsilon U^{-1}.$$

因此

$$Ax=b \text{ 有整数解 } x \Longleftrightarrow$$
$$\varepsilon U^{-1}x=Lb \text{ 有整数解 } x.$$

作线性变换

$$U^{-1}x=y,$$

则整数向量 x 与整数向量 y 之间建立了一一对应。因此

$$Ax=b \text{ 有整数解 } x \Longleftrightarrow$$
$$\varepsilon y=Lb \text{ 有整数解 } y.$$

设

$$L=\begin{pmatrix} L_1 \\ \vdots \\ L_i \\ \vdots \\ L_m \end{pmatrix},$$

则

$$Ax=b \text{ 有整数解 } x \Longleftrightarrow$$
$$\varepsilon_i\,|\,L_ib,\quad i=1,\cdots,m.$$

现在，我们用反证法。假设定理的条件成立，但是 $Ax=b$ 无整数解。则存在某 i，使得

$$\varepsilon_i\nmid L_ib,$$

取

$$u=\frac{1}{\varepsilon_i}L_i,$$

则 $ub = \frac{1}{\varepsilon_i} L_i b$ 不是整数，但是

$$uA = \frac{1}{\varepsilon_i} L_i A = \frac{1}{\varepsilon_i} \varepsilon_i U^{-1} = U_i^{-1}$$

是整数向量，其中的 U_i^{-1} 表示 U^{-1} 的第 i 行。这就与定理的假设相矛盾。证毕。

下面介绍一些常用的符号。

$\lfloor \lambda \rfloor$ 表示不超过 λ 的最大整数。

$\lceil \lambda \rceil$ 表示不小于 λ 的最小整数。

$R^n = \{x | x = (x_1, \cdots, x_n)^T$，所有 x_i 取有理数$\}$。

$Z^n = \{x | x \in R^n$，所有 x_i 取整数$\}$。

$R_+^n = \{x | x \in R^n,\ x \geqslant 0\}$。

$Z_+^n = \{x | x \in Z^n,\ x \geqslant 0\}$。

$P = \{x | x \in R_+^n,\ Ax \leqslant b\}$。

$S = \{x | x \in Z_+^n,\ Ax \leqslant b\}$。

$\mathbf{1} = (1, \cdots, 1)^T$。

$B^n = \{x | x \in Z_+^n, x \leqslant \mathbf{1}\}$。

则线性整数规划问题也可写为

$$\max\{x_0 | x_0 = cx + c_0, x \in S\}.$$

当 S 含有无穷多个点时，定义 S 的凸包如下：

$$(S)^\triangle = \left\{x | x = \sum_{y \in Y} \alpha(y) y, \sum_{y \in Y} \alpha(y) = 1,\ \alpha(y) \geqslant 0,\right.$$

$$\left. Y \subseteq S,\ |Y| \text{有限}\right\}.$$

通常称其为整点凸包。

定理 2.2 当 S 含有无穷多个点时，存在有限个非负的整数向量

$$z^1, \cdots, z^h; y^1, \cdots, y^s,$$

满足

$$Az^i \leqslant b,\ i = 1, \cdots, h,$$

$$Ay^j \leqslant 0,\ j=1,\cdots,t,$$

使得

$$(S)^\Delta=\left\{x \mid x=\sum_{i=1}^{h} \alpha_i z^i+\sum_{j=1}^{t} \beta_j y^j,\ \sum_{i=1}^{h} \alpha_i=1,\right.$$

$$\left.\text{所有的 } \alpha_i, \beta_j \geqslant 0\right\}.$$

证明：设无界多面体 P 的顶点集合为 $\{x^1,\cdots,x^r\}$，极射向集合为 $\{y^1,\cdots,y^t\}$. 因为极射向的任何正数倍仍是极射向，故不妨可设，所有的 y^j 都是非负整数向量. 根据允许解的一般表示定理 1.10，可得

$$P=\left\{x \mid x=\sum_{k=1}^{r} \lambda_k x^k+\sum_{j=1}^{t} \mu_j y^j, \sum_{k=1}^{r} \lambda_k=1,\right.$$

$$\left.\text{所有的 } \lambda_k, \mu_j \geqslant 0\right\}.$$

让

$$Q=\left\{x \mid x \in Z_+^n,\ x=\sum_{k=1}^{r} \lambda_k x^k+\sum_{j=1}^{t} \mu_j y^j,\right.$$

$$\sum_{k=1}^{r} \lambda_k=1,\ \lambda_k \geqslant 0,\ (1 \leqslant k \leqslant r),$$

$$\left.0 \leqslant \mu_j<1,\ (1 \leqslant j \leqslant t)\right\},$$

则 Q 是 S 的一个有限的子集. 设

$$Q=\{z^1,\cdots,z^h\},$$

则对任意的 $x \in S \subseteq P$，必可表示为

$$\begin{aligned} x &= \sum_{k=1}^{r} \lambda_k x^k+\sum_{j=1}^{t} \mu_j y^j \\ &= \sum_{k=1}^{r} \lambda_k x^k+\sum_{j=1}^{t}(\mu_j-\lfloor \mu_j \rfloor) y^j+\sum_{j=1}^{t}\lfloor \mu_j \rfloor y^j \end{aligned}$$

$$= z^i + \sum_{j=1}^{t} \lfloor \mu_j \rfloor y^j,$$

其中的 z^i 为Q中的某个向量. 由此就可推得

$$(S)^\Delta = \left\{x \mid x = \sum_{i=1}^{h} \alpha_i z^i + \sum_{j=1}^{t} \beta_j y^j, \sum_{i=1}^{h} \alpha_i = 1,\right.$$

$$\left.\text{所有的 } \alpha_i, \beta_j \geqslant 0\right\}.$$

证毕.

定理 2.2 说明,即使 S 含有无穷多个点, $(S)^\Delta$ 也是一个凸多面体,因此,它也可以被定义成不等式组的形式:

$$(S)^\Delta = \{x \mid Ax \leqslant b,\ \pi^i x \leqslant \pi_0^i,\ i = 1, \cdots, s\ \ x \geqslant 0\}.$$

因为 $S \subset (S)^\Delta$, $(S)^\Delta$ 的顶点必定属于 S, 而线性规划问题的最优解必可在顶点达到,故

$$\max\{x_0 \mid x_0 = cx + c_0,\ x \in (S)^\Delta\}$$
$$= \max\{x_0 \mid x_0 = cx + c_0, x \in S\}.$$

假如能写出所有的条件:

$$\pi^i x \leqslant \pi_0^i,\ i = 1, \cdots, s,$$

那末,整数规划问题就完全化为等价的线性规划问题. 因此,如何从条件 $Ax \leqslant b$ 导出条件 $\pi^i x \leqslant \pi_0^i$, 就是线性整数规划中所研究的一个基本问题.

一个不等式 $\pi x \leqslant \pi_0$ (或者简单地说向量 $(\pi, \pi_0) \in R^{n+1}$), 若使

$$x \in (S)^\Delta \Rightarrow \pi x \leqslant \pi_0,$$

则称其为 $(S)^\Delta$ 的一个分离. 若 $(\pi\pi_0)$ 是 $(S)^\Delta$ 的一个分离,且

$$F = \{x \mid x \in (S)^\Delta,\ \pi x = \pi_0\} \neq \phi,$$

则称 F (或者简单地说 (π, π_0)) 是 $(S)^\Delta$ 的一个面.

向量 $x^1, \cdots, x^k \in R^n$, 若使 $(x^2 - x^1), \cdots, (x^k - x^1)$ 线性无关,则称 $x^1, \cdots, x^k$ 仿射无关. 一个多面体 D, 若D中最大仿射无关向量组的元素个数为 $k + 1$, 则称多面体D的维数为 k,

记作 $\dim(D)=k$. 特别地,当 $\dim(D)=n$ 时, 称 D 是满维的.若 F 是 $(S)^\triangle$ 的一个面,且 $\dim(F)=\dim((S)^\triangle)-1$, 则称 F (或 (π,π_0)) 为 $(S)^\triangle$ 的一个边界面.

下面,我们介绍几种导出 $(S)^\triangle$ 的分离或面的方法.

同余方法. 设

$$\tilde{S}=\left\{x \mid x\in z_+^n,\sum_{j=1}^n a_jx_j=a_0\right\},$$

设 d 是任意给定的正整数. 考虑

$$\tilde{S}_d=\left\{x \mid x\in z_+^n,\sum_{j=1}^n a_jx_j-kd=a_0,k\in z^1\right\}.$$

因为 k 可取为0,所以 $\tilde{S}\subseteq\tilde{S}_d$. 设

$$a_j=b_j+\alpha_jd,\ 0\leqslant b_j<d,\ \alpha_j\in z^1,\ j=0,\cdots,n,$$

则

$$\tilde{S}_d=\left\{x \mid x\in z_+^n,\sum_{j=1}^n b_jx_j=b_0+yd,\ y\in z^1\right\}.$$

因为

$$\sum_{j=1}^n b_jx_j\geqslant 0,\ 0\leqslant b_0<d,\ y\in z^1,$$

故对任意的 $x\in\tilde{S}_d$, 必使 $y\geqslant 0$. 因此

$$x\in\tilde{S}\subseteq\tilde{S}_d\Rightarrow\sum_{j=1}^n b_jx_j\geqslant b_0,$$

即 $(b_1,\cdots,b_n,b_0)$ 是 $(\tilde{S})^\triangle$ 的一个分离.

特别地,当 a_0 不是整数时,可取 $d=1$,这时,$b_j=a_j-\lfloor a_j\rfloor$, 上述条件可写为

$$\sum_{j=1}^n(a_j-\lfloor a_j\rfloor)x_j\geqslant a_0-\lfloor a_0\rfloor,$$

通常称这类分离为分数割平面.

合并方法. 若 $\pi^1=(\pi_1^1,\cdots\pi_n^1)$, $\pi^2=(\pi_1^2,\cdots,\pi_n^2)$, $\pi^1x\leqslant$

π_0^1 是 $S_1 \subset R_+^n$ 的一个分离，$\pi^2 x \leqslant \pi_0^2$ 是 $S_2 \subset R_+^n$ 的一个分离，则显然

$$\sum_{j=1}^{n} \min(\pi_j^1, \pi_j^2) x_j \leqslant \max(\pi_0^1, \pi_0^2)$$

是 $S_1 \cup S_2$ 的一个分离。设

$$\tilde{S} = \left\{x \mid x \in R_+^n,\ x_0 = a_0 - \sum_{j=1}^{n} a_j x_j,\ \ x_0 \in z^1\right\},$$

$$S_1 = \{x \mid x \in \tilde{S},\ x_0 \leqslant \lfloor a_0 \rfloor\}$$

$$= \left\{x \mid x \in R_+^n,\ \sum_{j=1}^{n} a_j x_j \geqslant a_0 - \lfloor a_0 \rfloor\right\}$$

$$= \left\{x \mid x \in R_+^n,\ \frac{1}{\lfloor a_0 \rfloor - a_0} \sum_{j=1}^{n} a_j x_j \leqslant -1\right\},$$

$$S_2 = \{x \mid x \in \tilde{S},\ x_0 \geqslant \lfloor a_0 \rfloor + 1\}$$

$$= \left\{x \mid x \in R_+^n,\ \sum_{j=1}^{n} a_j x_j \leqslant a_0 - \lfloor a_0 \rfloor - 1\right\}$$

$$= \left\{x \mid x \in R_+^n,\ \frac{1}{\lfloor a_0 \rfloor + 1 - a_0} \sum_{j=1}^{n} a_j x_j \leqslant -1\right\}.$$

显然，$\tilde{S} = S_1 \cup S_2$。让

$$\pi_j = \min\left\{\frac{1}{\lfloor a_0 \rfloor - a_0} a_j,\ \frac{1}{\lfloor a_0 \rfloor + 1 - a_0} a_j\right\},$$

则不等式

$$\sum_{j=1}^{n} \pi_j x_j \leqslant -1$$

便是 $\tilde{S}$ 的一个分离。

取整方法。设 $A = (p_1, \cdots, p_n)$，则集合

$$S = \{x \mid Ax \leqslant b,\ x \in z_+^n\}$$

可写为

$$S=\left\{x \left| \sum_{j=1}^{n} x_j p_j \leqslant b, x \in z_+^n \right.\right\}.$$

对任意的 $u=(u_1,\cdots,u_m)\geqslant 0$，若 $x\in S$，则有

(i) $\sum_{j=1}^{n}(up_j)x_j \leqslant ub \Rightarrow$

(ii) $\sum_{j=1}^{n}\lfloor up_j\rfloor x_j \leqslant ub \Rightarrow$

(iii) $\sum_{j=1}^{n}\lfloor up_j\rfloor x_j \leqslant \lfloor ub\rfloor$.

利用不同的 $u\geqslant 0$，可以生成不同的分离 (iii). 不但如此，利用已经生成的分离，还可以用同样的方式，再返复产生新的分离. 这是一种生成 $(S)^\triangle$ 的分离的基本过程. 凡是能通过这样的过程来生成的分离，称为基本分离.

两个分离：

$$\pi x\leqslant \pi_0;\quad \pi' x\leqslant \pi_0',$$

若 $\pi\leqslant\pi'$ 而 $\pi_0'\leqslant\pi_0$，则称分离 (π,π_0) 弱于分离 (π',π_0').

特别地，假如我们所选取的 u 满足：

$ub-\lfloor ub\rfloor>0$，$up_j=\lfloor up_j\rfloor$，$u\geqslant 0$，$(j=1,\cdots,n)$，

则称分离

$$\sum_{j=1}^{n} up_j x_j \leqslant \lfloor ub\rfloor$$

为 $(S)^\triangle$ 的基本割平面. 它的作用是能够割去 P 中一部分不属于 S 的点.

设

$$\bar{P}=\{x\mid x\in R_+^n, Ax\leqslant b, x\leqslant 1\},$$
$$\bar{S}=\bar{P}\cap B^n.$$

定理 2.3 若 $\pi x\leqslant\pi_0$ 是 $(\bar{S})^\triangle$ 的一个整系数的基本分离，但不是 $(\bar{S})^\triangle$ 的面，则

$$\pi x \leqslant \pi_0 - 1$$

是 $(\bar{S})^{\triangle}$ 的一个基本分离或弱于某个基本分离。

证明：设 $N=\{1,\cdots,n\}$，N^0，N^1 是N的任意两个不相交的子集(可以是空集)。下面，将证明不等式

$$\sum_{j=1}^{n} \pi_j x_j - \sum_{j\in N^0} x_j + \sum_{j\in N^1} (x_j - 1) \leqslant \pi_0 - 1$$

都是 $(\bar{S})^{\triangle}$ 的基本分离。当 $N^0 = N^1 = \phi$ 时，便是定理所需要的结果。为此，我们将证明

(i) 当 $|N^0 \cup N^1| = n$ 时命题成立。

(ii) 当 $N^0 = \bar{N}^0 \cup \{k\}$，$N^1 = \bar{N}^1$ 和 $N^0 = \bar{N}^0$，$N^1 = \bar{N}^1 \cup \{k\}$ 时，命题假如都成立，则能导出 $N^0 = \bar{N}^0, N^1 = \bar{N}^1$ 时命题也成立。

对数值 $|N^0 \cup N^1|$ 进行数学归纳，利用 (i) 和 (ii)，就可推出 $N^0 = N^1 = \phi$ 时命题成立。

先证明 (ii)。设 $(\bar{S})^{\triangle}$ 有基本分离：

$$\sum_{j\in N} \pi_j x_j - \sum_{j\in \bar{N}^0} x_j + \sum_{j\in \bar{N}^1} (x_j - 1) - x_k \leqslant \pi_0 - 1,$$

$$\sum_{j\in N} \pi_j x_j - \sum_{j\in \bar{N}^0} x_j + \sum_{j\in \bar{N}^1} (x_j - 1) + (x_k - 1) \leqslant \pi_0 - 1.$$

将上述两不等式分别乘 $\frac{1}{2}$ 后相加，可得

$$\sum_{j\in N} \pi_j x_j - \sum_{j\in \bar{N}^0} x_j + \sum_{j\in \bar{N}^1} (x_j - 1) - \frac{1}{2} \leqslant \pi_0 - 1.$$

因为上式右边是整数，且所有的 π_j 和 x_j 都是整数，故两边取整后，就可得到基本分离：

$$\sum_{j\in N} \pi_j x_j - \sum_{j\in \bar{N}^0} x_j + \sum_{j\in \bar{N}^1} (x_j - 1) \leqslant \pi_0 - 1.$$

(ii) 得证。

下面证明 (i)。设 N^0 和 N^1 是N的任意两个不相交的子集，

且使 $N^0 \cup N^1 = N$. 定义关联向量 $x \in B^n$ 如下

$$x_j = \begin{cases} 0, & j \in N^0, \\ 1, & j \in N^1. \end{cases}$$

这时,有两种情形: a) $x \in \bar{S}$. 因此,根据定理的假设,有

$$\sum_{j \in N^1} \pi_j < \pi_0.$$

b) $x \notin \bar{S}$. 因此,必存在某个指标 i, 使得

$$\sum_{j \in N^1} a_{ij} > b_i,$$

情形 a) 设

$$\omega = \max\{|\pi_j| \mid j \in N\},$$

用 $\dfrac{\omega - 1}{\omega}$ 乘 $\{\pi x \leqslant \pi_0\}$ 的两边, 对所有的 $j \in N^1$, 用 $\dfrac{\omega + \pi_j}{\omega}$ 乘 $\{x_j \leqslant 1\}$ 的两边,然后,将这些不等式相加,可得

$$\sum_{j \in N} \pi_j x_j - \frac{1}{\omega} \sum_{j \in N} \pi_j x_j + \sum_{j \in N^1} x_j + \frac{1}{\omega} \sum_{j \in N^1} \pi_j x_j$$
$$\leqslant \pi_0 + |N^1| - \frac{1}{\omega} \pi_0 + \frac{1}{\omega} \sum_{j \in N^1} \pi_j,$$

即

$$\sum_{j \in N} \pi_j x_j + \sum_{j \in N^1} (x_j - 1) - \frac{1}{\omega} \sum_{j \in N^0} \pi_j x_j$$
$$\leqslant \pi_0 - \frac{1}{\omega} \left(\pi_0 - \sum_{j \in N^1} \pi_j\right).$$

定义

$$\delta_j = \begin{cases} 1, & \pi_j > 0 \\ 0, & \text{相反} \end{cases} \quad (j \in N^0)$$

$$\delta_0 = \left\lceil \frac{\pi_0 - \sum_{j \in N^1} \pi_j}{\omega} \right\rceil \geqslant 1,$$

因为 $\omega \geqslant |\pi_j|, \sum_{j \in N^1} \pi_j < \pi_0$, 则两边取整后可得

$$\sum_{j\in N}\pi_j x_j+\sum_{j\in N^1}(x_j-1)-\sum_{j\in N^0}\delta_j x_j\leqslant\pi_0-\delta_0,$$

因此,不等式

$$\sum_{j\in N}\pi_j x_j+\sum_{j\in N^1}(x_j-1)-\sum_{j\in N^0}x_j\leqslant\pi_0-1$$

是 $(\bar{S})^\Delta$ 的一个基本分离(或者弱于某个基本分离)。

情形 b) 设

$$\sum_{j\in N^1}a_{ij}>b_i,\ \omega=\max\{|a_{ij}|\,|\,j\in N\}$$

用 $\frac{1}{\omega}$ 乘不等式

$$\sum_{j\in N}a_{ij}x_j\leqslant b_i$$

的两边;对所有的 $j\in N^1$, 用 $\frac{1}{\omega}(\omega-a_{ij})$ 乘 $\{x_j\leqslant 1\}$ 的两边,然后,将这些不等式和

$$\pi x\leqslant\pi_0$$

相加后可得

$$\sum_{j\in N}\pi_j x_j+\sum_{j\in N^1}x_j-\frac{1}{\omega}\sum_{j\in N^1}a_{ij}x_j+\frac{1}{\omega}\sum_{j\in N}a_{ij}x_j$$
$$\leqslant\pi_0+|N^1|+\frac{1}{\omega}b_i-\frac{1}{\omega}\sum_{j\in N^1}a_{ij},$$

即

$$\sum_{j\in N}\pi_j x_j+\sum_{j\in N^1}(x_j-1)+\frac{1}{\omega}\sum_{j\in N^0}a_{ij}x_j$$
$$\leqslant\pi_0-\frac{1}{\omega}\left(\sum_{j\in N^1}a_{ij}-b_i\right).$$

定义

$$\delta_j=\begin{cases}1, a_{ij}<0\\0,\text{相反}\end{cases},\qquad (j\in N^0)$$

$$\delta_0 = \left\lceil \frac{\sum_{j\in N^1} a_{ij} - b_i}{\omega} \right\rceil \geqslant 1.$$

因为 $\omega \geqslant |a_{ij}|$，$\sum_{j\in N^1} a_{ij} > b_i$，则两边取整后可得

$$\sum_{j\in N} \pi_j x_j + \sum_{j\in N^1} (x_j - 1) - \sum_{j\in N^0} \delta_j x_j \leqslant \pi_0 - \delta_0,$$

因此，不等式

$$\sum_{j\in N} \pi_j x_j + \sum_{j\in N^1} (x_j - 1) - \sum_{j\in N^0} x_j \leqslant \pi_0 - 1$$

是 $(\bar{S})^\Delta$ 的一个基本分离(或者弱于某个基本分离)．证毕．

定理 2.4 若 $\pi x \leqslant \pi_0$ 是 $(\bar{S})^\Delta$ 的一个整系数的分离，$\bar{S} \neq \phi$，则 $\pi x \leqslant \pi_0$ 是 $(\bar{S})^\Delta$ 的基本分离(或者弱于 $(\bar{S})^\Delta$ 的某个基本分离)．

证明：设

$$\pi_0^* = \max\{\pi x \mid x \in \bar{P}\}.$$

对偶线性规划

$$\min \left\{ub + \sum_{j=1}^{n} v_j \mid up_j + v_j \geqslant \pi_j,\ j = 1,\cdots,n,\right.$$

$$\left. u \geqslant 0, v \geqslant 0\right\}$$

的最优解为 $\bar{u}^0 = (u^0, v^0)$．因为 π_j 是整数，所以

$$\lfloor u^0 p_j + v_j^0 \rfloor \geqslant \pi_j,\ j = 1,\cdots,n,$$

$$\left\lfloor u^0 b + \sum_{j=1}^{n} v_j^0 \right\rfloor = \lfloor \pi_0^* \rfloor.$$

考虑 $(\bar{S})^\Delta$ 的基本分离

$$\sum_{j=1}^{n} \lfloor u^0 p_j + v_j^0 \rfloor x_j \leqslant \lfloor u^0 b + \sum_{j=1}^{n} v_j^0 \rfloor,$$

若 $\lfloor \pi_0^* \rfloor \leqslant \pi_0$，则不等式

$$\sum_{j=1}^{n} \pi_j x_j \leqslant \sum_{j=1}^{n} \lfloor u^0 p_j + v_j^0 \rfloor x_j$$

$$\leqslant \left\lfloor u^0 b + \sum_{j=1}^{n} v_j^0 \right\rfloor \leqslant \pi_0$$

是 $(\bar{S})^{\Delta}$ 的一个基本分离（或者弱于某个基本分离）。若

$$\pi_0 < \lfloor \pi_0^* \rfloor,$$

则重复应用定理 2.3，只要应用 $(\lfloor \pi_0^* \rfloor - \pi_0)$ 次后，定理即可得证。证毕。

定理 2.4 从理论上说明，$(\bar{S})^{\Delta}$ 的任何边界面都是基本分离。

下面，介绍构成 $(S)^{\Delta}$ 的分离的一般方法。

函数 $f: R^m \to R^1$，若满足下述条件 (i) 和 (ii)，则称 f 是超加函数：

(i) $f(0) = 0$;

(ii) $f(d_1) + f(d_2) \leqslant f(d_1 + d_2)$，对任意的 $d_1, d_2 \in R^m$。

函数 $f: R^m \to R^1$，若满足条件

$$f(d_1) \leqslant f(d_2)，对任意的\ d_1 \leqslant d_2 \in R^m,$$

则称 f 是非降函数。

对任意给定的 $u^T \in R_+^m$，函数 $f(d) = \lfloor ud \rfloor$ 便是一个非降的超加函数。

定理 2.5 设 $A = (p_1, \cdots, p_n)$ 是任给的 $m \times n$ 的有理数矩阵，$b \in R^m$，设

$$S = z_+^n \cap \{x \mid Ax \leqslant b\},$$

则对任意非降的超加函数 $f: R^m \to R^1$，不等式

$$\sum_{j=1}^{n} f(p_j) x_j \leqslant f(b) \tag{5}$$

是 $(S)^{\Delta}$ 的一个分离。

证明：首先，对任意的非负整数 x_j，有

$$f(p_j) x_j \leqslant f(p_j x_j).$$

事实上，当 $x_j = 0$ 或 1 时，关系显然成立。当 $x_j = k \geqslant 2$

时，根据 f 的超加性，有关系

$$f(p_j)x_j = f(p_j) + f(p_j) + (k-2)f(p_j)$$
$$\leqslant f(2p_j) + (k-2)f(p_j)$$
$$\vdots$$
$$\leqslant f(p_jx_j).$$

再根据 f 的超加性和非降性，对任意的 $x \in S$，有

$$\sum_{j=1}^{n} f(p_j)x_j \leqslant \sum_{j=1}^{n} f(p_jx_j)$$
$$= f(p_1x_1) + f(p_2x_2) + \sum_{j=3}^{n} f(p_jx_j)$$
$$\leqslant f(p_1x_1 + p_2x_2) + \sum_{j=3}^{n} f(p_jx_j)$$
$$\vdots$$
$$\leqslant f\left(\sum_{j=1}^{n} p_jx_j\right)$$
$$= f(Ax)$$
$$\leqslant f(b),$$

故(5)是 $(S)^{\Delta}$ 的一个分离. 证毕.

从上述定理的证明中可以看出，假如

$$P = \{x \in R_+^n \mid Ax = b\},$$
$$S = z^n \cap p,$$

那末，只要 f 是超加函数，不等式(5)便是 $(S)^{\Delta}$ 的一个分离.

定理 2.6 设 $h: R^k \to R^1$ 是一个非降的超加函数，$f_i: R^m \to R^1$ 是超加函数 $(i = 1, \cdots, k)$，则

(a) 复合函数 $h(f_1, \cdots, f_k)$ 是超加函数.

(b) 若 f_i 是非降的超加函数，则复合函数 $h(f_1, \cdots, f_k)$ 也是非降的超加函数.

证明： 由 f_i 的超加性和 h 的非降性，可得

$$h(f_1(d_1+d_2),\cdots,f_k(d_1+d_2))$$
$$\geqslant h(f_1(d_1)+f_1(d_2),\cdots,f_k(d_1)+f_k(d_2)).$$

再由 h 的超加性，可得

$$h(f_1(d_1)+f_1(d_2),\cdots,f_k(d_1)+f_k(d_2))\geqslant$$
$$h(f_1(d_1),\cdots,f_k(d_1))+h(f_1(d_2),\cdots,f_k(d_2)).$$

(a) 得证。

根据 (a)，可知复合函数 $h(f_1,\cdots,f_k)$ 是超加函数。由 f_i 和 h 的非降性，对任意的非负向量 d_2，可得

$$h(f_1(d_1+d_2),\cdots,f_k(d_1+d_2))\geqslant$$
$$h(f_1(d_1),\cdots,f_k(d_1))+h(f_1(d_2),\cdots,f_k(d_2))\geqslant$$
$$h(f_1(d_1),\cdots,f_k(d_1)),$$

故 $h(f_1,\cdots,f_k)$ 是非降的超加函数。(b) 得证。证毕。

定理 2.7 设 $f,g:R^m\to R^1$ 是超加函数，则下述各函数也都是超加函数

1. λf (对任意的非负实数 λ);
2. $\lfloor f\rfloor$;
3. $f+g$;
4. $\min(f,g)$.

证明:

1. 因为

$f(d_1+d_2)\geqslant f(d_1)+f(d_2)$，且 $\lambda\geqslant 0$，故

$$\lambda f(d_1+d_2)\geqslant \lambda f(d_1)+\lambda f(d_2);$$

2. 因为

$$f(d_1+d_2)\geqslant f(d_1)+f(d_2),$$

故

$$\lfloor f(d_1+d_2)\rfloor\geqslant\lfloor f(d_1)+f(d_2)\rfloor\geqslant\lfloor f(d_1)\rfloor+\lfloor f(d_2)\rfloor;$$

3. 因为

$$f(d_1+d_2)\geqslant f(d_1)+f(d_2),g(d_1+d_2)\geqslant g(d_1)+g(d_2),$$

所以

$$f(d_1+d_2)+g(d_1+d_2)\geqslant[f(d_1)+g(d_1)]+[f(d_2)+g(d_2)],$$

4. 因为

$$\min(f(d_1+d_2),g(d_1+d_2))\geqslant$$
$$\min(f(d_1)+f(d_2),g(d_1)+g(d_2))\geqslant$$
$$\min(f(d_1),g(d_1))+\min(f(d_2),g(d_2)).$$

证毕.

定义函数类 $f_\alpha: R^1\to R^1(0\leqslant\alpha<1)$ 如下

$$f_\alpha(d)=\begin{cases}\lfloor d\rfloor, & d-\lfloor d\rfloor\leqslant\alpha,\\ \lfloor d\rfloor+\dfrac{1}{1-\alpha}(d-\lfloor d\rfloor-\alpha), & d-\lfloor d\rfloor>\alpha.\end{cases}$$

记

$(d)^+=\max(0,d)$, $d\in R^1$, 则

$$f_\alpha(d)=\lfloor d\rfloor+\frac{1}{1-\alpha}(d-\lfloor d\rfloor-\alpha)^+.$$

定理 2.8 对任意的 α, $0\leqslant\alpha<1$, 函数 f_α 都是非降的超加函数.

证明: 因为 f_α 是分段线性函数, 且各点的导数为 $\dfrac{1}{1-\alpha}$ 或 0, 故 f_α 是非降的. 对任意的 d_1, $d_2\in R^1$, 记 $r_1=d_1-\lfloor d_1\rfloor$, $r_2=d_2-\lfloor d_2\rfloor$。

情形 1 若 $r_1+r_2<1$. 则

$$\begin{aligned}f_\alpha(d_1)+f_\alpha(d_2)&=\lfloor d_1\rfloor+\frac{1}{1-\alpha}(r_1-\alpha)^++\lfloor d_2\rfloor\\&\quad+\frac{1}{1-\alpha}(r_2-\alpha)^+\leqslant\lfloor d_1+d_2\rfloor\\&\quad+\frac{1}{1-\alpha}(r_1+r_2-\alpha)^+\\&=f_\alpha(d_1+d_2).\end{aligned}$$

情形 2 若 $r_1+r_2\geqslant1$, 且 r_1 和 r_2 中至少有一个数不大于 α. 例如设 $r_2\leqslant\alpha$. 则

$$f_\alpha(d_1)+f_\alpha(d_2)=\lfloor d_1\rfloor+\frac{1}{1-\alpha}(r_1-\alpha)^+ +\lfloor d_2\rfloor$$

$$<\lfloor d_1\rfloor+\lfloor d_2\rfloor+1$$
$$=\lfloor d_1+d_2\rfloor\leqslant f_\alpha(d_1+d_2).$$

情形 3　若 $r_1+r_2\geqslant 1$，且 $r_1>\alpha, r_2>\alpha$，则

$$f_\alpha(d_1)+f_\alpha(d_2)=\lfloor d_1\rfloor+\frac{1}{1-\alpha}(r_1-\alpha)+\lfloor d_2\rfloor$$

$$+\frac{1}{1-\alpha}(r_2-\alpha)$$

$$=\lfloor d_1\rfloor+\lfloor d_2\rfloor+1+\frac{1}{1-\alpha}(r_1+r_2-1-\alpha).$$

$$\leqslant f_\alpha(d_1+d_2).$$

因此，f_α 是超加函数．证毕．

根据定理 2.6 和 2.8，可知对任意的 u 和 $\alpha, u^T\in R_+^m; 0\leqslant\alpha<1$，函数：

$$f_\alpha(\lfloor ud\rfloor): R^m\to R^1$$

都是非降的超加函数．因此，我们常常可利用它来导出 $(S)^\Delta$ 的各式各样的分离或割平面．

作为这一节的结尾，我们介绍一种从多面体的低维面构成高维面的方法，通常称其为升高原理．

设

$$P=\{x\,|\,x\in R_+^n, Ax\leqslant b\},$$
$$\bar{P}=\{x\,|\,x\in P, x\leqslant 1\},$$
$$\bar{S}=\bar{P}\cap Z^n=P\cap B^n,$$
$$\bar{S}^1=\bar{S}\cap\{x\,|\,x\in B^n, x_1=1\},$$
$$\bar{S}^0=\bar{S}\cap\{x\,|\,x\in B^n, x_1=0\},$$

定理 2.9　假设不等式

$$\sum_{j=2}^{n}\pi_j x_j\leqslant\pi_0 \tag{6}$$

是 $(\bar{S}^0)^\Delta$ 的一个分离，设

$$z = \max\left\{\sum_{j=2}^{n} \pi_j x_j \mid x \in \bar{S}^1\right\},$$

则对任意的 $\alpha_1 \leqslant \pi_0 - z$，不等式

$$\alpha_1 x_1 + \sum_{j=2}^{n} \pi_j x_j \leqslant \pi_0 \tag{7}$$

是 $(\bar{S})^\Delta$ 的一个分离. 进一步，若(6)是 $(\bar{S}^0)^\Delta$ 的一个 k 维面，则

$$(\pi_0 - z)x_1 + \sum_{j=2}^{n} \pi_j x_j \leqslant \pi_0 \tag{8}$$

是 $(\bar{S})^\Delta$ 的一个 $k+1$ 维面.

证明：对任意的 $\bar{x} \in \bar{S}$，若 $\bar{x}_1 = 0$，则 $\bar{x} \in \bar{S}^0$，因此

$$\alpha_1 \bar{x}_1 + \sum_{j=2}^{n} \pi_j \bar{x}_j = \sum_{j=2}^{n} \pi_j \bar{x}_j \leqslant \pi_0.$$

若 $\bar{x}_1 = 1$，则 $\bar{x} \in \bar{S}^1$，因此

$$\alpha_1 \bar{x}_1 + \sum_{j=2}^{n} \pi_j \bar{x}_j = \alpha_1 + \sum_{j=2}^{n} \pi_j \bar{x}_j \leqslant \alpha_1 + z \leqslant \pi_0.$$

故(7)是 $(\bar{S})^\Delta$ 的一个分离. 进一步，若(6)是 $\bar{S}^0$ 的一个 k 维面，则存在 $k+1$ 个仿射无关的向量 $x^i \in \bar{S}^0, i = 1, \cdots, k+1$，使得

$$\sum_{j=2}^{n} \pi_j x_j^i = \pi_0, \quad i = 1, \cdots, k+1,$$

$$x_1^i = 0 \qquad\qquad i = 1, \cdots, k+1,$$

即

$$(\pi_0 - z)x_1^i + \sum_{j=2}^{n} \pi_j x_j^i = \pi_0, \quad i = 1, \cdots, k+1,$$

设

$$z = \sum_{j=2}^{n} \pi_j x_j^*, \quad x^* \in \bar{S}^1,$$

则

$$(\pi_0 - z)x_1^* + \sum_{j=2}^{n} \pi_j x_j^* = \pi_0.$$

显然 $\{x^1, \cdots, x^{k+1}, x^*\}$ 仿射无关，因此（8）是 $(\bar{S})^\Delta$ 的一个 $k+1$ 维面，证毕。

设 $N = \{1,2,\cdots,n\}$，$N_1 \subset N$ 是一个给定的子集，使

$$\sum_{j \in N_1} \pi_j x_j \leqslant \pi_0$$

是 $(\bar{S})^\Delta$ 的一个分离。让 $\{i_1, i_2, \cdots, i_t\}$ 和 $\{k_1, k_2, \cdots, k_t\}$ 表示 $N \backslash N_1$ 中元素的任意两个排列，设从分离

$$\sum_{j \in N_1} \pi_j x_j \leqslant \pi_0$$

开始，按上述排列的顺序，每次都极大地应用升高定理 2.9（即每次应用时都取 $\alpha_1 = \pi_0 - z$），设最后得到的分离分别为：

$$\sum_{j \in N \backslash N_1} \alpha_j x_j + \sum_{j \in N_1} \pi_j x_j \leqslant \pi_0,$$

$$\sum_{j \in N \backslash N_1} \alpha'_j x_j + \sum_{j \in N_1} \pi_j x_j \leqslant \pi_0,$$

则有

定理 2.10 若

$i_j = k_j, j = 1, \cdots, h-1, i_h = k_s, (s > h)$ $k_h = i_r, (r > h)$，则 $\alpha_{i_h} \geqslant \alpha'_{k_s}, \alpha'_{k_h} \geqslant \alpha_{i_r}$。

证明：因为

$$\alpha_{i_h} = \pi_0 - \max_{x \in Q^1} \left\{ \sum_{j=1}^{h-1} \alpha_{i_j} x_{i_j} + \sum_{j \in N_1} \pi_j x_j \right\},$$

其中

$$Q^1 = \{x \in (S)^\Delta \cap B^n \mid x_{i_h} = 1, x_{i_j} = 0, (j > h)\},$$

$$\alpha'_{k_s} = \pi_0 - \max_{x \in Q^2} \left\{ \sum_{j=1}^{h-1} \alpha_{i_j} x_{ij} + \sum_{j \in N_1} \pi_j x_j + \sum_{j=h}^{s-1} \alpha'_{k_j} x_{k_j} \right\},$$

其中

$$Q^2 = \{x \in (S)^\Delta \cap B^n \mid x_{k_s} = 1, x_{k_j} = 0, j > s\},$$

而 $Q^1 \subset Q^2$，所以 $\alpha_{i_h} \geqslant \alpha'_{k_s}$。同理可证 $\alpha'_{k_h} \geqslant \alpha_{i_r}$。证毕。

§2 割平面算法

如第一章§8中所述，任何线性整数规划问题，都可表示成如下的参数形式

求 $$\max\ x_0, \tag{9}$$

满足条件

$$\left.\begin{aligned} x_0 &= \alpha_{00} + \sum_{j=1}^{d} \alpha_{0j}(-t_j), \\ x_1 &= \alpha_{10} + \sum_{j=1}^{d} \alpha_{1j}(-t_j), \\ &\vdots \\ x_n &= \alpha_{n0} + \sum_{j=1}^{d} \alpha_{nj}(-t_j), \end{aligned}\right\} \tag{10}$$

所有的变量 $x_i, t_j \geqslant 0$, (11)

所有的变量 x_i, t_j 取整数值. (12)

记

$$x = (x_0, x_1, \cdots x_n)^T,$$
$$\alpha_j = (\alpha_{0j}, \alpha_{1j}, \cdots \alpha_{nj})^T, j = 0, 1, \cdots, d,$$

则问题可写成如下的向量形式

求 $\max\ x_0$,

满足条件

$$x = \alpha_0 + \sum_{j=1}^{d} \alpha_j(-t_j),$$

所有的变量 x_i, t_j 取非负整数值。

任取一个方程 i:

$$x_i = \alpha_{i0} + \sum_{j=1}^{d} \alpha_{ij}(-t_j), \tag{13}$$

用任意的 $h(\neq 0)$ 乘(13)的两边，得

$$hx_i = h\alpha_{i0} + \sum_{j=1}^{d} h\alpha_{ij}(-t_j). \tag{14}$$

将各变量的系数分离成整数部分和小数部分后，可得

$$\begin{aligned} \lfloor h \rfloor x_i &+ \sum_{i=1}^{d} \lfloor h\alpha_{ij} \rfloor t_j + (h - \lfloor h \rfloor) x_i \\ &+ \sum_{j=1}^{d} (h\alpha_{ij} - \lfloor h\alpha_{ij} \rfloor) t_j \\ &= \lfloor h\alpha_{i0} \rfloor + (h\alpha_{i0} - \lfloor h\alpha_{i0} \rfloor). \end{aligned}$$

因为 $x_i \geqslant 0, t_j \geqslant 0$，可得

$$\lfloor h \rfloor x_i + \sum_{j=1}^{d} \lfloor h\alpha_{ij} \rfloor t_j \leqslant \lfloor h\alpha_{i0} \rfloor + (h\alpha_{i0} - \lfloor h\alpha_{i0} \rfloor). \tag{15}$$

进一步，因为 x_i 和 t_j 都要求取整数，因此，(15)式的左边必须是整数. 又由于

$$0 \leqslant h\alpha_{i0} - \lfloor h\alpha_{i0} \rfloor < 1,$$

故可推得

$$\lfloor h \rfloor x_i + \sum_{j=1}^{d} \lfloor h\alpha_{ij} \rfloor t_j \leqslant \lfloor h\alpha_{i0} \rfloor. \tag{16}$$

另一方面，若用 $\lfloor h \rfloor$ 乘(13)的两边，又可得

$$\lfloor h \rfloor x_i + \sum_{j=1}^{d} \lfloor h \rfloor \alpha_{ij} t_j = \lfloor h \rfloor \alpha_{i0}. \tag{17}$$

最后，由(17)减(16)，可导得关系式

$$\sum_{j=1}^{d} (\lfloor h \rfloor \alpha_{ij} - \lfloor h\alpha_{ij} \rfloor) t_j \geqslant \lfloor h \rfloor \alpha_{i0} - \lfloor h\alpha_{i0} \rfloor. \tag{18}$$

称条件(18)为 R. E. Gomory 割平面. 称方程(13)为导出此割

平面的诱导方程，它所对应的行 i 称为诱导行。

对非负整数解来说，割平面条件(18)是条件(13)的推论。即凡是满足(13)的非负整数解，自然也满足(18)。然而满足(13)的非负解就不一定能满足(18)。例如当 $\alpha_{i0}>0$ 且不是整数时，(18)的右边一般都为正数，则满足(13)的非负解 $x_i=\alpha_{i0}$，$t_j=0,j=1,\cdots d$，就不满足(18)。割平面的作用就是能从定义域(10)，(11)中割去一部分非负解，但不割去非负整数解。根据 h 的不同取值，下面我们将导出各种形式的割平面。

在 Gomory 割平面(18)中，让 $h=1$，则可得

$$\sum_{j=1}^{d}(\alpha_{ij}-\lfloor\alpha_{ij}\rfloor)t_j\geqslant\alpha_{i0}-\lfloor\alpha_{i0}\rfloor.$$

记

$$r_{ij}=\alpha_{ij}-\lfloor\alpha_{ij}\rfloor,j=0,1,\cdots,d.$$

上式可写为

$$\sum_{j=1}^{d}r_{ij}t_j\geqslant r_{i0}.$$

引进非负的松弛变量 s_i，得条件

$$s_i=-r_{i0}+\sum_{j=1}^{d}r_{ij}t_j,\tag{19}$$

称(19)为分数割平面。方程(19)中的各个系数是方程(13)中各个系数的小数部分。

因为

$$\begin{aligned}x_i&=\left(\lfloor\alpha_{i0}\rfloor-\sum_{j=1}^{d}\lfloor\alpha_{ij}\rfloor t_j\right)-\left(-r_{i0}+\sum_{j=1}^{d}r_{ij}t_j\right)\\&=\left(\lfloor\alpha_{i0}\rfloor-\sum_{j=1}^{d}\lfloor\alpha_{ij}\rfloor t_j\right)-s_i,\end{aligned}$$

所以当 x_i、t_j 都取非负整数值时，s_i 自然也取非负整数值。

称问题(9)，(10)，(11)，(12)为 (P)。称线性规划问题(9)，

(10),(11)为 $(\tilde{P})$. 称 $(\tilde{P})$ 为 (P) 的松弛问题.

求解整数规划 (P) 的分数割平面程序:

步骤 1 利用第一章 §8 中的字典序单纯形方法，求解松弛问题 $(\tilde{P})$. 若 $(\tilde{P})$ 没有最优解，则容易证明，(P) 也没有最优解,步骤终止. 若$(\tilde{P})$ 有最优解,设达到最优时的表达式为

$$x=\alpha_0+\sum_{j=1}^{d}\alpha_j(-t_j),$$

即此时有

$$\alpha_{i0}\geqslant 0,\alpha_{0j}\geqslant 0,i=0,1,\cdots n,j=1,\cdots,d.$$

步骤 2 若所有的 α_{i0} 都是整数,则步骤终止，$x=\alpha_0$ 便是 (P) 的最优解. 相反，设 α_{l0} 是 α_0 中最头上的非整数分量. 即

$$l=\min\{i|\alpha_{i0}\text{ 不是整数}, i=0,1,\cdots,n\}.$$

取诱导方程为

$$x_l=\alpha_{l0}+\sum_{j=1}^{d}\alpha_{lj}(-t_j),$$

即取诱导行为 l.

步骤 3 从诱导方程导出分数割平面

$$s_l=-r_{l0}-\sum_{j=1}^{d}r_{lj}(-t_j),$$

其中的 $r_{lj}=\alpha_{lj}-\lfloor\alpha_{lj}\rfloor$.

步骤 4 按字典序的大小,计算

$$\max\left\{\frac{-1}{r_{lj}}\alpha_j\,|\,r_{lj}>0,\ 1\leqslant j\leqslant d\right\}=\frac{-1}{r_{ls}}\alpha_s.$$

步骤 5 作参数变换

$$\bar{t}_s=s_l,\bar{t}_j=t_j,1\leqslant j\neq s\leqslant d,$$

$$t_s=\frac{1}{r_{ls}}r_{l0}+\frac{1}{r_{ls}}s_l-\sum_{j\neq s}\frac{1}{r_{ls}}r_{lj}t_j,$$

得新的表达式

$$x = \bar{\alpha}_0 + \sum_{j=1}^{d} \bar{\alpha}_j(-\bar{t}_j), \text{所有的 } x_i, \bar{t}_j \in Z^1_+,$$

其中

$$\bar{\alpha}_s = \frac{1}{r_{ls}} \alpha_s, \bar{\alpha}_j = \alpha_j - \frac{1}{r_{ls}} r_{lj}\alpha_s, j \neq s.$$

步骤 6　若 $\bar{\alpha}_0 \geqslant 0$，则转到步骤 2；相反，转到步骤 1，求改进后的(即加上割平面条件后的)线性规划松弛问题的最优解.

根据割平面的性质，在步骤 5 中的参数变换下，问题的解集不变.

定理 2.11　对整数规划 (P)，分数割平面程序必在有限步内终止.

证明：用反证法．假设过程无限．设

$$x = \alpha_0^k + \sum_j \alpha_j^k(-t_j^k), k = 1, 2, \cdots$$

是计算过程中的表达式序列．设其中的无限子序列

$$x = \alpha_0^{k_e} + \sum_j \alpha_j^{k_e}(-t_j^{k_e}), e = 1, 2, \cdots,$$

使 $\alpha_0^{k_e} \geqslant 0$ (这样的子序列必存在．否则已发现某个松弛问题$(\tilde{P})$无允许解，步骤已在有限步内终止.)．根据字典序单纯形算法的性质(定理 1.25)，有 $\alpha_0^k \succ \alpha_0^{k+1}$．又因为其中有无限的子序列 $\{\alpha_0^{k_e}\}$，使 $\alpha_0^{k_e} \geqslant 0$，故必有 $\alpha_0^k \succ 0$，$k = 1, 2, \cdots$．因此，$\{\alpha_{00}^k\}$ 必为非增数列，且下界为 0．因此，必存在整数 n_0 和 k_u，使得对所有的 k，有 $\alpha_{00}^k \geqslant n_0$，而当 $k \geqslant k_u$ 时，$\alpha_{00}^k < n_0 + 1$．设 $\alpha_{00}^{k_u} = n_0 + r_0 < n_0 + 1$．若 $r_0 = 0$，则当 $k \geqslant k_u$ 时，就有 $\alpha_{00}^k = n_0$．若 $0 < r_0 < 1$，则由步骤 2，第 k_u 个表达式的诱导行必为 0．经步骤 5 中的参数变换后，有关系

$$\alpha_{00}^{k_u+1} = \alpha_{00}^{k_u} - \frac{1}{\alpha_{0s}^{k_u} - \lfloor \alpha_{0s}^{k_u} \rfloor} r_0 \alpha_{0s}^{k_u} \leqslant \alpha_{00}^{k_u} - r_0 = n_0,$$

其中的 s 表示被替换的参数是第 s 个参变量．因此，当 $k > k_u$

时，必有 $\alpha_{00}^k = n_0$。因为 $\alpha_0^k \succ \alpha_0^{k+1}$，则在 k_u 步以后，$\{\alpha_{10}^k\}$ 必为非增数列，同样，其下界为 0。故必存在整数 n_1 和 k_v，$n_1 \geqslant n_0$，$k_v \geqslant k_u$，使得当 $k \geqslant k_v$ 时，有 $\alpha_{10}^k \geqslant n_1 \geqslant 0, \alpha_{10}^k < n_1 + 1$。设 $\alpha_{10}^{k_v} = n_1 + r_1 < n_1 + 1$。若 $r_1 = 0$，则当 $k \geqslant k_v$ 时，就有 $\alpha_{10}^k = n_1$。若 $0 < r_1 < 1$，则当 $k \geqslant k_v$ 时，因为 α_{00}^k 已保持整数 n_0 不变，由步骤 2，第 k_v 个表达式的诱导行必为 1。经步骤 5 中的参数变换后，得

$$\alpha_{00}^{k_v+1} = \alpha_{00}^{k_v} = n_0,\ \alpha_{10}^{k_v+1} = \alpha_{10}^{k_v} - \frac{r_1 \alpha_{1s}^{k_v}}{\alpha_{1s}^{k_v} - \lfloor \alpha_{1s}^{k_v} \rfloor}.$$

这里，仍然假设被替换的参数是第 s 个参变量。由于 α_{00} 已保持定值，故必有

$$\alpha_{0s}^{k_v} = 0, \alpha_s^{k_v} \succ 0, \alpha_{1s}^{k_v} > 0,$$

因此，有

$$\alpha_{10}^{k_v+1} \leqslant \alpha_{10}^{k_v} - r_1 = n_1,$$

这就证明了当 $k > k_v$ 时，必有

$$\alpha_{00}^k = n_0, \alpha_{10}^k = n_1.$$

重复上述论证，考虑 $\alpha_{20}^k, \alpha_{30}^k, \cdots$，最后可得：当 k 足够大时，α_0^k 必保持不变。这就与 $\alpha_0^k \succ \alpha_0^{k+1}$ 相矛盾。证毕。

例 1 求 $\min\ 4x + 5y$,

满足
$$3x + 2y \geqslant 7,$$
$$x + 4y \geqslant 5,$$
$$3x + y \geqslant 2,$$
x, y 为非负整数。

写成参数形式为

求 $\max\ x_0$,

满足条件
$$x_0 = -4x_4 - 5x_5 + C_0,$$
$$x_1 = -7 + 3x_4 + 2x_5,$$
$$x_2 = -5 + x_4 + 4x_5,$$
$$x_3 = -2 + 3x_4 + x_5,$$
$x_1, \cdots, x_5$ 为非负整数。

其中的 C_0 表示足够大的正整数，例如可取 $C_0=100$。

步骤 1　用字典序单纯形方法，求解松弛的线性规划问题．得表 1。

步骤 2　因 α_{00} 不是整数，选诱导方程为

$$x_0=C_0-\frac{112}{10}-\frac{11}{10}x_1-\frac{7}{10}x_2.$$

步骤 3　导出割平面

$$s_0=-\frac{8}{10}-\frac{1}{10}(-x_1)-\frac{7}{10}(-x_2).$$

步骤 4　求

$$\max\left\{\frac{1}{-\frac{1}{10}}\alpha_1,\frac{1}{-\frac{7}{10}}\alpha_2\right\}=-\frac{10}{7}\alpha_2.$$

步骤 5　以 s_0 替换 x_2 得表 2。

步骤 6　因已得线性规划最优解，故转到步骤 2。

步骤 2　因 α_{20} 不是整数，选诱导方程为

$$x_2=\frac{8}{7}+\frac{1}{7}(-x_1)-\frac{10}{7}(-s_0).$$

步骤 3　导出割平面

$$s_2=-\frac{1}{7}-\frac{1}{7}(-x_1)-\frac{4}{7}(-s_0).$$

步骤 4　求

$$\max\left\{\frac{1}{-\frac{1}{7}}\alpha_1,\frac{1}{-\frac{4}{7}}\alpha_2\right\}=-\frac{7}{4}\alpha_2, s=2.$$

步骤 5　以 s_2 替换 s_0，得表 3.

步骤 6　因已获线性规划最优解，故转到步骤 2.

步骤 2　因 α_{00} 不是整数，选诱导方程为

$$x_0=C_0-12\frac{1}{4}+\frac{3}{4}(-x_1)+\frac{7}{4}(-s_2).$$

表 1

	1	$-x_1$	$-x_2$
$x_0=$	$C_0-\frac{112}{10}$	$\frac{11}{10}$	$\frac{7}{10}$
$x_1=$	0	-1	0
$x_2=$	0	0	-1
$x_3=$	$\frac{42}{10}$	$-\frac{11}{10}$	$\frac{3}{10}$
$x_4=$	$\frac{18}{10}$	$-\frac{4}{10}$	$\frac{2}{10}$
$x_5=$	$\frac{8}{10}$	$\frac{1}{10}$	$-\frac{3}{10}$

表 2

1	$-x_1$	$-s_0$
C_0-12	1	1
0	-1	0
$\frac{8}{7}$	$\frac{1}{7}$	$-\frac{10}{7}$
$\frac{27}{7}$	$-\frac{8}{7}$	$\frac{3}{7}$
$\frac{11}{7}$	$-\frac{3}{7}$	$\frac{2}{7}$
$\frac{8}{7}$	$\frac{1}{7}$	$-\frac{3}{7}$

表 3

	1	$-x_1$	$-s_2$
$x_0=$	$C_0-12\frac{1}{4}$	$\frac{3}{4}$	$\frac{7}{4}$
$x_1=$	0	-1	0
$x_2=$	$\frac{6}{4}$	$\frac{2}{4}$	$-\frac{10}{4}$
$x_3=$	$\frac{15}{4}$	$-\frac{5}{4}$	$\frac{3}{4}$
$x_4=$	$\frac{6}{4}$	$-\frac{2}{4}$	$\frac{2}{4}$
$x_5=$	$\frac{5}{4}$	$\frac{1}{4}$	$-\frac{3}{4}$

表 4

1	$-s_0'$	$-s_2$
C_0-13	1	1
1	$-\frac{4}{3}$	1
1	$\frac{2}{3}$	-3
5	$-\frac{5}{3}$	2
2	$-\frac{2}{3}$	1
1	$\frac{1}{3}$	-1

步骤 3　导出割平面

$$s_0'=-\frac{3}{4}-\frac{3}{4}(-x_1)-\frac{3}{4}(-s_2).$$

步骤 4　求

$$\max\left\{\frac{1}{-\frac{3}{4}}\alpha_1, \frac{1}{-\frac{3}{4}}\alpha_2\right\} = -\frac{4}{3}\alpha_1, s = 1.$$

步骤 5　以 s_0' 替换 x_1，得表 4.

步骤 6　因已获线性规划最优解，故转到步骤 2.

步骤 2　因 α_0 已是整数向量，故步骤终止．整数规划问题的最优解为

$x = x_4 = 2$，$y = x_5 = 1$，目标函数最小值为 13．计算过程如图 1 中点①→②→③→④→⑤→⑥.

第一个割平面为

$$s_0 = -\frac{8}{10} + \frac{1}{10}x_1 + \frac{7}{10}x_2 = -5 + x_4 + 3x_5 \geqslant 0.$$

加上它后，使点③→点④.

第二个割平面为

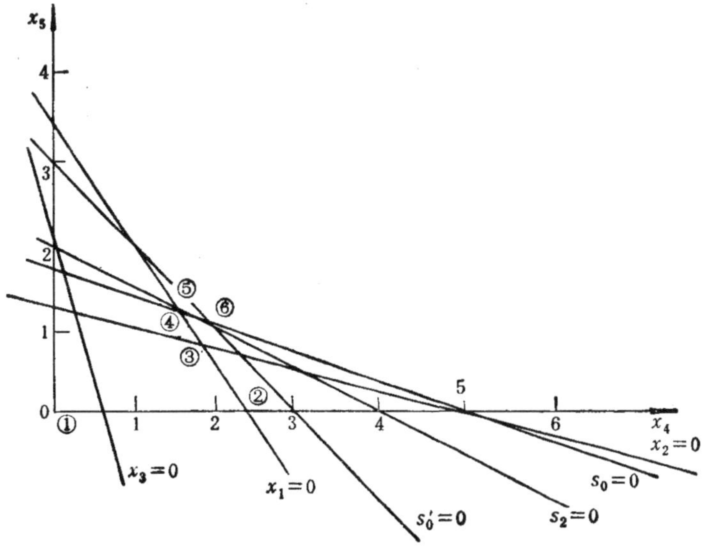

图　1

$$s_2 = -\frac{1}{7} + \frac{1}{7}x_1 + \frac{4}{7}s_0 = -4 + x_4 + 2x_5 \geqslant 0。$$

加上它后，使点④→点⑤。

第三个割平面为

$$s_0' = -\frac{3}{4} + \frac{3}{4}x_1 + \frac{3}{4}s_2 = -9 + 3x_4 + 3x_5 \geqslant 0。$$

加上它后，使点⑤→点⑥。

对诱导方程

$$x_l = \alpha_{l0} + \sum_{j=1}^{d} \alpha_{lj}(-t_j),$$

若在 Gomory 割平面 (18) 中，让 $h = \frac{1}{\lambda}, \lambda > 1$，则可得不等式

$$\begin{aligned}
&\left\lfloor \frac{\alpha_{l0}}{\lambda} \right\rfloor + \sum_{j=1}^{d} \left\lfloor \frac{\alpha_{lj}}{\lambda} \right\rfloor (-t_j) \\
&\geqslant \left\lfloor \frac{1}{\lambda} \right\rfloor \alpha_{l0} + \sum_{j=1}^{d} \left\lfloor \frac{1}{\lambda} \right\rfloor \alpha_{lj}(-t_j) \\
&= \left\lfloor \frac{1}{\lambda} \right\rfloor x_l \geqslant 0。
\end{aligned}$$

引进松弛变量 s_l 后，可得条件

$$s_l = \left\lfloor \frac{\alpha_{l0}}{\lambda} \right\rfloor + \sum_{j=1}^{d} \left\lfloor \frac{\alpha_{lj}}{\lambda} \right\rfloor (-t_j) \geqslant 0。 \tag{20}$$

显然，当 t_j 是非负整数时，s_l 也必取非负整数。称(20)为整数割平面。

求解（P）的对偶整数割平面程序：

假设我们已具有满足如下性质（i）和（ii）的参数表达式：

$$x = \alpha_0 + \sum_j \alpha_j(-t_j)。$$

(i) 整数性。所有的 α_{ij} 都是整数。

(ii) 字典序正. $\alpha_j \succ 0, j = 1, \cdots, d$. 一般地说，可利用第一章§8中的$M$方法，求上述的初始表达式.

步骤 1　若 $\alpha_0 \geqslant 0$，则步骤终止，$x = \alpha_0$ 便是 (P) 的最优解. 相反，设

$$l = \min\{i \mid \alpha_{i0} < 0, 0 \leqslant i \leqslant n\}.$$

取诱导方程为

$$x_l = \alpha_{l0} + \sum_j \alpha_{lj}(-t_j).$$

步骤 2　若所有的 $\alpha_{lj} \geqslant 0$，则步骤终止，(P) 无允许解. 相反，按字典序的大小，求

$$\alpha_s = \min\{\alpha_j \mid \alpha_{lj} < 0, 1 \leqslant j \leqslant d\}.$$

步骤 3　求

$$\lambda = \max\{|\alpha_{lj}| \mid \alpha_{lj} < 0, 1 \leqslant j \leqslant d\}.$$

步骤 4　导出整数割平面

$$s_l = \left\lfloor \frac{\alpha_{l0}}{\lambda} \right\rfloor + \sum_j \left\lfloor \frac{\alpha_{lj}}{\lambda} \right\rfloor (-t_j).$$

步骤 5　利用割平面条件，作参数变换

$$\bar{t}_s = s_l, \bar{t}_j = t_j, 1 \leqslant j \neq s \leqslant d,$$

$$t_s = -\left\lfloor \frac{\alpha_{l0}}{\lambda} \right\rfloor - \sum_{j \neq s} \left\lfloor \frac{\alpha_{lj}}{\lambda} \right\rfloor (-t_j) - (-s_l),$$

得新的表达式

$$x = \bar{\alpha}_0 + \sum_j \bar{\alpha}_j(-\bar{t}_j),$$

其中

$$\bar{\alpha}_s = \alpha_s, \bar{\alpha}_j = \alpha_j + \left\lfloor \frac{\alpha_{lj}}{\lambda} \right\rfloor \alpha_s, j \neq s,$$

然后转到步骤 1.

从 α_j 和 $\bar{\alpha}_j$ 之间的关系式，可以看出，计算过程中保持了表达式的系数的整数性 $\left(\text{主要因为旋转元为 } \left\lfloor \frac{\alpha_{ls}}{\lambda} \right\rfloor = -1\right)$.

若 $\alpha_{lj} \geqslant 0$，则显然有 $\bar{\alpha}_j \succcurlyeq \alpha_j \succ 0$。

若 $\alpha_{lj} < 0$，则由 λ 和 s 的取法，可知

$$\left\lfloor \frac{\alpha_{lj}}{\lambda} \right\rfloor = -1, \bar{\alpha}_j = \alpha_j - \alpha_s \succ 0。$$

因此，计算过程中也保持了 α_j 的字典序正的性质。

由 $\alpha_{l0} < 0$，可知

$$\bar{\alpha}_0 = \alpha_0 + \left\lfloor \frac{\alpha_{l0}}{\lambda} \right\rfloor \alpha_s \preccurlyeq \alpha_0 - \alpha_s,$$

即

$$\alpha_0 - \bar{\alpha}_0 \succcurlyeq \alpha_s \succ 0.$$

因此，计算过程中也保持了向量 α_0 的字典序单调下降性。

定理 2.12 若问题（P）的定义域非空，则对偶整数割平面程序必在有限步内终止。

证明：设

$$x = \alpha_0^k + \sum_j \alpha_j^k(-t_j^k), k = 1,2,\cdots.$$

为计算过程中的参数表达式序列．由性质：

$$\alpha_0^k \succ \alpha_0^{k+1},$$

可知 $\{\alpha_{00}^k\}$ 必为非增的整数序列．由（P）的定义域非空，容易证明，α_{00}^k 必有下界．一个有下界的非增整数序列，只能取有限个不同的数值．因此，在某 k_0 步以后，α_{00}^k 必保持某固定的整数不变．此后，$\{\alpha_{10}^k\}$必为非增整数序列．假如有某个 $k > k_0$，使 $\alpha_{10}^k < 0$，则根据步骤 1，诱导行应取为 1．设被替换掉的参变量为 t_s^k，则有

$$\alpha_{10}^{k+1} = \alpha_{10}^k + \alpha_{1s}^k \left\lfloor \frac{\alpha_{10}^k}{\lambda} \right\rfloor。$$

由于

$$\alpha_{1s}^k < 0, \alpha_{10}^k < 0,$$

可得

$$\alpha_{10}^{k+1} > \alpha_{10}^k。$$

与非增性相矛盾. 因此,当 $k \geqslant k_0$ 时,必有

$$\alpha_{10}^k \geqslant 0.$$

因此,必存在某整数 $k_1 \geqslant k_0$,使得当 $k \geqslant k_1$ 时,$\alpha_{00}^k, \alpha_{10}^k$ 都保持固定的整数值不变. 重复上述论证,依次考虑 $\alpha_{20}^k, \alpha_{30}^k, \cdots$,命题即可得证. 证毕.

下面表 5、表 6、表 7 是对例 1 用对偶整数割平面方法求解.

表 5

		1	$-x_4$ ↓	$-x_5$
	x_0	0	4	5
#	x_1	−7	−3	−2
	x_2	−5	−1	−4
	x_3	−2	−3	−1
	x_4	0	−1	0
	x_5	0	0	−1
	s_1	−3	−1	−1

表 6

		1	$-s_1$	$-x_5$ ↓
	x_0	−12	4	1
	x_1	2	−3	1
#	x_2	−2	−1	−3
	x_3	7	−3	2
	x_4	3	−1	1
	x_5	0	0	−1
	s_2	−1	−1	−1

表 7

	1	$-s_1$	$-s_2$
x_0	−13	3	1
x_1	1	−4	1
x_2	1	2	−3
x_3	5	−5	2
x_4	2	−2	1
x_5	1	1	−1

表中附记号“#”的行是诱导行,附“↓”的变量是被替换的参变量. 变换过程是图 2 中点①→点 B → 点 C

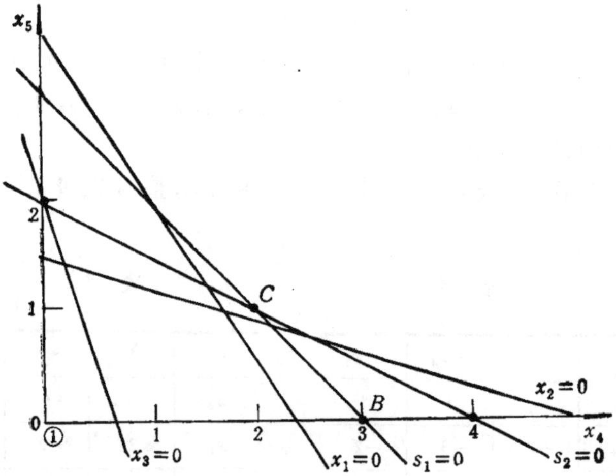

图 2

分数割平面算法，是从满足条件

(a) $\alpha_{i0} \geqslant 0, i=1, \cdots, n$,

(b) $\alpha_{0j} \geqslant 0 \quad j=1, \cdots, d$

的表达式出发，最后达到满足条件：

(c) 所有的 α_{i0} 为整数.

对偶整数割平面算法是从满足条件 (b) 和 (c) 的表达式出发，最后达到满足条件 (a).

下面介绍的原始割平面算法是从满足条件 (a) 和 (c) 的表达式出发，最后达到满足 (b).

假设我们已有表达式

$$x=\alpha_0+\sum_j \alpha_j(-t_j).$$

它满足条件

(i) $\alpha_0 \geqslant 0$;

(ii) 所有的 α_{ij} 都是整数；

(iii) 表达式中存在某方程 p，使得对 $j=1, \cdots, n$，有性

质:

性质（I） 若 $\alpha_j \prec 0$，则 $\alpha_{pj} > 0$;

性质（II）若 $\alpha_{pj} < 0$，则按向量字典序顺序,有关系

$$\frac{1}{\alpha_{pj}} \alpha_j \prec \min \left\{ \frac{1}{\alpha_{pk}} \alpha_k \,\middle|\, \alpha_{pk} > 0, 1 \leqslant k \leqslant n \right\}.$$

假如表达式中没有这样的方程 p，可附加一个方程

$$x_p = M + \sum_j (-t_j),$$

其中 M 是足够大的整数. 显然，此附加的方程满足性质（I）和（II）.

原始整数割平面程序:

步骤 1 （选择被替换的变量 t_s）

若 $\alpha_{0j} \geqslant 0$，$j = 1, \cdots, d$，则步骤终止. $x = \alpha_0$ 便是（p）的最优解. 相反,按字典序顺序,求

$$\frac{1}{\alpha_{ps}} \alpha_s = \min \left\{ \frac{1}{\alpha_{pj}} \alpha_j \,\middle|\, \alpha_{pj} > 0, j \geqslant 1 \right\}.$$

（根据性质（I），显然有 $\alpha_{0s} < 0$）

步骤 2 （选择诱导行 l）

首先计算

$$\theta_s = \frac{\alpha_{r0}}{\alpha_{rs}} = \min \left\{ \frac{\alpha_{i0}}{\alpha_{is}} \,\middle|\, \alpha_{is} > 0 \right\}.$$

步骤 2.1 若 $\theta_s \geqslant 1$，则取 $l = r$（称此为非退化情形). 相反,进行步骤 2.2.

步骤 2.2 若 $\theta_s < 1$，(称此为退化情形)则选择 l 的规划如下:

步骤 2.2.1 设在前一次变换中,所选的诱导行为 l'，而此时有

$$0 \leqslant \alpha_{l'0} < \alpha_{l's}.$$

则继续选取 l' 作为诱导行 l. 否则进行步骤 2.2.2

步骤 2.2.2 若特殊行 p 满足

$$0 \leqslant \alpha_{p0} < \alpha_{ps},$$

则选 $l = p$。否则进行步骤 2.2.3.

步骤 2.2.3 若对所有的 $i \geqslant 1$，有

$$\alpha_{i0} \geqslant \frac{1}{\alpha_{ps}} \alpha_{is},$$

则进行步骤 2.2.4，否则，求

$$i^* = \min \left\{ i \mid \alpha_{i0} < \frac{1}{\alpha_{ps}} \alpha_{is}, i \geqslant 1 \right\}.$$

选取 $l = i^*$（因为 $\alpha_{ps} > 0, \alpha_{i0} \geqslant 0$，故 $\alpha_{i^*s} > 0$）.

步骤 2.2.4 取

$$l = \min\{ i \mid \alpha_{i0} < \alpha_{is}, i \geqslant 1 \}.$$

步骤 3 选取 $\lambda = \alpha_{ls} > 0$，导出整数割平面

$$s_l = \left\lfloor \frac{\alpha_{l0}}{\lambda} \right\rfloor + \sum_j \left\lfloor \frac{\alpha_{lj}}{\lambda} \right\rfloor (-t_j).$$

步骤 4 利用割平面条件，作参数变换

$$\bar{t}_s = s_l, \quad \bar{t}_j = t_j, 1 \leqslant j \neq s \leqslant d,$$

$$t_s = \left\lfloor \frac{\alpha_{l0}}{\lambda} \right\rfloor + \sum_{j \neq s} \left\lfloor \frac{\alpha_{lj}}{\lambda} \right\rfloor (-t_j) + (-s_l),$$

得新的表达式

$$x = \bar{\alpha}_0 + \sum_j \bar{\alpha}_j (-\bar{t}_j).$$

其中

$$\bar{\alpha}_s = -\alpha_s \succ 0, \tag{21}$$

$$\bar{\alpha}_j = \alpha_j - \left\lfloor \frac{\alpha_{lj}}{\lambda} \right\rfloor \alpha_s, \quad j \neq s. \tag{22}$$

然后，转到步骤 1.

从关系(21),(22),可知变换过程中保持了表达式系数的整数性．从关系式

$$\bar{\alpha}_{i0} = \alpha_{i0} - \left\lfloor \frac{\alpha_{l0}}{\alpha_{ls}} \right\rfloor \alpha_{is} \geqslant \alpha_{i0} - \theta_s \alpha_{is} \geqslant 0$$

可知在变换过程中,保持了 α_0 的非负性. 特别地, 在退化情形, 有 $\bar{\alpha}_{i0}=\alpha_{i0}, i=0,1,\cdots,n$.

下面证明,在变换过程中,保持条件 (iii).

假设 α_j 满足性质 (I) 和 (II). 设表达式

$$x=\alpha_0+\sum_j \alpha_j(-t_j)$$

的诱导行为 l, 被替换的变量为 t_s. 设替换后的表达式为

$$x=\bar{\alpha}_0+\sum_j \bar{\alpha}_j(-\bar{t}_s),$$

且设它的诱导行为 $\bar{l}$, 被替换的变量为 $\bar{t}_{\bar{s}}$.

性质 1　对任何的 $j\neq 0,s$, 有

$$\alpha_{pj}\alpha_s \prec \alpha_{ps}\alpha_j.$$

证明: 若 $\alpha_{pj}>0$, 则由 s 的选法(步骤 1), 可知命题成立. 若 $\alpha_{pj}<0$, 则由性质 (II), 可知命题成立. 若 $\alpha_{pj}=0$, 则由性质 (I) 及 $\alpha_{ps}>0$, 可知命题成立. 证毕.

性质 2　对任意的 $j\neq 0,s$, 有

$$\bar{\alpha}_{pj}\alpha_s \prec \alpha_{ps}\bar{\alpha}_j.$$

证明: 因为

$$\begin{aligned}
&\alpha_{ps}\bar{\alpha}_j-\bar{\alpha}_{pj}\alpha_s\\
&=\alpha_{ps}\left(\alpha_j-\left\lfloor\frac{\alpha_{lj}}{\alpha_{ls}}\right\rfloor\alpha_s\right)-\left(\alpha_{pj}-\left\lfloor\frac{\alpha_{lj}}{\alpha_{ls}}\right\rfloor\alpha_{ps}\right)\alpha_s\\
&=\alpha_{ps}\alpha_j-\alpha_{pj}\alpha_s.
\end{aligned}$$

由性质 1, 即可知命题成立. 证毕.

性质 3　$\bar{\alpha}_j$ 满足条件 (iii) 中的性质 (I).

证明: 若 $\bar{\alpha}_j \prec 0, j\neq 0$, 则显然 $j\neq s$. 因为 $\alpha_s\prec 0, \alpha_{ps}>0$ 由性质 2 ,即可得 $\bar{\alpha}_{pj}>0$. 证毕.

性质 4　$\bar{\alpha}_j$ 满足条件 (iii) 中的性质 (II).

证明: 若 $\bar{\alpha}_{pj}>0$, 则显然 $j\neq s$. 由性质 2 ,可得

$$\frac{\alpha_s}{\alpha_{ps}}\prec\frac{\bar{\alpha}_j}{\bar{\alpha}_{pj}}, \; j\neq 0,s.$$

若 $\bar{a}_{pj} < 0$，且 $j \neq 0, s$，则由性质2，可得

$$\frac{\alpha_s}{\alpha_{ps}} \succ \frac{\bar{a}_j}{\bar{a}_{pj}}.$$

若 $j = s$，则由 $\bar{a}_{ps} = -\alpha_{ps}, \bar{a}_s = -\alpha_s$，可得：

$$\frac{\alpha_s}{\alpha_{ps}} = \frac{\bar{a}_s}{\bar{a}_{ps}}.$$

因此，可得关系式(按向量的字典序大小)：

$$\frac{\alpha_s}{\alpha_{ps}} = \frac{\bar{a}_s}{\bar{a}_{ps}} = \max\left\{\frac{\bar{a}_j}{\bar{a}_{pj}} \middle| \bar{a}_{pj} < 0, j \neq 0\right\}, \tag{23}$$

$$\frac{\alpha_s}{\alpha_{ps}} \prec \min\left\{\frac{\bar{a}_j}{\bar{a}_{pj}} \middle| \bar{a}_{pj} > 0, j \neq 0\right\}, \tag{24}$$

由(23)和(24)，命题即可得证. 证毕.

性质 5 $\dfrac{\alpha_s}{\alpha_{ps}} \prec \dfrac{\bar{a}_j}{\bar{a}_{pj}}$.

证明：由关系(24)直接可得. 证毕.

性质 6 $\bar{a}_{ls} = -\alpha_{ls} < 0$，且

$$0 \leqslant \bar{a}_{lj} < \alpha_{ls},\ 1 \leqslant j \neq s \leqslant d.$$

证明：由变换关系(21)和(22)，即得

$\bar{a}_{ls} = -\alpha_{ls} < 0$，(由 l 的取法可知 $\alpha_{ls} > 0$)

$$\bar{a}_{lj} = \alpha_{lj} - \left[\frac{\alpha_{lj}}{\alpha_{ls}}\right] \alpha_{ls},\ 1 \leqslant j \neq s \leqslant d.$$

由

$$\left[\frac{\alpha_{lj}}{\alpha_{ls}}\right] \leqslant \frac{\alpha_{lj}}{\alpha_{ls}},\ \alpha_{ls}\left[\frac{\alpha_{lj}}{\alpha_{ls}}\right] \leqslant \alpha_{lj},$$

即得

$$\bar{a}_{lj} \geqslant 0, j \neq s.$$

又由于

$$\frac{\alpha_{lj}}{\alpha_{ls}} < \left[\frac{\alpha_{lj}}{\alpha_{ls}}\right] + 1,$$

即得

$$\alpha_{ls} > \alpha_{lj} - \alpha_{ls}\left[\frac{\alpha_{lj}}{\alpha_{ls}}\right] = \bar{\alpha}_{lj} \geqslant 0, j \neq s.$$

证毕.

性质 7　若表达式

$$x = \bar{\alpha}_0 + \sum_j \bar{\alpha}_j(-\bar{t}_j)$$

的诱导行是按步骤 2.2.1,继续选为 l,则有

$$\alpha_{ls} > \bar{\alpha}_{ll} > 0.$$

证明: 由性质 6 直接可得. 证毕.

性质 7 说明任何的行只能连续有限次被选为诱导行.

定理 2.13　若整数规划问题 (P) 有最优解,则原始整数割平面程序必在有限步内终止.

证明: 用反证法. 因为当 $\theta_s \geqslant 1$ 时,必有

$$\bar{\alpha}_{00} \geqslant \alpha_{00} + 1.$$

因此,若问题有最优解,非退化情形只能出现有限次. 故若过程无限,则计算到某一步以后,必都为退化情形,即所有的 $\theta_s < 1$. 因此,从某一步以后,所有的 $\{\alpha_{i0}\}$ 将保持定值 $u_{i0}, i = 0,1,\cdots,n$. 下面,我们将由此来导出矛盾.

由性质 5 ,可知向量序列

$$\left\{\frac{1}{\alpha_{ps}}\alpha_s\right\} = \left\{\frac{1}{\alpha^1_{ps_1}}\alpha^1_{s_1}, \frac{1}{\alpha^2_{ps_2}}\alpha^2_{s_2}\cdots\right\}$$

按字典序单调上升. 考虑数列

$$\{\alpha_{ps}\} = \{\alpha^1_{ps_1}, \alpha^2_{ps_2}, \cdots\}.$$

假如在某一步以后,恒有关系

$$\alpha_{ps} > \alpha_{p0} = u_{p0},$$

则由性质 7 和 P 行优先被选作诱导行的规则 2.2.2, 必将在某一步选取 $l = p$. 再根据规则 2.2.1 和性质 7 ,经过有限步后, 就要出现

$$\alpha_{ps} \leqslant \alpha_{p0} = u_{p0},$$

自相矛盾. 因此,数列 $\{\alpha_{ps}\}$ 中, 必有无穷多项使得

$$0 < \alpha_{ps} \leqslant \alpha_{p0} - u_{p0}.$$

因为区间 $[0, u_{p0}]$ 中，只有有限多个不同的整数，故数列 $\{\alpha_{ps}\}$ 中必存在一个取固定值的子数列 $\{\alpha'_{ps}\}$. 对此子数列而言，因为对应的 $\{\alpha'_{0s}\}$ 都是负整数，且子数列 $\left\{\frac{\alpha'_{0s}}{\alpha'_{ps}}\right\}$ 又是非降的，故在某一步以后，$\left\{\frac{\alpha'_{0s}}{\alpha'_{ps}}\right\}$ 必保持固定的值不变. 又由于原序列 $\left\{\frac{\alpha_{0s}}{\alpha_{ps}}\right\}$ 也是非降的，故必在某一步 k_0 后，$\left\{\frac{\alpha_{0s}}{\alpha_{ps}}\right\}$ 保持固定值不变.

从 k_0 步以后，$\frac{1}{\alpha_{ps}}\alpha_s$ 的第 2 个分量 $\frac{\alpha_{1s}}{\alpha_{ps}}$ 就构成一非降数列 $\left\{\frac{\alpha_{1s}}{\alpha_{ps}}\right\}$. 根据步骤 2.2.3 和性质 7，容易证明，在 k_0 步以后，必有

$$\frac{\alpha_{1s}}{\alpha_{ps}} \leqslant u_{10},$$

以及

$$\frac{\alpha'_{1s}}{\alpha'_{ps}} \leqslant u_{10}.$$

因而$\{\alpha'_{1s}\}$是一个非降的有上界的整数序列，故在某一步以后，必取定值不变. 即在某一步 k_1 后，$\left\{\frac{\alpha'_{1s}}{\alpha'_{ps}}\right\}$ 必保持固定的值不变. 再由原序列 $\left\{\frac{\alpha_{1s}}{\alpha_{ps}}\right\}$的非降性，就可推知在某一步以后，数列$\left\{\frac{\alpha_{1s}}{\alpha_{ps}}\right\}$ 也保持定值不变. 对 $\left\{\frac{\alpha_{2s}}{\alpha_{ps}}\right\}$, $\left\{\frac{\alpha_{3s}}{\alpha_{ps}}\right\}$$\cdots$重复进行上述论证，就可推得序列 $\left\{\frac{\alpha_s}{\alpha_{ps}}\right\}$ 在有限步后，保持固定向量不变，这就矛盾于性质 5．证毕.

例 2 求

$$\max \quad x_0 = 3x_1 - x_2,$$

满足 $x_3 = 5 - 2x_1 + x_2$,

$$x_4 = x_1 - x_2,$$

$$x_5 = 21 - 8x_1 + 2x_2,$$

$$x_1, x_2, \cdots x_5 \geqslant 0,$$

$x_0, x_1, \cdots x_5$ 取整数。

表 8

			$-x_1$ ↓	$-x_2$
	x_0	0	−3	1
#	x_3	5	2	−1
	x_4	0	−1	1
p→	x_5	21	8	−2
	x_1	0	−1	0
	x_2	0	0	−1
	x_3	2	1	−1

表 9

		$-s_3$	$-x_2$ ↓
x_0	6	3	−2
x_3	1	−2	1
x_4	2	1	0
# x_5	5	−8	6
x_1	2	1	−1
x_2	0	0	−1
s_5	0	−2	1

表 10

			$-s_3$ ↓	$-s_5$
	x_0	6	−1	2
	x_3	1	0	−1
	x_4	2	1	0
#	x_5	5	4	−6
	x_1	2	−1	1
	x_2	0	−2	1
	s'_5	1	1	−2

表 11

		$-s'_5$	$-s_5$
x_0	7	1	0
x_3	1	0	−1
x_4	1	−1	2
x_5	1	−4	2
x_1	3	1	−1
x_2	2	2	−3

表 8 至表11是利用原始整数割平面方法的计算过程。特殊行 p 取为 x_5 的表达式。计算过程如图 3 中点①→②→③。

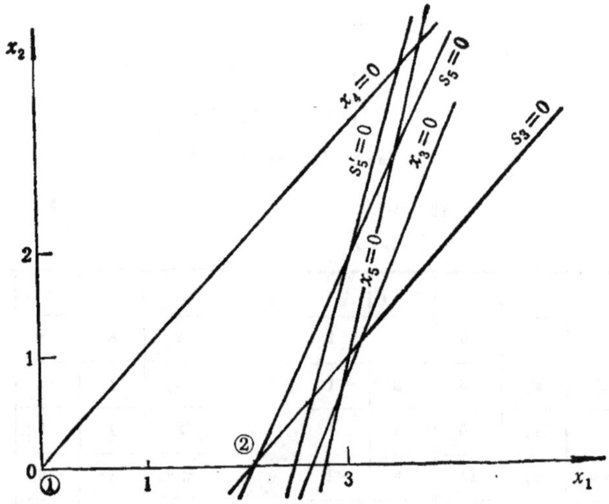

图 3

§3 练 习 题

1. 设多面体

$$S=\left\{x\in R^n \mid x=\sum_{i=1}^{\mu}\lambda_i x^i+\sum_{j=0}^{\nu}\mu_j y^j,\sum_{i=1}^{\mu}\lambda_i=1,\right.$$

$$\left.\text{所有的 }\lambda_i\geqslant 0,\ \mu_j\geqslant 0\right\}. \ \dim(S)=n.$$

$$P=\{(\pi,\pi_0)\mid \pi^T=(\pi_1,\cdots,\pi_n)^T\in R^n,\pi_0\in R^1,\pi y^j\leqslant 0,$$
$$\pi x^i\leqslant \pi_0,\ (\text{对所有的 } y^j \text{ 和 } x^i),\ -1\leqslant \pi_k\leqslant 1,$$
$$(k=0,1,\cdots,n)\}.$$

设 P 的所有顶点为 $(\pi^l,\pi_0^l),(l=1,\cdots,m)$.

求证：$S=\{x\mid \pi^l x\leqslant \pi_0^l,l=1,\cdots,m\}$.

2. 设 x^0 是多面体

$$P=\{x\in R_+^n\mid Ax\leqslant b\}$$

中的任一顶点，$x_j^0=\frac{p_j}{q}$ $(j=1,\cdots,n)$，其中的 q 和 p_j 都是非负整数．设

$$\theta_A=\max_{i,j}|a_{ij}|,\ \theta_b=\max_i|b_i|.$$

求证：

$$0\leqslant p_j<n\theta_b(n\theta_A)^{n-1},$$
$$1\leqslant q<(n\theta_A)^n,$$
$$x_j^0<n\theta_b(n\theta_A)^{n-1}.$$

3. 设 $A=(a_{ij})$ 是一个 $m\times n$ 的整数矩阵．设

$$\theta_A=\max_{i,j}|a_{ij}|.$$

若

$$S=\{r\in Z_+^n\,|\,r\neq 0,\ Ar=0,\ r_j\leqslant(\theta_A n)^n,j=1,\cdots,n\}=\phi,$$

则

$$Q=\{u^T\in R^m\,|\,uA\geqslant 1,\ u_i\leqslant m(\theta_A m)^{m-1},\ i=1,\cdots,m\}\neq\phi.$$

4. 设 $A=(a_{ij})$ 是一个 $m\times n$ 的整数矩阵，$b\in Z^m$，$\theta_A=\max_{i,j}|a_{ij}|,\theta_b=\max_i|b_i|$．

$$S=\{x\in Z_+^n\,|\,Ax\leqslant b\}\neq\phi,$$
$$\bar{S}=\{x\in Z_+^n\,|\,Ax=b\}\neq\phi,$$

(i) 求证：存在 $x\in\bar{S}$，使得

$$x_j\leqslant\bar{w}=m^2(\theta_A m)^{m-1}(\theta_b+(\theta_A n)^{n+1}),j=1,\cdots,n.$$

(ii) 求证 存在 $x\in S$，使得

$x_j\leqslant w\leqslant m^2(\theta_A m)^{m-1}(\theta_b+(\theta_A(m+n))^{n+m+1})$，$j=1,\cdots,n$.

(iii) 设 $Z_{IP}=\max\{cx\,|\,x\in S\}<+\infty$，$\theta_c=\max_j|c_j|$，求证：$|Z_{IP}|\leqslant n\theta_c w$．

(iv) 设问题：$\max\{cx\,|\,x\in S\}$ 有解，记

$$t = \max\{m+2, n\},$$
$$\theta = \max\{\theta_A, \theta_b, \theta_c\},$$
则必存在一个最优解 x，使得
$$x_j \leqslant t^2(\theta t)^{2t-2}(t + 2t^2(2\theta t)^{2t-2} + 2^{t-1}(2\theta t)^{t+2})$$
$$(j = 1, 2, \cdots, n)。$$

5. 设
$$S = \left\{x \in Z^n \,\middle|\, \sum_{j=1}^n a_j x_j \leqslant a_0\right\},$$
$$a_j \in Z^1, j = 0, 1, \cdots, n,$$
$$k = g.c.d.\{a_1, \cdots, a_n\},$$
则
$$(S)^\Delta = \left\{x \in R^n \,\middle|\, \sum_{j=1}^n \frac{a_j}{k} x_j \leqslant \left\lfloor \frac{a_0}{k} \right\rfloor\right\}.$$

第三章 线性混合整数规划

§1 割平面方法

线性混合整数规划问题的标准形式为

$$求\ \max x_0 = \sum_{j=1}^{r} c_j x_j + \sum_{j=r+1}^{n} c_j x_j + C_0, \tag{1}$$

满足条件

$$\sum_{j=1}^{r} a_{ij} x_j + \sum_{j=r+1}^{n} a_{ij} x_j \leqslant b_i,\ i = 1, \cdots, m, \tag{2}$$

$$x_j \geqslant 0,\ j = 0, 1, \cdots, n, \tag{3}$$

$$x_j\ 取整数,\ j = 0, 1, \cdots, r. \tag{4}$$

记

$$(MP) = \{x \mid x\ 满足条件(2),(3)\},$$

$$(MS) = \{x \mid x\ 满足条件(2),(3),(4)\},$$

$$C^1 = (C_1, \cdots, C_r), C^2 = (C_{r+1}, \cdots, C_n),$$

$$A^1 = \begin{pmatrix} a_{11}, & \cdots, & a_{1r} \\ & \vdots & \\ a_{m1}, & \cdots & a_{mr} \end{pmatrix} = (P_1, \cdots, P_r),$$

$$A^2 = \begin{pmatrix} a_{1r+1}, & \cdots, & a_{1n} \\ & \vdots & \\ a_{mr+1}, & \cdots, & a_{mn} \end{pmatrix} = (P_{r+1}, \cdots, P_n),$$

$$x^1 = \begin{pmatrix} x_1 \\ \vdots \\ x_r \end{pmatrix},\quad x^2 = \begin{pmatrix} x_{r+1} \\ \vdots \\ x_n \end{pmatrix},\quad b = \begin{pmatrix} b_1 \\ \vdots \\ b_m \end{pmatrix}.$$

则问题(1),(2),(3),(4)可以写成如下的矩阵形式，

求 max $x_0 = C^1x^1 + C^2x^2 + C_0$,

满足条件

$$A^1x^1 + A^2x^2 \leqslant b,$$

$$x_j \geqslant 0,\ j = 0, 1, \cdots n,$$

$$x_j \text{ 取整数},\ j = 0, 1, \cdots, r.$$

定理 3.1 对任意的 $i, 1 \leqslant i \leqslant m$,以及任意的有理数 $\lambda > 0$,条件

$$\sum_{j=1}^{r} \lfloor \lambda a_{ij} \rfloor x_j + \frac{1}{1-f_i} \sum_{j \in J} \lambda a_{ij} x_j \leqslant \lfloor \lambda b_i \rfloor \tag{5}$$

是 (MS) 的一个分离。即

$x \in (MS) \Rightarrow x$ 满足条件(5).

其中的

$$J = \{j \mid r+1 \leqslant j \leqslant n,\ \text{且使}\ a_{ij} < 0\},$$

$$f_i = \lambda b_i - \lfloor \lambda b_i \rfloor.$$

证明:对任意的 $x \in (MS)$,若

(i) $\sum\limits_{j=r+1}^{n} \lambda a_{ij} x_j > f_i - 1$,

则

$$\sum_{j=1}^{r} \lfloor \lambda a_{ij} \rfloor x_j \leqslant \sum_{j=1}^{r} \lambda a_{ij} x_j \leqslant \lambda b_i - \sum_{j=r+1}^{n} \lambda a_{ij} x_j$$
$$< \lambda b_i - (f_i - 1) = \lfloor \lambda b_i \rfloor + 1.$$

因为上式左端是整数,故必有

$$\sum_{j=1}^{r} \lfloor \lambda a_{ij} \rfloor x_j \leqslant \lfloor \lambda b_i \rfloor. \tag{6}$$

因为

$$\frac{1}{1-f_i} \sum_{j \in J} \lambda a_{ij} x_j \leqslant 0,$$

所以

$$\sum_{j=1}^{r}\lfloor\lambda a_{ij}\rfloor x_j+\frac{1}{1-f_i}\sum_{j\in J}\lambda a_{ij}x_j\leqslant\lfloor\lambda b_i\rfloor.$$

(ii) 若 $\sum_{j=r+1}^{n}\lambda a_{ij}x_j\leqslant f_i-1$，

则

$$\begin{aligned}
&\sum_{j=1}^{r}\lfloor\lambda a_{ij}\rfloor x_j+\frac{1}{1-f_i}\sum_{j\in J}\lambda a_{ij}x_j\\
&\leqslant\sum_{j=1}^{r}\lambda a_{ij}x_j+\frac{1}{1-f_i}\sum_{j\in J}\lambda a_{ij}x_j\\
&\leqslant\lambda b_i-\sum_{j=r+1}^{n}\lambda a_{ij}x_j+\frac{1}{1-f_i}\sum_{j\in J}\lambda a_{ij}x_j\\
&\leqslant\lambda b_i-\sum_{j\in J}\lambda a_{ij}x_j+\frac{1}{1-f_i}\sum_{j\in J}\lambda a_{ij}x_j\\
&=\lambda b_i+\left(\sum_{j\in J}\lambda a_{ij}x_j\right)\left(\frac{1}{1-f_i}-1\right)\\
&=\lambda b_i+\frac{f_i}{1-f_i}\left(\sum_{j\in J}\lambda a_{ij}x_j\right)\\
&\leqslant\lambda b_i+\frac{f_i}{1-f_i}\left(\sum_{j=r+1}^{n}\lambda a_{ij}x_j\right)\\
&=\lambda b_i-f_i\\
&=\lfloor\lambda b_i\rfloor.
\end{aligned}$$

证毕。

如第一章 § 8 中所述，假设线性混合整数规划问题已表示成如下的参数形式

$$\begin{aligned}
\text{求 max}\quad & x_0=\alpha_{00}+\sum_j\alpha_{0j}(-t_j),\\
& x_1=\alpha_{10}+\sum_j\alpha_{1j}(-t_j),
\end{aligned}$$

$$
\left.\begin{aligned}
&\vdots\\
x_r &= \alpha_{r0} + \sum_j \alpha_{rj}(-t_j),\\
x_{r+1} &= \alpha_{r+1\,0} + \sum_j \alpha_{r+1\,j}(-t_j),\\
&\vdots\\
x_n &= \alpha_{n0} + \sum_j \alpha_{nj}(-t_j).
\end{aligned}\right\} \tag{7}
$$

假设应用字典序单纯形算法，已求得线性规划问题(1)，(2)，(3)的最优解，并且不妨假设，(7)便是达到最优时的表达式。因此有

$$\alpha_{i0} \geqslant 0,\ \ i = 0,1,\cdots,n,$$

$$\alpha_{0j} \geqslant 0,\ \ j = 1,\cdots,d.$$

这时，假如进一步，$\alpha_{00},\alpha_{10},\cdots,\alpha_{r0}$ 都是整数，那末 $x = \alpha_0$ 便是问题(1)，(2)，(3)，(4)的最优解。相反，设

$$l = \min\{i \mid \alpha_{i0}\ \text{不是整数},\ 0 \leqslant i \leqslant r\}.$$

称条件

$$x_l = \alpha_{l0} + \sum_j \alpha_{lj}(-t_j) \tag{8}$$

为诱导方程。下面介绍混合整数规划的 Gomory 割平面。

定义

$$I = \{j \mid t_j\ \text{是整数变量},\ 1 \leqslant j \leqslant d\},$$

$$J = \{j \mid t_j\ \text{不是整数变量},\ 1 \leqslant j \leqslant d\},$$

$$\alpha_{l0} = \lfloor \alpha_{l0} \rfloor + r_{l0},$$

$$\alpha_{lj} = \lfloor \alpha_{lj} \rfloor + r_{lj},\ \ j \in I,$$

$$I_1 = \{j \in I \mid r_{lj} \leqslant r_{l0}\},$$

$$I_2 = \{j \in I \mid r_{lj} > r_{l0}\},$$

$$J_1 = \{j \in J \mid \alpha_{lj} \geqslant 0\},$$

$$J_2 = \{j \in J \mid \alpha_{lj} < 0\},$$

则诱导方程(8)可写为

$$x_l = \lfloor \alpha_{l0} \rfloor + r_{l0} + \sum_{j\in I_1} \lfloor \alpha_{lj} \rfloor(-t_j)$$

$$+ \sum_{j\in I_2}\{\lfloor \alpha_{lj} \rfloor + 1\}(-t_j) + \sum_{j\in I_1} r_{lj}(-t_j)$$

$$+ \sum_{j\in I_2}(r_{lj} - 1)(-t_j) + \sum_{j\in J_1} \alpha_{lj}(-t_j)$$

$$+ \sum_{j\in J_2} \alpha_{lj}(-t_j).$$

移项整理后可写为

$$-r_{l0} + \sum_{j\in I_1} r_{lj}t_j + \sum_{j\in I_2}(r_{lj} - 1)t_j$$

$$+ \sum_{j\in J_1} \alpha_{lj}t_j + \sum_{j\in J_2} \alpha_{lj}t_j$$

$$= -x_l + \lfloor \alpha_{l0} \rfloor + \sum_{j\in I_1} \lfloor \alpha_{lj} \rfloor(-t_j)$$

$$+ \sum_{j\in I_2}\{\lfloor \alpha_{lj} \rfloor + 1\}(-t_j).$$

当 $x_l, t_j (j\in I)$ 取整数时，上式右边必取整数。因此，左边也必取整数。即

$$s = -r_{l0} + \sum_{j\in I_1} r_{lj}t_j + \sum_{j\in I_2}(r_{lj} - 1)t_j$$

$$+ \sum_{j\in J_1} \alpha_{lj}t_j + \sum_{j\in J_2} \alpha_{lj}t_j$$

必取整数。

(i) 若 s 取非负整数。则有

$$\sum_{j\in I_1} r_{lj}t_j + \sum_{j\in J_1} \alpha_{lj}t_j \geqslant r_{l0}. \tag{9}$$

(ii) 若 s 取负整数。则有

$$\sum_{j\in I_2}(r_{lj} - 1)t_j + \sum_{j\in J_2} \alpha_{lj}t_j \leqslant -1 + r_{l0}.$$

两边用 $\frac{1}{-1+r_{l0}}r_{l0}$ 相乘后得

$$\sum_{j\in I_2}\frac{r_{lj}-1}{r_{l0}-1}r_{l0}t_j+\sum_{j\in J_2}\frac{\alpha_{lj}}{r_{l0}-1}r_{l0}t_j\geqslant r_{l0}. \tag{10}$$

因为不等式(9)和(10)中，t_j 的系数都是非负的，故对诱导方程(8)的任何非负整数解，必满足不等式

$$\sum_{j\in I_1}r_{lj}t_j+\sum_{j\in I_2}\frac{r_{lj}-1}{r_{l0}-1}r_{l0}t_j+\sum_{j\in J_1}\alpha_{lj}t_j$$

$$+\sum_{j\in J_2}\frac{\alpha_{lj}r_{l0}}{r_{l0}-1}t_j\geqslant r_{l0}.$$

引进松弛变量 s_l^* 后，上式可写为

$$s_l^*=-f_{l0}+\sum_j(-f_{lj})(-t_j)\geqslant 0, \tag{11}$$

其中

$$f_{l0}=r_{l0},$$

$$f_{lj}=\begin{cases}r_{lj}, & j\in I_1,\\ \frac{r_{lj}-1}{r_{l0}-1}r_{l0}, & j\in I_2,\\ \alpha_{lj}, & j\in J_1,\\ \frac{\alpha_{lj}}{r_{l0}-1}r_{l0}, & j\in J_2.\end{cases} \tag{12}$$

称(11)为混合整数规划的 Gomory 割平面。

定理 3.2 假设表达式

$$x=\alpha_0+\sum_j\alpha_j(-t_j)$$

满足 $\alpha_j\succ 0$，$j\neq 0$。假设 α_{00} 不是整数。诱导方程取为

$$x_0=\alpha_{00}+\sum_j\alpha_{0j}(-t_j),$$

割平面条件为

$$s_0^* = -f_{00} + \sum_j (-f_{0j})(-t_j).$$

设按字典序单纯形算法，用 s_0^* 替换参变量 t_s 后的表达式为

$$x = \bar{\alpha}_0 + \sum_j \bar{\alpha}_j(-\bar{t}_j),$$

则有

$$\bar{\alpha}_{00} \leqslant \lfloor \alpha_{00} \rfloor.$$

证明：若

(i) t_s 不是整数变量．则有

$$\bar{\alpha}_{00} = \alpha_{00} - \frac{f_{00}}{f_{0s}}\alpha_{0s} = \alpha_{00} - \frac{r_{00}}{\alpha_{0s}}\alpha_{0s} = \lfloor \alpha_{00} \rfloor.$$

(ii) t_s 是整数变量，且 $r_{0s} \leqslant r_{00}$（即 $s \in I_1$）．则有

$$\bar{\alpha}_{00} = \alpha_{00} - \frac{f_{00}}{f_{0s}}\alpha_{0s} = \alpha_{00} - \frac{r_{00}}{r_{0s}}\alpha_{0s} \leqslant \alpha_{00} - r_{00} = \lfloor \alpha_{00} \rfloor.$$

(iii) $s \in I_2$．则有

$$\bar{\alpha}_{00} = \alpha_{00} - \frac{1 - r_{00}}{1 - r_{0s}}\alpha_{0s} < \alpha_{00} - \alpha_{0s} \leqslant \alpha_{00} - r_{0s}$$

$$< \alpha_{00} - r_{00} = \lfloor \alpha_{00} \rfloor.$$

证毕．

和线性整数规划的分数割平面程序完全相类似地可以建立线性混合整数规划的割平面算法．类似地，利用性质 $\alpha_0^k \succ \alpha_0^{k+1} \succ 0$，以及定理 3.2，可以证明，必存在某指标 k_0，使得当 $k \geqslant k_0$ 时，α_{00}^k 保持某整数不变．此后，就可将定理 3.2 应用到数列 $\{\alpha_{10}^k\}$．同样，必存在某指标 $k_1 \geqslant k_0$，使得当 $k \geqslant k_1$ 时，α_{00}^k 和 α_{10}^k 都保持整数不变．依次类推，就可证明算法必在有限步内终止．

例 1　求 $\max\ x_0 = -4x_2 - 10x_4 + 20$，

满足

$$x_1 - \frac{5}{3}x_2 \qquad - \frac{1}{3}x_4 = \frac{5}{3},$$

$$-\frac{4}{3}x_2 + x_3 + \frac{11}{3}x_4 = \frac{7}{3},$$

$$x_1,\ x_2,\ x_3,\ x_4 \geqslant 0,$$

x_0，x_3，x_4 取整数。

它的松弛线性规划问题的最优解为表 1 所示。

表 1

		$-t_1$	$-t_2$
x_0	20	4	10
x_3	$\frac{7}{3}$	$-\frac{4}{3}$	$\frac{11}{3}$
x_4	0	0	-1
x_1	$\frac{5}{3}$	$-\frac{5}{3}$	$-\frac{1}{3}$
x_2	0	-1	0

诱导方程为

$$x_3 = \frac{7}{3} - \frac{4}{3}(-t_1) + \frac{11}{3}(-t_2)$$

$$= \frac{7}{3} - \frac{4}{3}(-x_2) + \frac{11}{3}(-x_4),$$

$$I = \{2\},\ J = \{1\},$$

$$r_{30} = \frac{1}{3},\ r_{32} = \frac{2}{3},$$

因此，

$$I_1 = \phi,\ I_2 = \{2\},$$

$$J_1 = \phi,\ J_2 = \{1\},$$

因此，

$$f_{30} = \frac{1}{3},\ f_{31} = \left[\left(-\frac{4}{3}\right)\Big/\left(\frac{1}{3} - 1\right)\right] \times \frac{1}{3} = \frac{2}{3},$$

$$f_{32} = \left[\left(\frac{2}{3} - 1\right)\Big/\left(\frac{1}{3} - 1\right)\right] \times \frac{1}{3} = \frac{1}{6}。$$

混合割平面为

$$s_3^* = -\frac{1}{3} - \frac{2}{3}(-t_1) - \frac{1}{6}(-t_2).$$

因为

$$\max\left\{\frac{4}{-\frac{2}{3}}, \frac{10}{-\frac{1}{6}}\right\} = -6,$$

故得 $s=1$. 用 s_3^* 替换参变量 t_1 后,得表 2.

表 2

		$-s_3^*$	$-t_2$
x_0	18	6	9
x_3	3	-2	4
x_4	0	0	-1
x_1	$\frac{15}{6}$	$-\frac{5}{2}$	$\frac{1}{12}$
x_2	$\frac{1}{2}$	$-\frac{3}{2}$	$\frac{1}{4}$

问题的最优解为

$$x_0 = 18,\ x_1 = \frac{15}{6},\ x_2 = \frac{1}{2},\ x_3 = 3,\ x_4 = 0.$$

§2 分 解 方 法

假设一个混合整数规划问题的约束条件已被划分成两部分,一部分是复杂的,另一部分是简单的. 例如已写成如下的分块形式 (MIP):

求 $$\max\ x_0 = cx + dy, \tag{13}$$

满足条件

$$A_{11}x + A_{12}y = b_1, \tag{14}$$

$$A_{21}x + A_{22}y = b_2, \tag{15}$$

$$x \geqslant 0,\ e \geqslant y \geqslant 0, \tag{16}$$

$$y\ 为整数向量. \tag{17}$$

其中的条件(15)是复杂的，条件(14)是简单的. 假设问题 (13),(14),(16),(17)比较容易求解.

记

$$F = \{y \mid e \geqslant y \geqslant 0,\ y\ 是整数向量\},$$

$$H = \{(x,y) \mid A_{11}x + A_{12}y = b_1, x \geqslant 0, y \in F\},$$

$(H)^{\Delta}$ 表示H的凸包.

对给定的 $y \in F$，定义多面体:

$$A(y) = \{x \mid A_{11}x = b_1 - A_{12}y,\ A_{21}x = b_2 - A_{22}y,\ x \geqslant 0\}.$$

对应于每一个 $y \in F$，可得一个线性规划问题:

$$x_0(y) = \max\{cx + dy \mid x \in A(y)\},$$

它是 (MIP) 的一个子问题，记作 $P(y)$. $P(y)$ 的对偶线性规划为:

$$\min\{\pi_1 b_1 + \pi_2 b_2 - (\pi_1 A_{12} + \pi_2 A_{22})y$$
$$+ dy \mid \pi_1 A_{11} + \pi_2 A_{21} \geqslant c\},$$

记作 $D(y)$. 当 $P(y)$ 无允许解时，定义 $x_0(y) = -\infty$. 记

$$u = \{(\pi_1, \pi_2) \mid \pi_1 A_{11} + \pi_2 A_{21} \geqslant c\}.$$

为了叙述简明起见，这里只考虑最简单的情形. 假定 u 和$(H)^{\Delta}$ 都非空有界. 让

$$(\pi_1^t, \pi_2^t),\ t \in T_u,$$
$$(x^t, y^t),\ t \in T_H$$

分别表示多面体 u 和 $(H)^{\Delta}$ 的所有的顶点. 根据以上的定义，混合整数规划 (MIP) 可以化为一个等价地整数规划问题 (I. P.):

$$\max_{y \in F} x_0(y)$$
$$= \max_{y \in F} \max\{cx + dy \mid x \in A(y)\}$$
$$= \max_{y \in F} \min\{dy + \pi_1(b_1 - A_{12}y) + \pi_2(b_2 - A_{22}y) \mid$$

$$
\begin{aligned}
&(\pi_1\pi_2) \in u\} \\
&= \max_{y\in F}\{x_0 | dy + \pi_1(b_1 - A_{12}y) + \pi_2(b_2 - A_{22}y) \\
&\geqslant x_0, (\pi_1\pi_2) \in u\} \\
&= \max\{x_0 | dy + \pi_1^t(b_1 - A_{12}y) + \pi_2^t(b_2 - A_{22}y) \\
&\geqslant x_0,\ t \in T_u, y \in F\}. \qquad \text{(I. P.)}
\end{aligned}
$$

设 Q 是 T_u 的任一子集，则定义（I.P.）的松弛问题 $\tilde{P}(Q)$ 如下：

$$
\begin{aligned}
x_0(Q) = \max\{x_0 | dy + \pi_1^t(b_1 - A_{12}y) + \pi_2^t(b_2 - A_{22}y) \\
\geqslant x_0, t \in Q, y \in F\}.
\end{aligned}
$$

容易证明，对任意的 $y \in F$，$Q \subseteq T_u$，必有

$$x_0(y) \leqslant x_0(T_u) \leqslant x_0(Q).$$

若 $x_0(y) = x_0(Q)$，则 $P(y)$ 的最优解便是（MIP）的最优解。

分解算法的计算程序 I：

步骤 1. 任取一 $y \in F$，求解 $P(y)$ 和 $D(y)$。设求得 $D(y)$ 的最优解为 (π_1^1, π_2^1)。置 $Q = \{1\}$。然后进行步骤 2。

步骤 2. 求解 $\tilde{P}(Q)$。设求得最优解为 $\bar{y}$。然后进行步骤 3。

步骤 3. 求解 $P(\bar{y})$ 和 $D(\bar{y})$。设求得 $D(\bar{y})$ 的最优解为 (π_1^i, π_2^i)，然后进行步骤 4。

步骤 4. 若 $x_0(\bar{y}) = x_0(Q)$，则步骤终止，$P(\bar{y})$ 的最优解便是（MIP）的最优解。若

$$x_0(\bar{y}) = d\bar{y} + \pi_1^i(b_1 + A_{12}\bar{y}) + \pi_2^i(b_2 - A_{22}\bar{y}) < x_0(Q),$$

则置 $Q \cup \{i\} \to Q$。然后转到步骤 2。

因为在计算过程中，子集 Q 不断增大，$x_0(Q)$ 不断减小，故步骤必在有限步内终止。

对应于任给的乘子 π_2，定义问题 $R(\pi_2)$ 如下：

$$
\begin{aligned}
x_0(\pi_2) = \max\{cx + dy + \pi_2(b_2 - A_{21}x - A_{22}y) | (x, y) \\
\in (H)^\Delta\}.
\end{aligned}
$$

称问题（R）：

$$\min_{\pi_2} x_0(\pi_2)$$

为（MIP）的拉格朗日（弱）对偶问题。而称 $R(\pi_2)$ 是（R）的一

个子问题。问题（R）可以化为一个等价的线性规划问题（L.R.）：

$$
\begin{aligned}
&\min_{\pi_2} x_0(\pi_2) \\
&\quad = \min_{\pi_2} \max\{cx + dy + \pi_2(b_2 - A_{21}x - A_{22}y) | \\
&\qquad\qquad (x, y) \in (H)^{\Delta}\} \\
&\quad = \min\{x_0 | cx + dy + \pi_2(b_2 - A_{21}x - A_{22}y) \\
&\quad \leqslant x_0, (x, y) \in (H)^{\Delta}\} \\
&\quad = \min\{x_0 | cx^t + dy^t + \pi_2(b_2 - A_{21}x^t - A_{22}y^t) \\
&\quad \leqslant x_0, t \in T_H\}. \qquad\qquad \text{(L.R.)}
\end{aligned}
$$

若 S 是 T_H 的任一子集，则定义（L.R.）的松弛问题 $\tilde{R}(S)$ 如下：

$$
\begin{aligned}
x_0(S) = \min\{x_0 | cx^t + dy^t + \pi_2(b_2 - A_{21}x^t - A_{22}y^t) \\
\leqslant x_0, t \in S\}.
\end{aligned}
$$

性质 1

$$
\begin{aligned}
&\min_{\pi_2} x_0(\pi_2) \\
&\quad = \max\{cx + dy | A_{21}x + A_{22}y = b_2, (x, y) \in (H)^{\Delta}\}.
\end{aligned}
$$

证明：因为问题：

$$\min_{\pi_2} x_0(\pi_2)$$

可以写成线性规划（L.R.）：

$\min x_0$,

满足

$$x_0 + \pi_2(A_{21}x^t + A_{22}y^t - b_2) \geqslant cx^t + dy^t, \ t \in T_H$$

（L.R.）的对偶线性规划为：

$$\max c\left(\sum_{t \in T_H} \alpha^t x^t\right) + d\left(\sum_{t \in T_H} \alpha^t y^t\right),$$

满足

$$\sum_{t \in T_H} \alpha^t = 1,$$

$$\sum_{t \in T_H} (A_{21}x^t + A_{22}y^t - b_2)\alpha^t = 0,$$

$$\alpha^t \geqslant 0,\quad t \in T_H,$$

即

$$\max\{cx + dy \mid A_{21}x + A_{22}y = b_2, (x, y) \in (H)^\Delta\}.$$

利用对偶定理,命题即可得证. 证毕.

性质 2 $$x_0(T_H) \geqslant x_0(T_U).$$

证明: 设 (x^*, y^*) 是 (MIP) 的最优解. 因为 $(x^*, y^*) \in H$, 且使 $b_2 - A_{21}x^* - A_{22}y^* = 0$, 故

$$x_0(T_H) \geqslant cx^* + dy^* + \pi_2(b_2 - A_{21}x^* - A_{22}y^*)$$
$$= cx^* + dy^* = x_0(T_u).$$

证毕.

性质 3 对任意给定的 $\bar{\pi}_2, x_0(\bar{\pi}_2) \geqslant x_0(T_u)$.

证明: 因为

$$\begin{aligned}
x_0(\bar{\pi}_2) &= \max\{cx + dy + \bar{\pi}_2(b_2 - A_{21}x - A_{22}y) \mid \\
&\qquad (x, y) \in (H)^\Delta\} \\
&= \max_{y \in F} \max\{dy + \pi_2(b_2 - A_{22}y) + cx \\
&\qquad - \bar{\pi}_2 A_{21}x \mid A_{11}x = b_1 - A_{12}y, x \geqslant 0\} \\
&= \max_{y \in F} \min\{dy + \pi_2(b_2 - A_{22}v) \\
&\qquad + \pi_1(b_1 - A_{12}y) \mid \pi_1 A_{11} \geqslant c - \pi_2 A_{21}\} \\
&= \max\{x_0 \mid dy + \pi_1(b_1 - A_{12}y) + \bar{\pi}_2(b_2 - A_{22}y) \\
&\geqslant x_0, (\pi_1 \bar{\pi}_2) \in U, y \in F\} \\
&\geqslant \max\{x_0 \mid dy + \pi_1(b_1 - A_{12}y) + \pi_2(b_2 - A_{22}y) \\
&\geqslant x_0, (\pi_1, \pi_2) \in U, y \in F\} = x_0(T_u).
\end{aligned}$$

证毕.

性质 4 对任意给定的 $\bar{y} \in F$, 必有:

$$x_0(T_H) \geqslant x_0(\bar{y}).$$

证明: 因为

$$\begin{aligned}
x_0(\bar{y}) &= \max\{cx + d\bar{y} \mid x \in A(\bar{y})\} \\
&= \min\{\pi_1(b_1 - A_{12}\bar{y}) + \pi_2(b_2 - A_{22}\bar{y}) \\
&\quad + d\bar{y} \mid (\pi_1 \pi_2) \in U\}
\end{aligned}$$

$$
\begin{aligned}
&= \min_{\pi_2}\min\{\pi_1(b_1 - A_{12}\bar{y}) + \pi_2(b_2 - A_{22}\bar{y}) \\
&\quad + d\bar{y} \mid \pi_1 A_{11} \geqslant c - \pi_2 A_{21}\} \\
&= \min_{\pi_2}\max\{cx + d\bar{y} + \pi_2(b_2 - A_{21}x - A_{22}\bar{y}) \mid \\
&\quad (x, \bar{y}) \in (H)^{\triangle}\} \\
&= \min\{x_0 \mid cx + d\bar{y} + \pi_2(b_2 - A_{21}x - A_{22}\bar{y}) \\
&\leqslant x_0, (x, \bar{y}) \in (H)^{\triangle}\} \\
&\leqslant \min\{x_0 \mid cx + dy + \pi_2(b_2 - A_{21}x - A_{22}y) \\
&\leqslant x_0, (x, y) \in (H)^{\triangle}\} = x_0(T_H).
\end{aligned}
$$

定理 3.3 若 (x^0, y^0) 和 (π_1^0, π_2^0) 是子规划 $P(y^0)$ 和 $D(y^0)$ 的最优解；若 (x^1, y^1) 是 $R(\pi_2^0)$ 的一个最优解．若这时有 $y^1 = y^0$，则 (x^0, y^0) 便是 (MIP) 的最优解．

证明：根据性质 3 以及 $P(y^0)$ 是 (MIP) 的子问题，故有关系：

$$
x_0(\pi_2^0) \geqslant x_0(T_u) \geqslant x_0(y^0). \tag{18}
$$

另一方面，因为 $R(\pi_2^0)$ 的最优解为 (x^1, y^0)，故有

$$
\begin{aligned}
x_0(\pi_2^0) &= \max\{cx + dy^0 + \pi_2^0(b_2 - A_{21}x - A_{22}y^0) \mid \\
&\qquad (x, y^0) \in (H)^{\triangle}\} \\
&= \min\{dy^0 + \pi_2^0(b_2 - A_{22}y^0) + \pi_1(b_1 - A_{12}y^0) \mid \\
&\qquad \pi_1 A_{11} \geqslant c - \pi_2^0 A_{21}\} \\
&= dy^0 + \pi_2^0(b_2 - A_{22}y^0) + \pi_1^*(b_1 - A_{12}y^0).
\end{aligned}
$$

因为 $(\pi_1^0, \pi_2^0) \in U$，所以

$$
\begin{aligned}
& dy^0 + \pi_2^0(b_2 - A_{22}y^0) + \pi_1^0(b_1 - A_{12}y^0) \\
& \geqslant dy^0 + \pi_2^0(b_2 - A_{22}y^0) + \pi_1^*(b_1 - A_{12}y^0) \\
& = x_0(\pi_2^0),
\end{aligned}
$$

即

$$
x_0(y^0) \geqslant x_0(\pi_2^0). \tag{19}
$$

由(18)和(19)，可得 $x_0(y^0) = x_0(\pi_2^0)$．证毕．

定理 3.4 若 (x^0, y^0) 是 $R(\pi_2^0)$ 的最优解；若 (x^1, y^0) 和 $(\pi_1^1 \pi_2^1)$ 是 $P(y^0)$ 和 $D(y^0)$ 的最优解；若这时有 $\pi_2^1 = \pi_2^0$，则 $(x^1,$

y^0）便是（MIP）的最优解.

证明：因为（$\pi_1^1\pi_2^0$）是 $D(y^0)$ 的最优解，所以有：

$$x_0(y^0) = \min\{\pi_1(b_1 - A_{12}y^0) + \pi_2^0(b_2 - A_{22}y^0) + dy^0 \mid \pi_1 A_{11} \geqslant c - \pi_2^0 A_{21}\}$$
$$= \max\{cx + dy^0 + \pi_2^0(b_2 - A_{21}x - A_{22}y^0) \mid (x, y^0) \in H\}$$
$$= cx^* + dy^0 + \pi_2^0(b_2 - A_{21}x^* - A_{22}y^0)$$
$$\geqslant cx^0 + dy^0 + \pi_2^0(b_2 - A_{21}x^0 - A_{22}y^0)$$
$$= x_0(\pi_2^0).$$

再由(18)可得 $x_0(y^0) = x_0(\pi_2^0)$，证毕.

分解算法的计算程序 II：

步骤 1　任取一$y \in F$，求解 $P(y)$ 和 $D(y)$. 设求得 $D(y)$ 的最优解为 $\pi^1 = (\pi_1^1\pi_2^1)$. 置

$$Q = \{1\}, \ i = 1.$$

步骤 2　求解 $R(\pi_2^i)$. 设求得最优解为 (x^*, y^*).

步骤 3　求解 $P(y^*)$ 和 $D(y^*)$. 设求得最优解为 $(\bar{x}y^*)$ 和 $\pi^* = (\pi_1^*, \pi_2^*)$，它们的目标函数值为 $x_0(y^*)$.

步骤 4　若 $\pi_2^* = \pi_2^i$，则步骤终止，$(\bar{x}, y^*)$ 便是（MIP）的最优解. 相反，求解 $R(\pi_2^*)$. 设求得最优解为$(\bar{x}^*, \bar{y}^*)$.

步骤 5　若 $\bar{y}^* = y^*$，则步骤终止，$(\bar{x}, y^*)$ 便是（MIP）的最优解. 相反，进行步骤 6.

步骤 6（自由选择步骤）.　在步骤 6.1 和 6.2 中任选其一。

步骤 6.1　$\pi^* \to \pi^{i+1}$, $Q \cup \{i+1\} \to Q$, $i + 1 \to i$，然后，转到步骤 2.

步骤 6.2　求解（I.P.）的松弛问题 $\tilde{P}(Q)$. 设求得的最优解为 $\bar{y}$，目标函数值为 $x_0(Q)$.

步骤 7　求解子规划 $P(\bar{y})$ 和 $D(\bar{y})$.　记它们的最优解为 $(x'\bar{y})$ 和 $(\bar{\pi}_1\bar{\pi}_2)$.

步骤 8　若 $x_0(\bar{y}) = x_0(Q)$，则步骤终止，$(x'\bar{y})$ 便是（MIP）的最优解. 相反，置

$\bar{\pi} \to \pi^{i+1}, Q \cup \{i+1\} \to Q, i+1 \to i$，然后转到步骤 2。

§3 选址问题的分解算法

有 n 个城市：$\{1,2,\cdots,n\}$，每日需要某种物资，计划要在其中的 m 个城市中，建造 m 座生产这种物资的工厂，假设各工厂的规模不限。让 c_{ij} 表示若在城市 i 建厂，而城市 j 所需的物资完全由城市 i 负责供应时，每日花的总运费。定义 0,1 变量 y_i 和 x_{ij} 如下：

$$y_i = \begin{cases} 1, & \text{若在城市 } i \text{ 建厂}, \\ 0, & \text{若不在城市 } i \text{ 建厂}, \end{cases}$$

$$x_{ij} = \begin{cases} 1, & \text{城市 } j \text{ 由城市 } i \text{ 供应}, \\ 0, & \text{相反}, \end{cases}$$

则选址问题可写成如下的数学形式：

求 $$\min \sum_{i=1}^{n} \sum_{j=1}^{n} c_{ij} x_{ij} \text{（总运费最少）}, \tag{20}$$

满足

$$\sum_i x_{ij} = 1,\ j = 1,2,\cdots,n, \tag{21}$$

（每个城市从一个工厂得到供应）

$$\sum_i y_i = m, \tag{22}$$

（共建 m 个工厂）

$$x_{ij} \leqslant y_i,\ i,\ j = 1,2,\cdots,n, \tag{23}$$

$$(y_i = 0 \Rightarrow x_{ij} = 0, j = 1,2,\cdots,n),$$

所有的 y_i 和 x_{ij} 取 0 或 1。 (24)

把其中的条件(21)看作（MIP）问题中的条件（15），对任意给定的乘子 $\pi^0 = (\pi_1^0,\cdots,\pi_n^0)$，定义问题 $R(\pi^0)$ 如下：

求 $$\min \sum_i \sum_j c_{ij} x_{ij} + \sum_i \sum_j \pi_j^0 x_{ij} - \sum_j \pi_j^0,$$

满足

$$\sum_i y_i = m, x_{ij} \leqslant y_i, i,j = 1, 2, \cdots, n,$$

所有的 y_i 和 x_{ij} 取 0 或 1.

容易看出，$R(\pi_j^0)$ 的最优解必满足关系：

$$x_{ij} = \begin{cases} y_i, & \text{当 } c_{ij} + \pi_j^0 \leqslant 0 \text{ 时}, \\ 0, & \text{当 } c_{ij} + \pi_j^0 > 0 \text{ 时}, \end{cases} \tag{25}$$

定义

$$\bar{c}_{ij} = \min\{c_{ij} + \pi_j^0, 0\},$$

$$\bar{c}_i = \sum_j \bar{c}_{ij},$$

则 $R(\pi_j^0)$ 可以等价地写为如下简单形式：

求
$$\min \sum_i \bar{c}_i y_i, \tag{26}$$

满足

$$\sum_i y_i = m, \tag{27}$$

所有的 y_i 取 0 或 1. (28)

知道问题(26),(27),(28)的解 y 后，就可通过关系(25)，定出对应的 x_{ij} 的值.

不妨可设，$\bar{c}_i$ 已排列成如下顺序：

$$\bar{c}_1 \leqslant \bar{c}_2 \leqslant \cdots \leqslant \bar{c}_n.$$

让 y^0 表示 $R(\pi^0)$ 的最优解. 则容易证明，y^0 为：

$$y_1^0 = y_2^0 = \cdots = y_m^0 = 1, \text{其余的 } y_i^0 = 0.$$

再根据关系式(25)，就可定出 $R(\pi^0)$ 的最优解$\{y_i^0 x_{ij}^0\}$.

对任意给定的 0,1 向量 y，$\sum_i y_i = m$，定义子规划 $P(y)$ 如下：

求
$$x_0(y) = \min \sum_i \sum_j c_{ij} x_{ij}, \tag{29}$$

满足

$$\sum_i x_{ij} = 1, j = 1, \cdots, n, \tag{30}$$

$$0 \leqslant x_{ij} \leqslant y_i, \ i,j = 1, \cdots, n. \tag{31}$$

$P(y)$ 的对偶规划 $D(y)$ 为:

求 $$\max \left\{\sum_j \pi_j - \sum_i \sum_j \pi_{ij} y_i\right\}, \tag{32}$$

满足

$$\pi_j - \pi_{ij} \leqslant c_{ij}, \ i,j = 1, \cdots, n, \tag{33}$$

$$\pi_{ij} \geqslant 0, \ i,j = 1, \cdots, n. \tag{34}$$

对 $P(y)$ 和 $D(y)$, 我们能直接写出它们的最优解. 不失一般性,假如所给的 y 为:

$$y_1 = y_2 = \cdots = y_m = 1,$$
$$y_{m+1} = y_{m+2} = \cdots = y_n = 0.$$

设

$$c_{i_s s} = \min_{1 \leqslant i \leqslant m} c_{is}, \ s = 1, 2, \cdots, n,$$

则容易看出, $P(y)$ 的最优解为:

$$x_{ij} = \begin{cases} 1, & \text{当 } i = i_j \text{ 时} \\ 0, & \text{当 } i \neq i_j \text{ 时} \end{cases} \ i, j = 1, \cdots, n.$$

$D(y)$ 的最优解为:

$$\pi_j = c_{ij}, \ j = 1, \cdots, n,$$

$$\pi_{ij} = 0, i = 1, \cdots, m; \ j = 1, \cdots, n,$$

$$\pi_{ij} = \max\{0, c_{i_j j} - c_{ij}\}, i = m + 1, \cdots, n; j = 1, \cdots, n.$$

设多面体

$$u = \{\pi = (\pi_j, \pi_{ij}) \mid \pi_j - \pi_{ij} \leqslant c_{ij}, \pi_{ij} \geqslant 0,$$
$$i = 1, \cdots, n; \ j = 1, \cdots, n\}$$

的所有顶点为:

$$\pi^t, \qquad t \in T_u.$$

则上述选址问题可以等价地化为如下的问题 (I.P.):

$$\begin{aligned}
&\min_y x_0(y)\\
&=\min_y \min\left\{\sum_i \sum_j c_{ij}x_{ij} \,\middle|\, x_{ij}\text{ 满足(30)、(31)}\right\}\\
&=\min_y \max\left\{\sum_j \pi_j-\sum_i \sum_j \pi_{ij}y_i \,\middle|\, (\pi_j,\pi_{ij})\in u\right\}\\
&=\min\left\{x_0 \,\middle|\, \sum_j \pi_j-\sum_i \sum_j \pi_{ij}y_i\leqslant x_0,(\pi_j,\pi_{ij})\in u,\right.\\
&\qquad\left.\sum_i y_i=m,\ y_i\text{ 取 0 或 1}\right\}\\
&=\min\left\{x_0 \,\middle|\, \sum_j \pi_j^t-\sum_i \sum_j \pi_{ij}^t y_i\leqslant x_0, t\in T_u,\right.\\
&\qquad\left.\sum_i y_i=m,\ y_i\text{ 取 0 或 1}\right\}. \qquad \text{(I.P.)}
\end{aligned}$$

对任意的 $Q\subseteq T_u$，定义（I. P.）的松弛问题 $\tilde{P}(Q)$ 如下：

$$x_0(Q)=\min\left\{x_0 \,\middle|\, \sum_j \pi_j^t-\sum_i \sum_j \pi_{ij}^t y_i\leqslant x_0,\ t\in Q,\right.$$

$$\left.\sum_i y_i=m,\ y_i\text{ 取 0 或 1}\right\}.$$

计算程序

步骤 1　任取一 y，满足

$$\sum_i y_i=m,\quad y_i\text{ 取 0 或 1}.$$

求解 $P(y)$ 和 $D(y)$。设求得 $D(y)$ 的最优解为 (π_j^1, π_{ij}^1)。置 $Q=\{1\}, i=1$。

步骤 2　求解 $R(\pi^i)$。设求得最优解为 (x_{ij}^*, y_i^*)。

步骤 3　求解 $P(y^*)$ 设 $D(y^*)$。设求得最优解为 $(\bar{x}_{ij}, y_i^*)$ 和(π_j^*, π_{ij}^*)，目标函数值为 $x_0(y^*)$。

步骤 4　若 $\pi_j^*=\pi_j^i, (j=1,\cdots,n)$，则步骤终止，$(\bar{x}_{ij}y_i^*)$ 便是问题的最优解。相反，求解 $R(\pi_j^*)$。 设求得最优解为（$\bar{x}_{ij}^*$ $\bar{y}_i^*$)。

步骤 5　若 $\tilde{y}_i^* = y_i^*, (i = 1, \cdots n)$，则步骤终止，$(\bar{x}_{ij}, y_i^*)$ 便是问题的最优解. 相反，进行步骤 6.

步骤 6（自由选择步骤）. 在步骤 6.1 和 6.2 中任选其一.

步骤 6.1　$\pi_i^* \to \pi_j^{i+1}$，$Q \cup \{i+1\} \to Q$，$i+1 \to i$，然后转到步骤 2.

步骤 6.2　求解 $\tilde{P}(Q)$. 设求得的最优解为 $\bar{y}_i$，目标函数值为 $x_0(Q)$.

步骤 7　求解子规划 $P(\bar{y})$ 和 $D(\bar{y})$. 记它们的最优解为 $(x'_{ij}, \bar{y}_i)$ 和 $(\bar{\pi}_j, \bar{\pi}_{ij})$.

步骤 8　若 $x_0(\bar{y}) = x_0(Q)$，则步骤终止，$(x'_{ij}\bar{y}_i)$ 便是问题的最优解. 相反，置

$\bar{\pi}_j \to \pi_j^{i+1}$，$Q \cup \{i+1\} \to Q$，$i+1 \to i$，然后转到步骤 2.

§ 4　分枝估界法

分枝估界法是一种分类筛选的方法，是整数规划中常用的解法，它有三个基本概念：

1. 分解

对任何线性混合整数规划问题 (P)，让 $F(P)$ 表示 (P) 的允许解集合. 子问题 $(P_1), \cdots (P_q)$，若满足条件：

(1) $\bigcup_{i=1}^{q} F(P_i) = F(P)$,

(2) $F(P_i) \cap F(P_j) = \phi$, $1 \leqslant i \neq j \leqslant q$. 则称 (P) 可分解为 $(P_1), \cdots, (P_q)$ 之和.

最通常的分解方式是"两分法". 例如，若 x_j 是 (P) 的一个 0,1 变量，则问题 (P) 可以按照条件"$x_j = 0$"和"$x_j = 1$"分解为两个子问题之和.

2. 松弛

凡是放弃 (P) 的某些约束条件后，所得到的问题 $(\tilde{P})$，都称

为（P）的松弛问题．对于（P）的任何松弛问题（$\tilde{P}$），都具有如下明显的性质：

（1）若（$\tilde{P}$）没有允许解，则（P）也没有允许解．

（2）（P）的最大值不大于（$\tilde{P}$）的最大值．

（3）若（$\tilde{P}$）的一个最优解是（P）的允许解，则它也是（P）的一个最优解．

最通常的松弛方式是放弃变量的整数性要求．

3. 探测

假设按某种规划，已将问题（P）分解为子问题（P_1），$\cdots$，（P_q）之和，并且各（P_i）已有对应的松弛问题（$\tilde{P}_i$）．

（1）若（$\tilde{P}_i$）没有允许解，则探明了（P_i）没有允许解．因此，可从（P）的分解表上把它删去．

（2）假设当时已掌握了（P）的一个允许解 x^*，它的目标函数值为 x_0^*．若松弛问题（$\tilde{P}_i$）的最大值不比 x_0^* 大，则探明了（P_i）中没有比 x^* 更好的允许解．因此，已无须再进一步考虑（P_i），可从分解表上把它删去．

（3）若（$\tilde{P}_i$）的最优解是（P_i）的允许解，则已求得了（P_i）的一个最优解，因此，也无须再进一步考虑（P_i）了，可从表上删去．这时，若（P_i）的最优解比 x^* 好，那末，替换 x^*，同时也刷新 x_0^* 的记录．

（4）假如表上各个（$\tilde{P}_i$）的目标函数最大值都不比 x_0^* 大，那么，当时的记录解 x^*，便是原问题（P）的一个最优解．

利用分解、松弛、探测技术，求解混合线性整数规划的一般方法可叙述如下．

设问题（P）为：

求 $$\max\ x_0 = \sum_{j=1}^{n} c_j x_j + \sum_{k=1}^{q} d_k y_k,$$

满足

$$\sum_{j=1}^{n} a_{ij}x_j + \sum_{k=1}^{q} b_{ik}y_k = b_i,\ i = 1,2,\cdots,m,$$

$$x_1,x_2,\cdots x_n,y_1,y_2,\cdots y_q \geqslant 0,$$

$$x_1,x_2,\cdots,x_n \text{ 要求取整数值.}$$

让 $(\tilde{P})$ 表示放弃 x_j 的整数性要求后的线性规划问题.

步骤 1.用单纯形方法求解 $(\tilde{P})$.

若 $(\tilde{P})$ 无允许解,则步骤终止,(P) 无允许解.

若 $(\tilde{P})$ 无最大值,则步骤终止,(P) 无最大值.

若 $(\tilde{P})$ 有最优解,设为 $\tilde{x}$,最大值为 $\tilde{x}_0$。这时,若 $\tilde{x}$ 是(P)的允许解,则步骤终止,$\tilde{x}$ 也是 (P) 的最优解. 若 $\tilde{x}$ 不是(P)的允许解,则赋予 (P) 的目标函数值上界为 $\tilde{x}_0$.

步骤 2. 置 $\pi = \{(P)\}, x^* = \phi, x_0^* = -\infty$.

步骤 3. 若 $\pi = \phi$, 则步骤终止, x^* 便是 (P) 的最优解. (若 $x^* = \phi$, 则(P)无允许解). 否则进行步骤 4

步骤 4.从 π 中取出一个使上界值最大的子问题,记作(CP). $\pi\backslash(CP) \to \pi$.

步骤 5. 对 (CP), 放弃各 x_j 的整数性要求后,得松弛问题 $(\widetilde{CP})$. 然后,用单纯形方法求解 $(\widetilde{CP})$.

步骤 6. 若 $(\widetilde{CP})$ 无允许解, 则转到步骤 3. 否则进行步骤 7.

步骤 7. 若 $(\widetilde{CP})$ 的最大值 $\leqslant x_0^*$, 则转到步骤 3. 否则进行步骤 8.

步骤 8. 若求得 $(\widetilde{CP})$ 的最优解 $\tilde{x}$ 也是 (CP) 的允许解, 则转到步骤 10,否则进行步骤 9.

步骤 9. 选取一个整数变量 x_j, 它使 $\tilde{x}_j$ 不是整数, 按条件"$x_j \leqslant \lfloor \tilde{x}_j \rfloor$" 和 "$x_j \geqslant \lfloor \tilde{x}_j \rfloor + 1$", 将 (CP) 分解为两个子问题 (CP_1) 和 (CP_2), 并赋予它们上界 $\tilde{x}_0$,将 (CP_1) 和 (CP_2), 以及它们的上界记入 π 中. 然后转到步骤 4.

步骤 10. 若 $\tilde{x}_0 > x_0^*$, 则 $\tilde{x} \to x^*, \tilde{x}_0 \to x_0^*$,然后转到步骤 3.

若 $\tilde{x}_0 \leqslant x_0^*$，则转到步骤 3.

§5 隐 数 法

考虑 0,1 规划问题 (P):

求
$$\min x_0 = cx = \sum_{j=1}^{n} c_j x_j,$$

满足条件

$$a_i x = \sum_{j=1}^{n} a_{ij} x_j \geqslant b_i, \ i = 1, \cdots, m,$$
$$x_j \text{ 取 0 或 1}, \quad j = 1, \cdots, n,$$

其中 c_j, a_{ij}, b_i 都是整数.

不妨可设所有的 $c_j \geqslant 0$. 因为若有某个 $c_j < 0$，则作变换 $x_j' = 1 - x_j$ 后，目标函数中 x_j' 的系数就变为 $-c_j > 0$. 也不妨可设

$$0 \leqslant c_1 \leqslant c_2 \leqslant \cdots \leqslant c_n.$$

对任意的变量 x_j，若 (P) 按条件“$x_j = 0$”和“$x_j = 1$”分为两个子问题 (P_1),(P_2) 之和，则记 (P_1) 为 $\{-j\}$，记(P_2)为 $\{+j\}$. 在此子问题中，x_j 称为固定变量，其余的变量称为自由变量. 一般地，记 $x_i, x_j, x_k, \cdots$ 等依次已固定为 1,0,1,…的子问题为 $\{+i, -j, +k, \cdots,\}$. 所有已取固定值的变量都称为固定变量，未取定值的变量都称为自由变量. 通常用 σ 表示固定变量指标(带+、−号)的某一排列. 用 $\{\sigma\}$ 表示对应的子问题. (P)也记为 $\{\phi\}$. 对任何子问题 $\{\sigma\}$，定义它的松弛问题 $\{\tilde{\sigma}\}$为放弃所有不等式条件后的问题. 即定义 $\{\tilde{\sigma}\}$ 为

$$\min \left\{ \sum_{j \notin \sigma} c_j x_j \,|\, x_j \text{ 取 0 或 1}, \ j \notin \sigma \right\}.$$

在 $\{\tilde{\sigma}\}$ 中，所有的自由变量都取 0 的解，记为 σ_0. 由于 $c_j \geqslant 0$ ($j = 1, 2, \cdots, n$)，故 $\{\tilde{\sigma}\}$ 的最优解显然是 σ_0. 根据上述定义，我们可将 (P) 分解成如下的树枝形式:

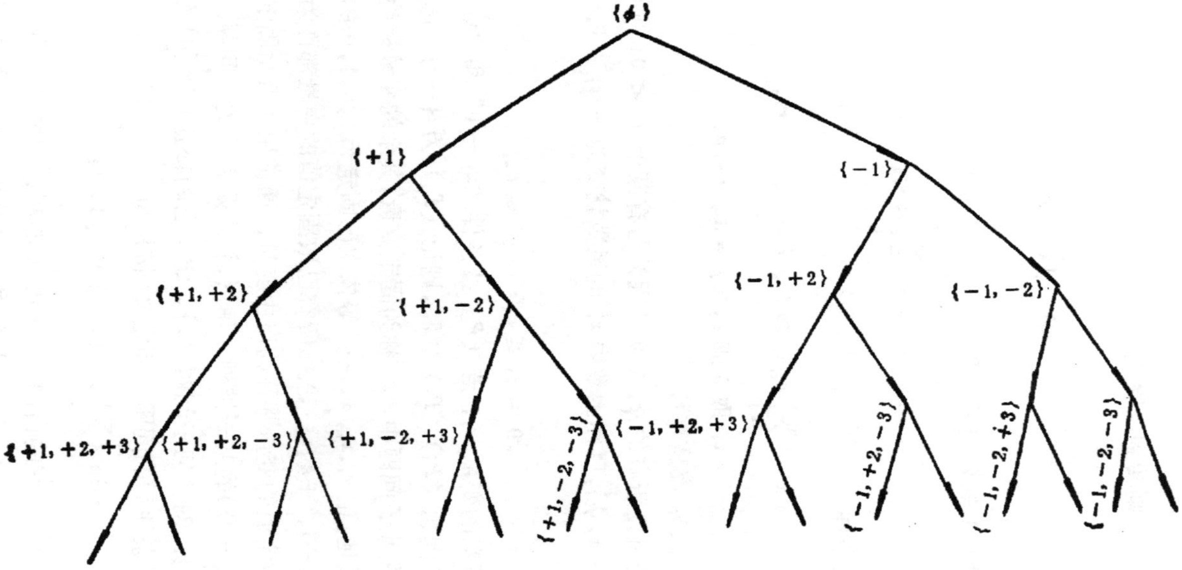
{ϕ}
{+1}
{−1}
{+1, +2}
{+1, −2}
{−1, +2}
{−1, −2}
{+1, +2, +3}
{+1, +2, −3}
{+1, −2, +3}
{+1, −2, −3}
{−1, +2, +3}
{−1, +2, −3}
{−1, −2, +3}
{−1, −2, −3}

"隐数法"是沿着分解树的各树枝,从左到右,依次探测各子问题. 例如,若我们已进行到要探测子问题$\{+1,-2\}$,这时,说明刚才已探明了$\{+1,+2\}$. 如果$\{+1,-2\}$未探明, 则下一步探测$\{+1,-2,+3\}$; 如果$\{+1,-2\}$被探明, 则下一步探测$\{-1\}$.

假设我们已掌握（P）的一个允许解 x^*, 它的目标函数值为 $x_0^*=cx^*$. 现在考虑（P）的任一子问题$\{\sigma\}$. 设 x_{j_1} 是 $\{\sigma\}$ 中下标最小的自由变量.

(i) 若 $c\sigma_0\geqslant x_0^*$, 则 $\{\sigma\}$ 中没有比 x^* 更好的允许解. 因此, $\{\sigma\}$ 已探明.

(ii) 若 $c\sigma_0<x_0^*$, 且 σ_0 是（P）的允许解,则置 $x^*=\sigma_0$, $x_0^*=c\sigma_0$. $\{\sigma\}$已探明.

(iii) 若 $c\sigma_0<x_0^*$, σ_0 不是 $\{\sigma\}$ 的允许解, 但是 $c\sigma_0+c_{j_1}\geqslant x_0^*$, 则显然 $\{\sigma\}$ 中也没有比 x^* 更好的允许解. $\{\sigma\}$ 已探明.

(iv) 设自由变量为 $x_{j_1},x_{j_2},\cdots,x_{j_k}$, 满足

$$\begin{aligned}c\sigma_0+c_{j_1}\leqslant c\sigma_0+c_{j_2}\leqslant\cdots\leqslant c\sigma_0+c_{j_r}<x_0^*\\ \leqslant c\sigma_0+c_{j_{r+1}}\leqslant\cdots\leqslant c\sigma_0+c_{j_k}.\end{aligned}$$

记 $J=\{j_1,j_2,\cdots,j_r\}$, 称 J 为可选集. 定义

$$S_i=a_i\sigma_0-b_i,\quad i=1,2,\cdots,m,$$

$$I=\{i|s_i<0\},$$

$$J_i=\{j|j\in J,a_{ij}>0\},\ i\in I,$$

$$t_i=\sum_{j\in J_i}a_{ij},\ i\in I.$$

容易证明:

(a) 若有某 $i\in I$, 使得 $s_i+t_i<0$, 则 $\{\sigma\}$ 中必无(P)的允许解.

(b) 若有某 $i\in I,j\in J\backslash J_i$, 使得 $s_i+t_i+a_{ij}<0$, 则 $\{\sigma\}$ 中没有使 $x_j=1$ 的（P）的允许解. 因此, 可从 J 中去掉此指标 j, 从而重新定义各 J_i 和 t_i.

利用上述简单的探测方式, 下面介绍一个初等的计算方法.

它在计算过程中只要用加、减法。

0. 任选（P）的一允许解作为初始的记录解 x^*，置 $x_0^* = cx^*$.（假如不容易找到允许解，则置 $x^* = \phi$，$x_0^* = +\infty$）. 置 $\{\sigma\} = \{\phi\}$，$\sigma_0 = (0,0,\cdots,0)^T$.

1. 若 $c\sigma_0 \geqslant x_0^*$，则转到步骤 9. 相反，计算 $s_i = a_i\sigma_0 - b_i$ $(i = 1,2,\cdots,m)$.

2. 若 $s_i \geqslant 0 (i = 1,2,\cdots,m)$，即 σ_0 是（P）的允许解，则置 $x^* = \sigma_0$，$x_0^* = c\sigma_0$，然后转到步骤 9. 相反，置 $I = \{i|s_i < 0\}$. 设自由变量为：x_{j_1}，x_{j_2}，$\cdots x_{j_k}$ $(j_1 < j_2 < \cdots < j_k)$. 若 $c\sigma_0 + c_{j_1} \geqslant x_0^*$，则转到步骤 9. 相反，进行步骤 3.

3. 计算 $c\sigma_0 + c_{j_t}$，$(t = 1,2,\cdots,k)$. 置

$$J = \{j_t | c\sigma_0 + c_{j_t} < x_0^*,\ 1 \leqslant t \leqslant k\}.$$

4. 若 $J = \phi$，则转到步骤 9，相反，进行步骤 5.

5. 置 $J_i = \{j | j \in J,\ a_{ij} > 0\}$，$i \in I$，$t_i = \sum_{i \in J_i} a_{ij}$，$i \in I$.

6. 若有某个 $i \in I$，使得 $s_i + t_i < 0$，则转到步骤 9. 相反，进行步骤 7.

7. 考察每一个指标 $j \in J$，若存在某个 $i \in I$，使得 $i \notin J_i$，而 $s_i + t_i + a_{ij} < 0$，则 $J\backslash\{j\} \to J$. 然后转到步骤 4. 相反，进行步骤 8.

8. 对每一指标 $j \notin \sigma$，定义

$$D_{ij} = \min\{s_i + a_{ij}, 0\},$$

$$D_j = \sum_{i=1}^{m} D_{ij},$$

$$D_{\mathfrak{j}} = \max\{D_j | j \notin \sigma\},$$

$$q = \mathfrak{j}.$$

置 $\{\sigma, +q\} \to \{\sigma\}$，然后转到步骤 1.

9. 若 $\{\sigma\}$ 中的固定变量都是取 0 的值，则步骤终止，我们已探测完所有的子问题. 此时的 x^*，若不是 ϕ，便是（P）的最优解；若是 ϕ，则（P）无允许解. 若 $\{\sigma\}$ 中的固定变量不全是取 0

的值，设 $\{\sigma\}=\{\cdots,+r,-s,\cdots,-t\}$，即设 x_r 是 $\{\sigma\}$ 中最后被固定为 1 的变量，则置 $\{\cdots,-r\}\to\{\sigma\}$，然后转到步骤 1.

§ 6 练 习 题

1. 仿照线性整数规划的分数割平面算法，建立线性混合整数规划的割平面算法. 并证明算法的收敛性. 进一步，当目标函数 x_0 不要求一定取整数值时，如何应用割平面算法求解？

2. 记

$$\widetilde{Z}_+=\{z\,|\,z=\begin{pmatrix}x\\y\end{pmatrix},\ x\in Z_+^r,y\in R_+^t\},$$

$$S=\{z\,|\,z\in\widetilde{Z}_+,\ Ax+Dy\leqslant b\},$$

$$(S)^\Delta=\Big\{w\,|\,w=\sum_{z\in U}\alpha(z)z,\ \sum_{z\in U}\alpha(z)=1,$$

$$\alpha(z)\geqslant 0,U\subseteq S,|U|\text{有限}\Big\}$$

证明：存在有限个 $\widetilde{Z}_+$ 中的向量

$$z^i=\begin{pmatrix}x^i\\y^i\end{pmatrix},\quad i=1,\cdots,h,$$

$$\bar{z}^j=\begin{pmatrix}\bar{x}^j\\\bar{y}^j\end{pmatrix},\quad j=1,\cdots,f,$$

满足

$$Ax^i+Dy^i\leqslant b,\quad i=1,\cdots,h,$$
$$A\bar{x}^j+D\bar{y}^j\leqslant 0,\quad j=1,\cdots,f,$$

使得

$$(S)^\Delta=\Big\{z\,|\,z=\sum_{i=1}^h\alpha_iz^i+\sum_{j=1}^f\beta_j\bar{z}^j,\ \sum_{i=1}^h\alpha_i=1,$$

$$\text{所有的 }\alpha_i,\ \beta_j\geqslant 0\Big\}.$$

3. 让我们考虑一个涉及建厂投资费用的选址问题. 设有 n 个城市：$\{1,2,\cdots,n\}$，都需要某种物资，今计划要在其中的若干个城市中建造生产这种物资的工厂，假设各工厂的规模不限，可根据需要而定. 让 f_i 表示若在城市 i 建厂,七年中所化的生产投资费用; c_{ij} 表示若在城市 i 建厂, 七年中城市 j 所需的这种物资全部由城市 i 供应的总运费. 定义

$$y_i = \begin{cases} 1, & \text{若不在城市 } i \text{ 建厂}, \\ 0, & \text{若在城市 } i \text{ 建厂}, \end{cases}$$

$$x_{ij} = \begin{cases} 1, & \text{城市 } j \text{ 由城市 } i \text{ 负责供应}, \\ 0, & \text{相反}, \end{cases}$$

则以费用总和最少为目标的选址问题可写成如下的 0,1 规划问题:

$$\text{求} \qquad \min\left(\sum_{i=1}^{n}\sum_{j=1}^{n} c_{ij}x_{ij} + \sum_{i=1}^{n}(1-y_i)f_i\right),$$

满足

$$\sum_{i=1}^{n} x_{ij} = 1, \quad j = 1,\cdots,n,$$

$$x_{ij} + y_i \leqslant 1, \quad i,j = 1,\cdots,n,$$

所有的 x_{ij} 和 y_i 取 0 或 1.

请计算下述数值例子:

$$f = (300\ 500\ 500\ 300\ 300\ 350\ 250\ 300\ 400\ 350\ 500),$$

$$c = \begin{pmatrix}
10 & 40 & 100 & 70 & 60 & 110 & 190 & 140 & 200 & 200 & 100 \\
120 & 30 & 180 & 270 & 150 & 240 & 450 & 450 & 480 & 480 & 180 \\
200 & 120 & 20 & 100 & 220 & 280 & 360 & 180 & 200 & 260 & 180 \\
105 & 135 & 75 & 15 & 195 & 255 & 345 & 105 & 225 & 270 & 210 \\
48 & 40 & 88 & 104 & 8 & 40 & 120 & 160 & 168 & 168 & 88 \\
88 & 64 & 112 & 136 & 40 & 8 & 80 & 184 & 192 & 152 & 72 \\
190 & 150 & 180 & 230 & 150 & 100 & 10 & 270 & 200 & 90 & 90 \\
280 & 300 & 180 & 140 & 400 & 460 & 540 & 20 & 160 & 380 & 360 \\
400 & 320 & 200 & 300 & 420 & 480 & 400 & 160 & 20 & 220 & 380 \\
200 & 160 & 130 & 180 & 210 & 190 & 90 & 190 & 110 & 10 & 100 \\
200 & 120 & 180 & 280 & 220 & 180 & 180 & 360 & 380 & 200 & 20
\end{pmatrix}$$

第四章 组合线性规划

§1 图的基本概念

图论和组合数学中的很多基本问题可以形成为线性整数规划问题. 将线性规划的理论和方法应用到图论、组合数学、以及计算机科学后,获得了很多深刻的结果,产生了深远的影响,并由此而发展成一个很活跃的分支——组合最优化. 下面,首先介绍一些有关的图的基本概念.

一个图G是由两个集合V和E所组成的,记作 $G=[V,E]$, $V=\{v_1,v_2,\cdots,v_n\}$ 称为点集,它的元素v称为G的点. $E=\{e_1,e_2,\cdots e_m\}$ 称为边集,它的元素e是某个无序的点对,称为G的边,若 $e=[v_i,v_j]$ 是一条边,则称 v_i,v_j 是互相关联的,它们是e的两个端点,同时也称e是点 v_i 或 v_j 的关联边,关联于点v的边的集合记作 $\delta(v)$,关联于点v的点的集合记作 $\Gamma(v)$,称 $\delta(v)$ 中的边数 $|\delta(v)|$ 为点v的度(或次),记作 $d(v)$. 通常记

$$\delta=\min_{U\in V} d(v),\quad \Delta=\max_{v\in V} d(v).$$

两条边 e_k,e_l 若有一个公共的端点,则称 e_k 和 e_l 是互相关联的. 两个图 $G=[V,E]$, $G'=[V'E']$, 若$V'\subseteq V$, $E'\subseteq E$, 则称 G' 是G的一个子图. 对 $V'\subseteq V$, 称图 $G_{V'}=[V',U]$ 为G的V'导出子图,其中

$$U=\{[v_i,v_j]\mid v_i,v_j\in V',\ [v_i,v_j]\in E\}.$$

一个具有n个点的图,若每一对点都互相关联,则称其为完全图,记作K_n. 如果图G的点集V能够划分为两个不交的子集V_1与V_2之和,使得G的每一条边都关联于V_1和V_2中的各一个点,则称G是一个二部图. 对图 $G=[V,E]$, 称图 $\bar{G}=[V,\bar{E}]$ 为G的补

图，其中

$$\bar{E}=\{[v_i,v_j]\mid[v_i,v_j)\notin E\}.$$

点子集 $X\subseteq V$，若使其中的点，两两互不关联，则称 X 为图的一点无关集. 在各个点无关集中，使所含的点数达到最大的，称为最大点无关集，而它所含的点数称为图的点无关数. 通常记作 β_0. 边子集 $X\subseteq E$，若使其中的边，两两互不关联，则称 X 为图的一边无关集. 在各个边无关集中，使所含的边数达到最大的，称为最大边无关集，而它所含的边数称为图的边无关数，记作 β_1. 点子集 $S\subseteq V$，若使得图中任意一个边，至少与 S 中一个点相关联，则称 S 为图的一点覆盖集. 在各个点覆盖集中，使所含的点数达到最小的，称为最小点覆盖集. 它所含的点数称为图的点覆盖数，记作 α_0. 边子集 $S\subseteq E$，若使得图中任意一个点，至少与 S 中一个边相关联，则称 S 为图的一边覆盖集，在各个边覆盖集中，使所含的边数达到最小的，称为最小边覆盖集. 它所含的边数称为图的边覆盖数，记作 α_1. 点子集 $K\subseteq V$，若使 K 的导出子图 G_K 是一完全图，则称点集 K 为图的一个团. 含点数最多的团，称为图的最大团，它所含的点数称为图的团数，记作 ω. 一个图的团数等于它的补图的点无关数. 图的点着色问题是要求用最少的颜色去染点，每个点染一种颜色，且使得凡是染有同一种颜色的点都互不关联，即构成一点无关集，点着色问题所需要的最少的颜色数目，称为图的点色数，记作 χ_0. 图的边着色问题是要求用最少的颜色去染边，每条边染一种颜色，且使得凡是染有同一种颜色的边都互不关联. 边着色问题所需要的最少的颜色数目，称为图的边色数，记作 χ_1. 补图 $\bar{G}$ 的点色数称为 G 的团覆盖数，记作 κ. 对图 G，定义它的点-边关联矩阵 $A^G=(e_{ij})(i=1,\cdots,n,j=1,\cdots,m)$ 如下：

$$e_{ij}=\begin{cases}1, & \text{若边 } e_j \text{ 关联于点 } v_i,\\ 0, & \text{相反.}\end{cases}$$

称如下形式的不同边的序列 μ：

$$[v_{i_1}v_{i_2}][v_{i_2}v_{i_3}][v_{i_3}v_{i_4}]\cdots[v_{i_{p-1}}v_{i_p}]$$

为连结点 v_{i_1} 和 v_{i_p} 的一条链. 称 $v_{i_1}=v_{i_p}$ 的链为一个圈. 若

链中所经过的各个点 v_{i_k}（除 v_{i_1} 和 v_{i_p} 外），都互不相同，则称其为初级链．若圈中所包含的各个点 v_{i_k} 都互不相同，则称其为初级圈． 若对任何的点 $v_i, v_k \in V(i \neq k)$，至少存在一条连结 v_i 和 v_k 的链，则称 G 为连通图．一个不含圈的连通图，称为一个树．对图 $G = [V, E]$，以及给定的一个点 $v_i \in V$，定义：

$E^i = \{e_j | e_j \in E$，且存在一条包含边 e_j 和点 v_i 的链$\}$，

$V^i = \{v_k | v_k \in V$，且存在一条包含点 v_i 和 v_k 的链$\}$．

称子图 $G^i = [V^i, E^i]$ 为 G 的包含点 v_i 的一连通片．一条包含图中所有的点的初级链，称为哈密尔顿链．一个包含图中所有的点的初级圈，称为哈密尔顿圈．

§2 图中的一些极大、极小问题

给定一个图 $G = [V, E]$，$V = \{v_1, v_2, \cdots v_n\}$，$E = \{e_1, e_2, \cdots e_m\}$，设 $A^G = (e_{ij})$ 是 G 的点边关联矩阵． 对任意的子集 $X \subseteq V$，定义向量 $x = (x_1, x_2, \cdots x_n)$ 如下：

$$x_i = \begin{cases} 1, & 若\ v_i \in X, \\ 0, & 若\ v_i \notin X. \end{cases}$$

称 x 为 X 的关联向量．对任意的子集 $Y \subseteq E$，定义向量 $y = (y_1, y_2, \cdots y_m)^T$ 如下：

$$y_j = \begin{cases} 1, & 若\ e_j \in Y, \\ 0, & 若\ e_j \notin Y, \end{cases}$$

称 y 为 Y 的关联向量． 设 $\mathscr{F} = \{I^1, \cdots I^s\}$ 是所有的点无关集所构成的子集簇，设 $\mathscr{D} = \{K^1, \cdots K^t\}$ 是所有的团所构成的子集簇．让矩阵 $F = (f_{ij})$ 表示子集簇 $\mathscr{F}$ 的关联矩阵，即

$$f_{ij} = \begin{cases} 1, & 若\ v_j \in I^i, \\ 0, & 若\ v_j \notin I^i \end{cases}$$

$(i = 1, 2, \cdots s, j = 1, 2, \cdots n)$． 让矩阵 $D = (d_{ij})$ 表示子集簇 $\mathscr{D}$ 的关联矩阵，即

$$d_{ti}=\begin{cases}1, & 若\ v_i\in K^t,\\ 0, & 若\ v_i\notin K^t\end{cases}$$

$(i=1,2,\cdots,t,j=1,2,\cdots,n)$。利用上述符号，我们可把图的很多基本参数描写成规划形式。

最大点无关集：

让 x 表示点无关集的关联向量，则

$$\beta_0=\max\left\{\sum_i x_i\,\middle|\,\sum_i e_{ij}x_i\leqslant 1,\ j=1,\cdots,m,\ x_i 取 0 或 1\right\}.$$

最大边无关集：

让 y 表示边无关集的关联向量，则

$$\beta_1=\max\left\{\sum_j y_j\,\middle|\,\sum_i e_{ij}y_j\leqslant 1,\ i=1,\cdots,n,\ y_i 取 0 或 1\right\}.$$

最小点覆盖集：

让 x 表示点覆盖集的关联向量，则

$$\alpha_0=\min\left\{\sum_i x_i\,\middle|\,\sum_i e_{ij}x_i\geqslant 1,\ j=1,\cdots,m,\ x_i 取 0 或 1\right\}.$$

最小边覆盖集：

让 y 表示边覆盖集的关联向量，则

$$\alpha_1=\min\left\{\sum_j y_j\,\middle|\,\sum_i e_{ij}y_j\geqslant 1,\ i=1,\cdots n,\ y_j 取 0 或 1\right\}.$$

最大团：

让 x 表示团的关联向量，则

$$\omega=\max\left\{\sum_j x_j\,\middle|\,\sum_i f_{ij}x_j\leqslant 1,\ i=1,\cdots,s,x_j 取 0 或 1\right\}.$$

点色数：

让 $u=(u_1,\cdots,u_s)$，u_i 取 0 或 1，则

$$\chi_0=\min\left\{\sum_{i=1}^{s} u_i\,\middle|\,\sum_i u_i f_{ij}\geqslant 1,\ \ j=1,\cdots,n,\ u_i 取 0 或 1\right\}.$$

在上述各整数规划中，若将 0,1 变量放松为非负变量，则可得

如下的六个对应的线性规划问题.

$$\bar{\beta}_0=\max\left\{\sum_{j=1}^{n}x_j\,\middle|\,xA^G\leqslant 1,\ x\geqslant 0\right\},\tag{1}$$

$$\bar{\beta}_1=\max\left\{\sum_{j=1}^{m}y_j\,\middle|\,A^Gy\leqslant 1,\ y\geqslant 0\right\},\tag{2}$$

$$\underline{\alpha}_0=\min\left\{\sum_{j=1}^{n}x_j\,\middle|\,xA^G\geqslant 1,\ x\geqslant 0\right\},\tag{3}$$

$$\underline{\alpha}_1=\min\left\{\sum_{j=1}^{m}y_j\,\middle|\,A^Gy\geqslant 1,\ y\geqslant 0\right\},\tag{4}$$

$$\bar{\omega}=\max\left\{\sum_{j=1}^{n}x_j\,|\,Fx\leqslant 1,\ x\geqslant 0\right\},\tag{5}$$

$$\underline{\chi}_0=\min\left\{\sum_{i=1}^{s}u_i\,|\,uF\geqslant 1,\ u\geqslant 0\right\},\tag{6}$$

其中 1 表示分量都为 1 的向量.

利用线性规划对偶理论,可得关系式:

$$\alpha_1\geqslant\underline{\alpha}_1=\bar{\beta}_0\geqslant\beta_0,$$

$$\alpha_0\geqslant\underline{\alpha}_0=\bar{\beta}_1\geqslant\beta_1,$$

$$\omega\leqslant\bar{\omega}=\underline{\chi}_0\leqslant\chi_0.$$

上述各 0,1 规划定义域的整点凸包是什么?它们在什么情况下,和对应的松弛线性规划问题有同样的最优解,因而,上述不等式关系都成为等式?这是图论和组合最优化中,一个共同关心的问题.

考虑线性规划问题的约束条件:

$$Ax=b,\ x\geqslant 0.$$

A 为 $m\times n$ 的矩阵, A 的秩为 m. 假如对任意的基 B, 行列式 $|B|=1$ 或 -1,那末,只要 A 是整数矩阵, B^{-1} 也必是整数矩阵;只要 b 又是整数向量,那末,对应的基本解也必是整数解. 对任给的整数矩阵 A,若 A 中任意阶的子行列式都取值 0、+1、或 -1,则

称矩阵 A 是全单位模的. 容易证明,若 A 是全单位模的,则 A^T 和 (A,I) 等都是全单位模的,其中 I 表示单位矩阵. 若 A 是全单位模的,则约束集合

$$\{x \mid Ax = b,\ x \geqslant 0,\ b\text{ 为整数向量}\},$$

或

$$\{x \mid Ax = b, 0 \leqslant x \leqslant d, b\text{、}d\text{ 为整数向量}\},$$

或

$$\{x \mid Ax \leqslant b,\ 0 \leqslant x \leqslant d, b, d\text{ 为整数向量}\}$$

等的所有基本允许解都是整数解.

定理 4.1 设 A^G 是图 G 的点边关联矩阵,若 G 不含圈,则 A^G 是全单位模的.

证明: 考虑 A^G 的任一 r 阶子行列式 $|D|$, $D = (d_{ij})$. 若 $r = 1$, 显然, $|D| = 1$ 或 0. 现在,设对阶数小于 r 的任何子行列式 $|D'|$, 都使 $|D'| = 1, -1$, 或 0. 若 $|D|$ 中有一行或一列全为零, 则 $|D| = 0$. 若 $|D|$ 中有一行或一列只含一个 1, 则将 $|D|$ 按此行或此列展开,可得 $|D| = \pm |D'|$, 其中 $|D'|$ 为 $(r-1)$ 阶子行列式, 由归纳假设, 命题即可得证. 若 $|D|$ 中每行每列至少含 2 个 1, 则在 D 中必能依次找出一个如下形式的,数值都为 1 的元素序列:

$$d_{i_1 j_1}, d_{i_1 j_2}, d_{i_2 j_2}, d_{i_2 j_3} \cdots d_{i_{k-1} j_k}, d_{i_k j_k}, d_{i_k j_1}.$$

因为 A^G 是点边关联矩阵,所以

$$[v_{i_1}, v_{i_2}], [v_{i_2}, v_{i_3}], \cdots [v_{i_{k-1}} v_{i_k}], [v_{i_k} v_{i_1}]$$

都是 G 中的边,且构成了一个圈,与假设矛盾. 证毕.

定理 4.2 设 A^G 是图 G 的点边关联矩阵,若 G 是二部图, 则 A^G 是全单位模矩阵.

证明: 设 G 的点集 $V = V_1 \cup V_2, V_1 \cap V_2 = \phi$, V_1 和 V_2 都是 G 的点无关集. 对 A^G 中任一 $r \times r$ 的子矩阵 D, 让 D_i 表示 D 中对应于点 v_i 的那一行. 若 D 的每一列中都含有两个 1, 则因 G 是二部图,必有:

$$\sum_{v_i \in V_1} D_i = \sum_{v_i \in V_2} D_i.$$

因此，$|D| = 0$. 若D中有某一列全为零,则显然 $|D| = 0$;若D中有某一列只含一个1,则将 $|D|$ 按此列展开，可得 $|D| = \pm |D'|$,D'为 $(r-1)\times(r-1)$ 的子矩阵，因此，应用数学归纳法,命题即可得证. 证毕.

定理 4.3 设 $G' = [V', E']$ 是含有 r 个点，r 个边的连通图，A' 是 G' 的点边关联矩阵. 设已知 $|A'| \neq 0$. 则 $|A'| = \pm 2$.

证明: 显然 $r \geqslant 3$，且当 $r = 3$ 时,命题显然成立. 现在,假设当 G' 的点数小于 r 时，命题成立，从而要证明点数为 r 时也成立.

(i) 若 G' 中有某一点的度为 1,则 A' 中有某一行只含一个1. 将 $|A'|$ 按此行展开后,可得 $|A'| = \pm |D|$，其中D是G'中去掉这度为 1 的点及其关联边后的连通子图的关联矩阵，由归纳假设,可知 $|A'| = \pm |D| = \pm 2$.

(ii) 若 G' 中各点的度都不小于 2,则有

$$2r = 2|V'| \leqslant \sum_{v \in V'} d(v) = 2|E'| = 2r.$$

因此，各点的度都为 2. 又因为 G' 是连通图，故必是一个初级圈. 经过适当地交换行和列的次序后，$|A'|$ 可排列成如下的形式:

$$|A'| = \begin{vmatrix} 1 & 1 & & & \\ & 1 & 1 & & \\ & & 1 & \ddots & \\ & & & & 1 \\ 1 & & & & 1 \end{vmatrix}.$$

现在将 $|A'|$ 按第一列展开后,可得

$$|A'| = |D_1| + (-1)^{r-1}|D_2|,$$

其中

$$D_1=\begin{pmatrix}1 & 1 & & & \\ & 1 & 1 & & \\ & & 1 & \ddots & \\ & & & \ddots & 1\\ & & & & 1\end{pmatrix},$$

$$D_2=\begin{pmatrix}1 & & & & \\ 1 & 1 & & & \\ & 1 & 1 & & \\ & & \ddots & \ddots & \\ & & & 1 & 1\end{pmatrix},$$

因此

$$|A'| = 1 + (-1)^{r-1}.$$

当 r 为偶数时，$|A'| = 0$，当 r 为奇数时，$|A'| = \pm 2$. 证毕.

当 G 是二部图时，由定理 4.2 可知，关联矩阵 A^G 是全单位模的，由此，容易推知，对应的线性规划问题(1)，(2)，(3)，(4)的所有基本允许解都是 0,1 解. 因此，这时有关系

$$\beta_0 = \bar{\beta}_0 = \underline{\alpha}_1 = \alpha_1,\ \alpha_0 = \underline{\alpha}_0 = \bar{\beta}_1 = \beta_1.$$

这就是图论中著名的 D. König 定理.

定理 4.4 对线性规划问题的约束条件

$$\{x \mid Ax = b, x \geqslant 0\}, \tag{7}$$

若对任意的 0,1 向量 $c = (c_1, \cdots, c_n)$，问题

$$\min\{cx \mid Ax = b,\ x \geqslant 0\}$$

都有整数的最优解，则条件(7)的所有基本允许解都是整数解.

证明：设 x^* 是(7)的任一基本允许解. 设 x^* 的非基变量的指标集合为 J. 取 $c^* = (c_1^*, \cdots, c_n^*)$ 如下：

$$c_j^* = \begin{cases}1, & j \in J,\\ 0, & j \notin J,\end{cases}$$

则

$$\min\{c^*x \mid Ax = b, x \geqslant 0\} = c^*x^* = 0.$$

而且，x^* 是唯一的最优解．由定理的假设，x^* 必是整数解．证毕．

图 $G = [V, E]$ 的一个边无关集 $X \subseteq E$，若它又是一个边覆盖集，则称 X 是一个完美匹配．有时，我们也简称为匹配．

让 $y = (y_1, \cdots, y_m)^T$ 表示完美匹配的关联向量，则根据定义，y 必须满足条件

$$y \geqslant 0, \tag{8}$$

$$A^G y = 1, \tag{9}$$

$$y \text{ 是 } 0,1 \text{ 向量}. \tag{10}$$

反之，任何满足(8)(9)(10)的 y，必是某个完美匹配的关联向量．以后，我们也就称满足(8)(9)(10)的 y 为完美匹配．

一个子集 $T \subseteq V$，若它所含的点数 $|T|$ 是奇数，则称 T 为奇点集．定义

$$E(T) = \{e \in E \mid e = [v_i, v_k], v_i \in T, v_k \in T\},$$

$$\delta(T) = \{e \in E \mid e = [v_i, v_k], v_i \in T, v_k \notin T\}.$$

容易证明，对任意的完美匹配 y 和任意的奇点集 T，必须满足条件

$$\sum_{e_j \in E(T)} y_j \leqslant \frac{|T| - 1}{2}, \tag{11}$$

或

$$\sum_{e_j \in \delta(T)} y_j \geqslant 1. \tag{12}$$

通常称(11)或(12)为奇集条件．

§3 匹配多面体

这一节中，将证明组合线性规划中的一个基本的定理．

对应于图 $G = [V, E]$，记满足条件

$$y(e) \geqslant 0 \text{（对所有的 } e \in E\text{）}, \tag{13}$$

$$\sum_{e\in\delta(v)} y(e)=1 \text{（对所有的 } v\in V\text{），} \tag{14}$$

$$\sum_{e\in\delta(T)} y(e)\geqslant 1 \text{（对所有的奇点集 } T\text{）} \tag{15}$$

的 y 所构成的集合为 P_G. 称 P_G 为 G 的完美匹配多面体（简称匹配多面体).

定理 4.5 y 为 G 的完美匹配的充要条件是 y 为 P_G 的一个顶点.

证明：必要性显然. 下面用数学归纳法证明充分性. 若图的点数 $|V|$ 是奇数，则 P_G 是空集，G 无完美匹配，命题成立. 若 $|V|=2$，命题也显然成立. 现在假设 $|V|=2k+2$，$k\geqslant 1$，而对任何点数小于 $2k$ 的图，命题已经成立.

设 $\bar{y}$ 是 P_G 的任一顶点.

(i) 若对所有的奇点集 T，$|T|\neq 1$，$|T|\neq |V|-1$，都使

$$\sum_{e\in\delta(T)} \bar{y}(e)>1,$$

则容易证明，$\bar{y}$ 也是约束集合(13)，(14)的一个基本允许解. 利用定理 4.1 和 4.3，不难推出，$\bar{y}$ 的分量为 0、1 或 $\frac{1}{2}$. 且所有取值 $\frac{1}{2}$ 的边所构成的子图，是一些互不相交的，含奇数条边的初级圈，简称为奇圈.

假如 $\bar{y}$ 的分量都是 0 或 1，则命题成立. 相反，设有一奇圈 C，使 $\bar{y}$ 在 C 的边上都取 $\frac{1}{2}$. 则若取奇点集 $T=\{v|v\in C\}$，就有

$$\sum_{e\in\delta(T)} \bar{y}(e)=0$$

与假设相矛盾.

(ii) 若存在一奇点集 T，$|T|\neq 1$，$|T|\neq |V|-1$，使得

$$\sum_{e\in\delta(T)} \bar{y}(e) = 1.$$

设

$$\bar{T} = V\backslash T,\ |E(T)| = p,\ |E(\bar{T})| = q,$$
$$|\delta(T)| = r,\ r+p+q = m = |E|.$$

不妨可设,向量 y 的分量已排列成如下的形式

$$y = \begin{pmatrix} y_r \\ y_p \\ y_q \end{pmatrix},$$

其中的 y_r、y_p,y_q 分别是 r,p,q 维向量, y_r 的分量对应于 $\delta(T)$ 中的边, y_p 的分量对应于 $E(T)$ 中的边, y_q 的分量对应于 $E(\bar{T})$ 中的边. 设

$$\delta(T) = \{e_1,\cdots,e_h,\cdots e_r\},$$

其中

$$\bar{y}(e_i) > 0,\quad i = 1,\cdots,h,$$
$$\bar{y}(e_i) = 0,\quad i = h+1,\cdots,r.$$

记

$$e_i = [v_i',v_i''],\ v_i' \in T, v_i'' \in \bar{T}.$$

引入两个新的点 v' 和 v'', 构造两个辅助图

$$H' = [V',E'] \text{ 和 } H'' = [V'',E''],$$

其中

$$V' = T\cup\{v'\},\ V'' = \bar{T}\cup\{v''\},$$
$$E' = E(T)\cup\{e_1',\cdots,e_h',\cdots,e_r'\},$$
$$E'' = E(\bar{T})\cup\{e_1'',\cdots,e_h'',\cdots,e_r''\},$$
$$e_i' = [v_i',v'], i = 1,\cdots,r,$$
$$e_i'' = [v_i'',v''],\ i = 1,\cdots,r.$$

对应于图 H' 和 H'', 分别记它们的完美匹配多面体为 $P_{H'}$ 和 $P_{H''}$. 对应于向量 $\bar{y}$, 作向量

$$\bar{y}' = \begin{pmatrix} \bar{y}_r' \\ \bar{y}_p' \end{pmatrix} \text{ 和 } \bar{y}'' = \begin{pmatrix} \bar{y}_r'' \\ y_q'' \end{pmatrix}.$$

称 $\bar{y}'$ 和 $\bar{y}''$ 为 $\bar{y}$ 在 $E'(H')$ 和 $E''(H'')$ 上的投影，其中的 $\bar{y}'_r$ 和 $\bar{y}''_r$ 的分量对应于 $\{e'_1,\cdots e'_r\}$ 和 $\{e''_1,\cdots e''_r\}$ 中的边；$\bar{y}'_p$ 和 $\bar{y}''_q$ 的分量对应于 $E(T)$ 和 $E(\bar{T})$ 中的边，且使得

$$\bar{y}'(e'_i)=\bar{y}(e_i),\ i=1,\cdots,r,$$
$$\bar{y}'(e)=\bar{y}(e),\ e\in E(T),$$
$$\bar{y}''(e''_i)=\bar{y}(e_i),\ i=1,\cdots,r,$$
$$\bar{y}''(e)=\bar{y}(e),\ e\in E(\bar{T}).$$

根据假设

$$\sum_{i=1}^{r}\bar{y}(e_i)=1,$$

容易证明

$$\bar{y}'\in P_{H'},\ \bar{y}''\in P_{H''}.$$

因为 $|V'|\leqslant 2k$，$|V''|\leqslant 2k$，根据归纳假设，$P_{H'}$ 和 $P_{H''}$ 的顶点分别是 H' 和 H'' 的完美匹配．定义

$$F'_i=\{y'|y'\ \text{是}\ P_{H'}\ \text{的顶点,且使}\ y'(e'_i)=1\},$$
$$F''_i=\{y''|y''\ \text{是}\ P_{H''}\ \text{的顶点,且使}\ y''(e''_i)=1\},$$
$$(i=1,\cdots,r).$$

则 F'_i 中的向量呈如下形式

$$\begin{pmatrix}\delta_i\\ M'\end{pmatrix},\ \begin{matrix}\delta_i\ \text{表示第}\ i\ \text{个}\ r\ \text{维的单位向量},\\ M'\ \text{是}\ p\ \text{维的}\ 0,1\ \text{向量}.\end{matrix}$$

F''_i 中的向量呈如下形式

$$\begin{pmatrix}\delta_i\\ M''\end{pmatrix},\ \begin{matrix}\delta_i\ \text{表示第}\ i\ \text{个}\ r\ \text{维的单位向量},\\ M''\ \text{是}\ q\ \text{维的}\ 0,1\ \text{向量}.\end{matrix}$$

假如 $\bar{y}'$ 和 $\bar{y}''$ 分别是 $P_{H'}$ 和 $P_{H''}$ 的顶点，那末，$\bar{y}'$ 和 $\bar{y}''$ 都是 0,1 向量，因此，$\bar{y}$ 也是 0,1 向量，命题得证．相反，设 $\bar{y}'$ 和 $\bar{y}''$ 中至少有一个不是 0，1 向量，根据允许解的表示定理 1.10，$\bar{y}'$ 和 $\bar{y}''$ 可分别表示为

$$\bar{y}'=\sum_{i=1}^{h}\sum_{y'_{i\xi}\in F'_i}\beta'_{i\xi}y'_{i\xi}=\sum_{i}\sum_{\xi}\beta'_{i\xi}y'_{i\xi},$$

$$\bar{y}'' = \sum_{i=1}^{h} \sum_{y''_{i\eta}\in P''_i} \beta''_{i\eta} y''_{i\eta} = \sum_i \sum_\eta \beta''_{i\eta} y''_{i\eta},$$

其中所有的 $\beta'_{i\xi} \geqslant 0$，$\beta''_{i\eta} \geqslant 0$，$\sum_i \sum_\xi \beta'_{i\xi} = \sum_i \bar{y}'(e'_i) = 1$，$\sum_i \sum_\eta \beta''_{i\eta} = \sum_i \bar{y}''(e''_i) = 1$.

设

$$y'_{i\xi} = \begin{pmatrix} \delta_i \\ M'_{i\xi} \end{pmatrix},\quad y''_{i\eta} = \begin{pmatrix} \delta_i \\ M''_{i\eta} \end{pmatrix}.$$

作对应的向量 $y_{i\xi\eta}$ 如下

$$y_{i\xi\eta} = \begin{pmatrix} \delta_i \\ M'_{i\xi} \\ M''_{i\eta} \end{pmatrix},$$

则容易证明，$y_{i\xi\eta} \in P_G$，且是G的一个完美匹配．定义

$$\alpha_{i\xi\eta} = \frac{\beta'_{i\xi}\beta''_{i\eta}}{\bar{y}(e_i)},\quad i = 1,\cdots,h,$$

下面，我们将进一步证明

(a) $\sum_i \sum_\xi \sum_\eta \alpha_{i\xi\eta} = 1$;

(b) $\sum_i \sum_\xi \sum_\eta \alpha_{i\xi\eta} y_{i\xi\eta} = \bar{y}$.

由此，就可推得，与$\bar{y}$是顶点的假设相矛盾．

因为

$$\begin{aligned}
\sum_i \sum_\xi \sum_\eta \alpha_{i\xi\eta} &= \sum_i \sum_\xi \frac{\beta'_{i\xi}}{\bar{y}(e_i)} \Big(\sum_\eta \beta''_{i\eta}\Big) \\
&= \sum_i \sum_\xi \frac{\beta'_{i\xi}}{\bar{y}(e_i)}\, \bar{y}''(e''_i) = \sum_i \sum_\xi \beta'_{i\xi} \\
&= \sum_i \bar{y}'(e'_i) = 1.
\end{aligned}$$

(a) 得证．

记

$$\sum_{\xi}\beta'_{i\xi}y'_{i\xi}=\sum_{\xi}\beta'_{i\xi}\begin{pmatrix}\delta_i\\M'_{i\xi}\end{pmatrix}=\begin{pmatrix}\bar{y}(e_i)\delta_i\\\sum_{\xi}\beta'_{i\xi}M'_{i\xi}\end{pmatrix}=\begin{pmatrix}\bar{y}(e_i)\delta_i\\M'_i\end{pmatrix},$$

$$\sum_{\eta}\beta''_{i\eta}y''_{i\eta}=\sum_{\eta}\beta''_{i\eta}\begin{pmatrix}\delta_i\\M''_{i\eta}\end{pmatrix}=\begin{pmatrix}\bar{y}(e_i)\delta_i\\\sum_{\eta}\beta''_{i\eta}M''_{i\eta}\end{pmatrix}=\begin{pmatrix}\bar{y}(e_i)\delta_i\\M''_i\end{pmatrix},$$

则

$$\begin{aligned}&\sum_i\sum_{\xi}\sum_{\eta}\alpha_{i\xi\eta}y_{i\xi\eta}\\&=\sum_i\sum_{\xi}\sum_{\eta}\frac{\beta'_{i\xi}\beta''_{i\eta}}{\bar{y}(e_i)}\begin{pmatrix}\delta_i\\M'_{i\xi}\\M''_{i\eta}\end{pmatrix}\\&=\sum_i\sum_{\xi}\frac{\beta'_{i\xi}}{\bar{y}(e_i)}\begin{pmatrix}\sum_{\eta}\beta''_{i\eta}\delta_i\\\sum_{\eta}\beta''_{i\eta}M'_{i\xi}\\\sum_{\eta}\beta''_{i\eta}M''_{i\eta}\end{pmatrix}\\&=\sum_i\sum_{\xi}\frac{\beta'_{i\xi}}{\bar{y}(e_i)}\begin{pmatrix}\bar{y}(e_i)\delta_i\\\bar{y}(e_i)M'_{i\xi}\\M''_i\end{pmatrix}=\sum_i\sum_{\xi}\beta'_{i\xi}\begin{pmatrix}\delta_i\\M'_{i\xi}\\\frac{1}{\bar{y}(e_i)}M''_i\end{pmatrix}\\&=\sum_i\begin{pmatrix}\bar{y}(e_i)\delta_i\\M'_i\\M''_i\end{pmatrix}=\begin{pmatrix}\bar{y}_r\\\bar{y}'\\\bar{y}''\end{pmatrix}=\bar{y}.\end{aligned}$$

(b) 得证. 证毕.

设 $C(e)$ 是定义在 E 上的已知实函数, 称下述问题为 G 上的最优匹配问题.

求 $\quad \min Cy=\sum_{e\in E}C(e)y(e),$

满足

$y(e)$ 取 0 或 1，$e\in E$，

$$\sum_{e\in\delta(v)} y(e)=1,\quad v\in V,$$

它的最优解称为关于 $C(e)$ 的最优匹配.

定理 4.6 线性规划问题

$$\min\{Cy \mid y\in P_G\}$$

的基本最优解必是 G 中关于 C 的最优匹配.

证明：是定理 4.5 的直接推论. 证毕.

§4 2-匹配多面体

对给定的图 $G=[V,E]$，图中的一条哈密尔顿链是各点的度为 2 或 1 的连通子图，图中的一个哈密尔顿圈是各点的度为 2 的连通子图，这里，我们放弃其中的连通性条件，研究各点的度为 2 或 1 的子图. 让 $b_v(v\in V)$ 是给定的 1 或 2 的正整数. 对任意的子集 $T\subseteq V$，让

$$b(T)=\sum_{v\in T} b_v.$$

研究满足下述条件的 y 所构成的集合：

$$\sum_{e\in\delta(v)} y(e)=b_v,\quad v\in V, \tag{16}$$

$$y(e)\geqslant 0,\quad e\in E, \tag{17}$$

$$y(e)\ \text{取整数},\quad e\in E, \tag{18}$$

$$y(e)\leqslant 1,\quad e\in E. \tag{19}$$

若所有的 $b_v=1$，则它的解 y 就是 G 的完美匹配. 若所有的 $b_v=2$，则它的解 y 称为 G 的 2-匹配.

一个子集 $T\subseteq V$，$|T|\geqslant 2$，若使 $b(T)$ 是奇数，则称 T 为奇集. 对任意的子集 $T\subseteq V$，若使存在(16)的某非负整数解 y，满足

$$\sum_{e\in\delta(T)} y(e) = 0,$$

则

$$b(T) = \sum_{v\in T} b_v = 2\sum_{e\in E(T)} y(e),$$

即 T 不是奇集. 因此,对(16)的任何非负整数解 y, 以及任何奇集 T, 必有

$$\sum_{e\in\delta(T)} y(e) \geqslant 1. \tag{20}$$

称上述不等式为奇集条件. 我们总假设 V 不是奇集, 否则(16)无非负整数解. 因此,若 T 是一个奇集, $|T| \neq 1$, $|T| \neq |V| - 1$, 那末, $\overline{T} = V\backslash T$ 也是奇集.

首先,我们研究多面体 F_G:

$$\sum_{e\in\delta(v)} y(e) = b_v, \quad v\in V, \tag{21}$$

$$y(e) \geqslant 0, \quad e\in E, \tag{22}$$

$$\sum_{e\in\delta(T)} y(e) \geqslant 1, \quad \text{对任意奇集 } T. \tag{23}$$

定理 4.7 F_G 的任何顶点 y 必是整数解.

证明: 先叙述一下证明的思路, 这是组合规划中常用的方法. 设 y^* 是 F_G 的任一顶点,选取适当的非负整数向量 C,使得线性规划问题

$$\min\left\{Cy = \sum_{e\in E} C(e)y(e) \mid y\in F_G\right\} \tag{24}$$

有唯一的最优解 y^* (容易证明这样的 C 存在).

(24)的对偶规划为:

$$\max\left(\sum_{v\in V} b_v x_v + \sum_{\text{奇集}T} x_T\right), \tag{25}$$

满足

$$x_T \geqslant 0, \text{对任意的奇集 } T, \tag{26}$$

$$\sum_{v \in e} x_v + \sum_{\delta(T) \ni e} x_T \leqslant C(e),\ e \in E. \tag{27}$$

设此对偶规划的最优解为 x^*.

另一方面,设整数规划

$$\min\{Cy \mid y \in F_G,\ y \text{ 为整数向量}\} \tag{28}$$

的最优解为 $\bar{y}$. 假如我们证明了 $\bar{y}$ 和 x^* 满足下述的对偶关系(或称松紧关系)

$$x_T^* > 0 \Rightarrow \sum_{e \in \delta(T)} \bar{y}(e) = 1, \tag{29}$$

$$\bar{y}(e) > 0 \Rightarrow \sum_{v \in e} x_v^* + \sum_{\delta(T) \ni e} x_T^* = C(e), \tag{30}$$

那末,根据定理 1.14, $\bar{y}$ 也是问题(24)的最优解. 根据最优解唯一的假定, $\bar{y}$ 与 y^* 重合. 这样就证明了 F_G 的任何顶点必是整数解.

为了证明关系(29)和(30), 我们首先将问题(28)转化成一个等价的最优匹配问题.

对任意的 $v \in V$, 定义 v 的像集合 $A(v)$:

$$A(v) = \begin{cases} \{v'\}, & \text{当 } b_v = 1 \text{ 时}, \\ \{v_1', v_2'\}, & \text{当 } b_v = 2 \text{ 时}. \end{cases}$$

对任意的 $e = [v, w] \in E$, 定义 e 的像集合 $B(e)$:

$$B(e) = \{e_{ij}' = [v_i', v_j'] \mid 1 \leqslant i \leqslant b_v,\ 1 \leqslant j \leqslant b_w\}.$$

构造辅助图 $G' = [V', E']$ 如下:

$$V' = \bigcup_{v \in V} A(v),\quad E' = \bigcup_{e \in E} B(e).$$

定义

$$C'(e') = C(e),\ \text{对所有的 } e' \in B(e).$$

对应于任一整数向量 $y \in F_G$, 用下述步骤构造 G' 的匹配 y'.

(i) 选取一个使 $y(e) > 0$ 的 $e = [v, w] \in E$, 在 $B(e)$ 中, 选取 $y(e)$ 条彼此无关的边,在这些边上,让 y' 都取1. 例如,置

$$y'(e'_{ij})=\begin{cases}1, & \text{对 } 1\leqslant i=j\leqslant y(e),\\ 0, & \text{对其余的边 } e'\in B(e).\end{cases}$$

(ii) 从G中除去边 e，从 G' 中除去点 $v'_1,\cdots,v'_{y(e)},w'_1,\cdots,w'_{y(e)}$ 以及关联于它们的所有的边．然后，用类似的办法，依次处理另外的边，最终必可得到一个 G' 的匹配 y'，使得

$$Cy=\sum_{e\in E}C(e)y(e)=\sum_{e\in E}\sum_{e'\in B(e)}C'(e')y'(e')=C'y'.$$

另一方面，对应于 G' 的任一匹配 y'，可用下述方法得到一个整数向量 $y\in F_G$:

$$y(e)=\sum_{e'\in B(e)}y'(e'),\quad e\in E,$$

显然也有关系

$$Cy=\sum_{e\in E}C(e)y(e)=\sum_{e\in E}\sum_{e'\in B(e)}C'(e')y'(e')=C'y'.$$

上述对应，说明了问题(28)等价于求 G' 中关于 C' 的最优匹配．又根据定理 4.6，可知问题(28)等价于求下述线性规划的基本最优解:

$$\min\{C'y'\mid y'\in P_{G'}\}. \tag{31}$$

对应于 $\bar{y}$，定义 $\bar{y}'$ 如下:

$$\bar{y}'(e')=\frac{1}{b_vb_w}\bar{y}(e),\quad e=[v,w]\in E,\quad e'\in B(e).$$

下面，我们证明 $C'\bar{y}'=C\bar{y}$，$\bar{y}'\in P_{G'}$．由此可知，$\bar{y}'$ 是问题(31)的一个最优解．

(i) 因为

$$\sum_{e'\in B(e)}C'(e')\bar{y}'(e')=b_vb_wC(e)\frac{1}{b_vb_w}\bar{y}(e)=C(e)\bar{y}(e),$$

故 $C'\bar{y}'=C\bar{y}$.

(ii) 显然 $\bar{y}'\geqslant 0$．且对任意的 $v'_i\in V'$，有

$$\sum_{e' \in \delta(v'_i)} \bar{y}'(e') = \sum_{w} \sum_{j} \{\bar{y}'(e'_{ij}) \mid 1 \leqslant j \leqslant b_w,$$

$$e = [v, w] \in E\} = \sum_{w} \sum_{j} \left\{ \frac{1}{b_v b_w} \bar{y}(e) \mid 1 \leqslant j \leqslant b_w, \right.$$

$$\left. e = [v,\ w] \in E \right\}$$

$$= \sum_{w} \left\{ \frac{1}{b_v b_w}\ b_w \bar{y}(e) \mid e = [v, w] \in E \right\}$$

$$= \frac{1}{b_v} \sum_{e \in \delta(v)} \bar{y}(e) = 1.$$

(iii) 让 T' 表示 G' 中的任一奇点集，使得

$$|T'| \neq 1, \quad |T'| \neq |V'| - 1.$$

若有一点 $v \in V$，使得

$$b_v = 2, \ v'_1 \in T', \ v'_2 \notin T',$$

即 v（的两个像）被 T' 隔裂，则对 G' 中任意的边 $e'_{1k} = [v'_1, w'_k]$，$w'_k \in T'$，必有 $e'_{2k} = [v'_2, w'_k] \in \delta(T')$，且使 $\bar{y}'(e'_{1k}) = \bar{y}'(e'_{2k})$。因此，这时必满足奇集条件

$$\sum_{e' \in \delta(T')} \bar{y}'(e') \geqslant \sum_{e' \in \delta(v'_1)} \bar{y}'(e') = 1.$$

若任何 v 都不被 T' 隔裂．则记

$$T = \{v \mid v'_1 \in T'\}, \ \sum_{v \in T} b_v = |T'|.$$

因而 T 是一奇集，且对任意的 $e = [v, w] \in E$，$v \in T$，$w \notin T$，有 $v'_i \in T'$，$w'_j \notin T'$，$1 \leqslant i \leqslant b_v$，$1 \leqslant j \leqslant b_w$，因此

$$\sum_{e' \in \delta(T')} \bar{y}'(e') = \sum_{e \in \delta(T)} \bar{y}(e) \geqslant 1.$$

上述 (i),(ii),(iii) 证明了 $\bar{y}' \in P_{G'}$，且使

$$C'\bar{y}' = C\bar{y} = \min\{Cy \mid y \in F_G,\ y \text{ 为整数向量}\}$$
$$= \min\{C'y' \mid y' \text{ 是 } G' \text{ 的完美匹配}\}$$
$$= \min\{C'y' \mid y' \in P_{G'}\}.$$

问题(31)的对偶规划为

$$\max\left\{\sum_{v'\in V'} x'_{v'} + \sum_{\text{奇点集 } T'} x'_{T'}\right\}, \tag{32}$$

满足

$$\sum_{v'\in e'} x'_{v'} + \sum_{e'\in\delta(T')} x'_{T'} \leqslant C'(e'),\ e'\in E', \tag{33}$$

$$x'_{T'} \geqslant 0,\ 对任意奇点集\ T', 1 < |T'| < |V'| - 1. \tag{34}$$

设 $\bar{x}'$ 是(32),(33),(34)的一个最优解。则根据对偶理论，$\bar{y}'$ 和 $\bar{x}'$ 之间，应满足下述松紧关系

$$\bar{y}'(e') > 0 \Rightarrow \sum_{v'\in e'} \bar{x}'_{v'} + \sum_{e'\in\delta(T')} \bar{x}'_{T'} = C'(e'), \tag{35}$$

$$\bar{x}'_{T'} > 0 \Rightarrow \sum_{e'\in\delta(T')} \bar{y}'(e') = 1. \tag{36}$$

下面，我们将利用 $\bar{x}'$ 构造(25),(26),(27)的最优解 x^*，将利用关系(35)、(36)，来证明松紧关系(29),(30)，从而也就完成了定理的证明。

假如有某一奇点集 $T', 1 < |T'| < |V'| - 1$，使得：
$\bar{x}'_{T'} > 0$，T' 隔裂了 v，$v'_1 \in T'$，$v'_2 \notin T'$，且满足条件

$$\sum_{e'\in[\delta(T')\cap\delta(v'_1)]} \bar{y}'(e') > 0, \tag{37}$$

则

$$\begin{aligned}
1 &= \sum_{e'\in\delta(T')} \bar{y}'(e') \\
&\geqslant \sum_{e'\in[\delta(T')\cap\delta(v'_1)]} \bar{y}'(e') + \sum_{e'\in[\delta(T')\cap\delta(v'_2)]} \bar{y}'(e') \\
&= \sum_{e'\in[\delta(T')\cap\delta(v'_1)]} \bar{y}'(e') + \sum_{e'\in[\delta(v'_1)\cap E(T')]} \bar{y}'(e') \\
&= \sum_{e'\in\delta(v'_1)} \bar{y}'(e') = 1,
\end{aligned}$$

即

$$\{e' \mid e' \in \delta(T'), \bar{y}'(e') > 0\}$$
$$= \{e' \mid e' \in [\delta(T') \cap \delta(v_1')], \bar{y}'(e') > 0\} \cup$$
$$\{e' \mid e' \in [\delta(T') \cap \delta(v_2')], \bar{y}'(e') > 0\}. \tag{38}$$

假设这时 T' 还隔裂了另外的一个点 w，使 $w_1' \in T', w_2' \notin T'$. 那末，类似地，也有关系式

$$\{e' \mid e' \in \delta(T'), \bar{y}'(e') > 0\}$$
$$= \{e' \mid e' \in [\delta(T') \cap \delta(w_1')], \bar{y}'(e') > 0\} \cup$$
$$\{e' \mid e' \in [\delta(T') \cap \delta(w_2')], \bar{y}'(e') > 0\}. \tag{39}$$

由(38)和(39)，可以推得

$$\{e' \mid e' \in \delta(T'), \bar{y}'(e) > 0\} = \{[v_1', w_2'], [v_1' w_2']\},$$

且 $\bar{y}'$ 在 $[v_1', w_2'], [w_1', v_2'], [v_1', w_1'], [v_2', w_2']$ 上的值都是 $\frac{1}{2}$. 如下图所示

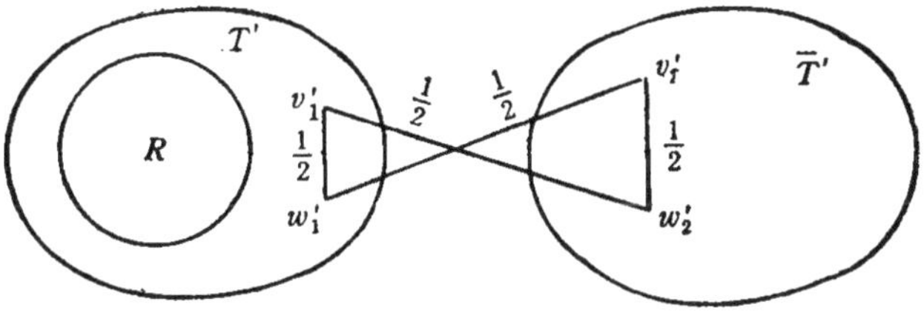

图 1

定义

$$R = \{u \mid u \in V, u_1' \in T' \setminus \{v_1', w_1'\}\},$$

则

$$\sum_{e \in \delta(R)} \bar{y}(e) = 0,$$

因此可得

$$|T'| = \sum_{u \in R} b_u + 2 = 2 \sum_{e \in E(R)} \bar{y}(e) + 2,$$

与 T' 是奇点集的假设相矛盾．这就证明了 T' 至多能隔裂一个点 v。记

$$S = \{w \mid w \in V, w'_1 \in (T' \setminus \{v'_1\})\},$$

$$\bar{y}(F) = \sum_{e \in F} \bar{y}(e), \text{ 对任意的 } F \subseteq E,$$

则

$$|T'| - 1 = \sum_{w \in S} b_w = 2 \sum_{e \in E(S)} \bar{y}(e) + \sum_{e \in \delta(S)} \bar{y}(e)$$
$$= 2\bar{y}(E(S)) + \bar{y}(\delta(S)).$$

因为 T' 是奇点集，所以 $\bar{y}(\delta(S))$ 是偶数。

若 $\bar{y}(\delta(S)) \geqslant 2$，则由(38)，可推得关系式：

$$2 \leqslant \bar{y}(\delta(S)) = \bar{y}'(\delta(v'_1) \cap E(T')) + \bar{y}'(\delta(v'_2) \cap \delta(T'))$$
$$\leqslant 1 + 1 = 2,$$

因此

$$\bar{y}'(\delta(v'_1) \cap E(T')) = 1, \quad \bar{y}'(\delta(v'_1) \cap \delta(T')) = 0.$$

这就与假设(37)相矛盾，故必有 $\bar{y}(\delta(S)) = 0$。

至此，我们证明了这样的事实：对任意的奇点集 $T'(1 < |T'| < |V'| - 1)$，至多能隔裂 V 中的一个点．当 T' 隔裂某个点 v，$\bar{x}'_{T'} > 0$，且 $\bar{y}(\delta(T') \cap \delta(v'_1)) > 0$ 时，则必有关系式

$$\{e' \mid e' \in \delta(T'), \bar{y}'(e') > 0\} = \{e' \mid e' \in \delta(v'_1), \bar{y}'(e') > 0\}. \tag{40}$$

这时，我们对 $\bar{x}'$ 的分量作如下的变换

$$\bar{x}'_{v'_1} + \bar{x}'_{T'} \to \bar{x}'_{v'_1}, \tag{41}$$

$$0 \to \bar{x}'_{T'}, \tag{42}$$

$$\bar{x}' \text{ 的其余分量不变.} \tag{43}$$

称这种变换为 T' 变换．容易证明，经过 T' 变换后的 $\bar{x}'$ 仍然与 $\bar{y}'$ 满足松紧关系(35)，(36)。假如还有其他的奇点集 T' 隔裂某个点，且使 $\bar{x}'_{T'} > 0$，则作类似地 T' 变换。直到没有使 $\bar{x}'_{T'}$ 非零的且隔裂某个点的奇点集 T' 时为止．现在，假设经过有限次

T' 变换后，$\bar{x}'$ 已满足下述性质（I）和（II）:

(I) $\bar{x}'$ 与 $\bar{y}'$ 满足松紧关系(35),(36);

(II) $\bar{x}'_{T'}>0 \Rightarrow$ 奇点集 T' 不隔裂任何点.

下面我们将进一步证明,这时的 $\bar{x}'$ 也满足下述的性质(III).

(III) $\bar{x}'$ 仍满足对偶规划的条件(33).

证明：考察任一 $A(v)=\{v'_1,v'_2\}$，设有 $e'_{11}=[v'_1,w'_1],e'_{21}=[v'_2,w'_1]$，使 $\bar{y}'(e'_{11})=\bar{y}'(e'_{21})>0$，则由性质(I)，可得

$$\bar{x}'_{v'_1}+\bar{x}'_{w'_1}+\sum_{e'_{11}\in\delta(T')}\bar{x}'_{T'}=C'(e'_{11}),$$

$$\bar{x}'_{v'_2}+\bar{x}'_{w'_1}+\sum_{e'_{21}\in\delta(T')}\bar{x}'_{T'}=C'(e'_{21}).$$

由性质 (II),可得

$$\sum_{e'_{11}\in\delta(T')}\bar{x}'_{T'}=\sum_{e'_{21}\in\delta(T')}\bar{x}'_{T'}.$$

又因为 $C'(e'_{11})=C'(e'_{21})$，可得

(i) $\bar{x}'_{v'_1}=\bar{x}'_{v'_2}$，对任意的 $A(v)=\{v'_1,v'_2\}$.

记

$$\Sigma(e')=\sum_{v'\in e}\bar{x}'_{v'}+\sum_{e'\in\delta(T')}\bar{x}'_{T'},$$

考察每作一次 T' 变换对各个 $\Sigma(e')$ 的影响.

若 $e'\in\delta(T')$，则 T' 变换后，$\Sigma(e')$ 的值不增加，因此保持关系 $\Sigma(e')\leqslant C'(e')$.

若 $e'\notin[\delta(T')\cup\delta(v'_1)]$，则 T' 变换后，$\Sigma(e')$ 的值不变，因此保持关系 $\Sigma(e')\leqslant C'(e')$.

若 $e'\in[\delta(v'_1)\backslash\delta(T')]$，设 $e'=[v'_1,w'_1]$ 则 $w'_1\in T',\bar{y}'(e')=0$. 记 $f'=[v'_2,w'_1]$，则 $f'\in\delta(T')$. 这时，T' 变换后,使 $\Sigma(e')$ 增加了 $\bar{x}'_{T'}$,同时使 $\Sigma(f')$ 减少了 $\bar{x}'_{T'}$. 由此可得:

(ii) 对任意的 $e\in E,T'$ 变换后，$\sum_{e'\in B(e)}\Sigma(e')$ 的值不增

加。

下面，我们利用上述的 (i) 和 (ii) 来证明性质 (III)。设若相反，有 $e'_{ij}=[v'_i,w'_j]\in B(e)$，使得

$$\Sigma(e'_{ij})>C'(e'_{ij}),\quad e=[v,w].$$

根据性质 (II)，对任意的 $e'\in B(e)$，必有

$$\sum_{e'\in\delta(T')}\bar{x}'_{T'}=\sum_{e'_{ij}\in\delta(T')}\bar{x}'_{T'}\quad .$$

根据 (i)，有

$$\bar{x}'_{v'}=\bar{x}'_{v'_i},\quad v'\in A(v),$$

$$\bar{x}'_{w'}=\bar{x}'_{w'_j},\quad w'\in A(w),$$

因此，对任意的 $e'\in B(e)$，有

$$\Sigma(e')=\Sigma(e'_{ij})>C'(e'_{ij})=C'(e'),$$

即

$$\sum_{e'\in B(e)}\Sigma(e')>\sum_{e'\in B(e)}C'(e').$$

但是，$\bar{x}'$ 在变换以前必满足关系

$$\sum_{e'\in B(e)}\Sigma(e')\leqslant\sum_{e'\in B(e)}C'(e'),\quad e\in E.$$

这就与 (ii) 相矛盾，故性质 (III) 成立。

因为 $\bar{x}'$ 仍满足性质 (I) 和 (III)，故仍然是对偶规划 (32)，(33)，(34)的最优解。现在，我们定义 x^* 如下

$$x^*_v=\bar{x}'_{v_1},\quad v\in V,\quad v_1\in A(v),$$

$$x^*_T=\bar{x}'_{T'},\ T\text{ 为奇集},\ T'=\bigcup_{v\in T}A(v).$$

从 $\bar{x}'$ 满足性质 (I)，(II)，(III)，容易推出，x^* 满足对偶规划条件(26)(27)，且与 $\bar{y}$ 满足松紧关系(29)，(30)，因此，$\bar{y}$ 是线性规划(24)的最优解，$\bar{y}$ 与 y^* 重合。证毕。

下面，我们研究本节的中心问题——图 $G=[V,E]$中的 2-匹配。记满足下述条件的 y 所构成的集合为 O_G：

$$y(\delta(v)) = 2, \quad v \in V, \tag{44}$$

$$y(e) \geqslant 0, \quad e \in E, \tag{45}$$

$$y(e) \leqslant 1, \quad e \in E, \tag{46}$$

$$y(e) \text{ 取整数值}, \quad e \in E, \tag{47}$$

容易看出，O_G 是由所有的 2-匹配(的关联向量)所构成的集合.

对任意的子集 $S \subset V$，以及 $F \subseteq \delta(S)$，若 $y \in O_G$，则有关系式

$$y(\delta(S)) \geqslant y(F),$$

$$|F| \geqslant y(F),$$

$$y(\delta(S)) + |F| \geqslant 2y(F). \tag{48}$$

由(44)的两边对 S 中的点求和,可得

$$2y(E(S)) + y(\delta(S)) = 2|S|, \tag{49}$$

故 $y(\delta(S))$ 必是非负偶数.

现在,若 $|F|$ 是奇数,则由(48)可得关系式

$$y(\delta(S)) + |F| \geqslant 2y(F) + 1, \tag{50}$$

即

$$2|S| - 2y(E(S)) + |F| \geqslant 2y(F) + 1.$$

由此可得

$$y(E(S)) + y(F) \leqslant |S| + \frac{|F| - 1}{2}. \tag{51}$$

通常称集合"S, F"($S \subset V, F \subseteq \delta(S), |F|$ 为奇数)为一个"梳子",称关系式(51)是一个"S, F 梳子"不等式.

记满足下述条件的 y 所构成的多面体为 $\bar{O}_G$:

$$y(\delta(v)) = 2, \quad v \in V,$$

$$y(e) \geqslant 0, \quad e \in E,$$

$$y(e) \leqslant 1, \quad e \in E.$$

$$y(E(S)) + y(F) \leqslant |S| + \frac{|F| - 1}{2}, \text{对所有的“}S, F\text{”梳子}$$

称 $\bar{O}_G$ 为 2-匹配多面体.

定理 4.8 $\bar{O}_G$ 的任一顶点 y 必定是 G 的一个 2-匹配 (即 $y \in$

O_G).

证明：在每个边 $e=[v,w]$ 内插入两个新的点 p_e 和 q_e，用三条新的边

$$e'_0=[v,p_e],e'_1=[p_e,q_e],e'_2=[q_e,w]$$

代替 e，得到一个新的图 $G'=[V',E']$，在 V' 上，定义 $b_{v'}$ 如下，

$$b_{v'}=\begin{cases}2, & v'\in V,\\1, & v'\in(V'\setminus V).\end{cases}$$

考察满足下述条件的 y' 所构成的集合 $b_{G'}$：

$$y'(\delta(v'))=b_{v'},\quad v'\in V',$$
$$y'(e')\geqslant 0,\quad e'\in E',$$
$$y'(e')\ \text{取整数值},\quad e'\in E'.$$

因为对应于每个 $e\in E$，有关系式

$$y'(e'_0)+y'(e'_1)=y'(e'_1)+y'(e'_2)=1,$$

所以

$$y'(e'_0)=y'(e'_2),$$
$$y'(e')\leqslant 1,\quad e'\in E'.$$

对任一 $y\in O_G$，作

$$y'(e'_0)=y'(e'_2)=y(e),\ e\in E,\tag{52}$$
$$y'(e'_1)=1-y(e),\ e\in E.\tag{53}$$

则 $y'\in b_{G'}$. 反之，对任一 $y'\in b_{G'}$，作

$$y(e)=y'(e'_0),\quad e\in E,$$

则 $y\in O_G$. 因此，O_G 中的 y 与 $b_{G'}$ 中的 y' 存在着一一对应。根据定理 4.7，$b_{G'}$ 中的 y'，便是多面体 $F_{G'}$：

$$y'(\delta(v'))=b_{v'},\quad v'\in V',$$
$$y'(e')\geqslant 0,\quad e'\in E',$$
$$y'(\delta(T'))\geqslant 1,\quad \text{对所有的奇集}\ T'\subset V'$$

的顶点。

考察任一 $e=[v,w]\in E$，以及任一奇集 $T'\subset V'$，若 v 和 $w\in T'$，p_e 和 $q_e\notin T'$，则 $T''=T'\cup\{p_e,q_e\}$ 也是一个奇集，且

$$y'(\delta(T')) \geqslant y'(\delta(T'')).$$

这时，对应于 T' 的奇集条件是多余的. 若 $v, w, p_e \in T', q_e \notin T'$（或者 $v, w, q_e \in T', p_e \notin T'$），则

$$y'(\delta(T')) \geqslant y'(e_1') + y'(e_2') = 1.$$

这时，对应于 T' 的奇集条件也是多余的. 因此，我们只须考虑这样的奇集 T'，它与任何 e 之间，只有如下三种不同的关系

(i) $\{e_0', e_1', e_2'\} \cap \delta(T') = \phi$;

(ii) $\{e_0', e_1', e_2'\} \cap \delta(T') = \{e_1'\}$;

(iii) $\{e_0', e_1', e_2'\} \cap \delta(T') = \{e_0'\}$ 或 $\{e_2'\}$.

对应于任意的奇集 T'，定义

$$S = \{v \in V \mid v \in T'\}$$

$$F = \{e \mid e \in E, e \in \delta(S), e_1' \in \delta(T')\}$$

则根据情形 (i),(ii),(iii)，不难证明

$$\sum_{v' \in T'} b_{v'} \equiv |F| \pmod 2,$$

因此，$|F|$ 是奇数. 利用变换(52),(53)，奇集条件

$$y'(\delta(T')) \geqslant 1$$

可以写为

$$\begin{aligned} y'(\delta(T')) &= y'(\delta(T') \backslash F) + y'(F) \\ &= y(\delta(S) \backslash (F) + \sum_{e \in F} (1 - y(e)) \\ &= y(\delta(S)) - y(F) + |F| - y(F) \\ &= y(\delta(S)) - 2y(F) + |F| \\ &\geqslant 1. \end{aligned}$$

因此，G' 上的奇集条件等价于 G 上的"S, F"梳子条件 (50) 或 (51). 在变换(52), (53)下，$F_{G'}$ 中的 y' 与 $\bar{O}_G$ 中的 y 建立了一一对应，且使 $F_{G'}$ 中的顶点对应于 $\bar{O}_G$ 中的顶点，$F_{G'}$ 中的 0,1 解对应于 $\bar{O}_G$ 中的 0,1 解. 再根据定理 (4.7)，命题即可得证. 证毕.

§5 均衡矩阵

对约束条件

$$\{x \mid Ax = b, x \geqslant 0\},$$

若A是全单位模矩阵，b是整数向量，那末，它的所有的基本允许解都是整数解。这一节，我们将介绍一类矩阵，叫做均衡矩阵。它是全单位模性质的某种推广。当A是均衡矩阵，b是0,1向量时，则所有的基本允许解都是0,1解。

设 $A = (a_{ij}) = (P_1 P_2 \cdots P_n)$ 是一个0,1矩阵。若A中不包含如下的子矩阵D：

(i) D为奇数阶的方阵；

(ii) D的每一行、每一列恰好包含两个1则称A为一个均衡矩阵。

因为满足条件(i),(ii)的方阵D，必有

$$|D| = \pm 2^r \text{ 或} 0, \quad r \geqslant 1.$$

因此，凡是全单位模的0,1矩阵，必是均衡矩阵。

定理 4.9 若A是均衡矩阵，且约束集合

$$\{x \mid Ax = 1, \quad x \geqslant 0\}$$

非空，则所有的基本允许解都是0,1解。

证明：首先，根据定义，若A是均衡矩阵，则A的任一子矩阵也是均衡矩阵。现在，我们对A的行的数目来归纳证明。若A的行数为1，则定理显然成立。假设已知当A的行数小于m时，定理都成立，下面证明A的行数为m时，也成立。

设 x^0 为任一基本允许解。不失一般性，假设 x^0 的非零分量为 $x_1^0, x_2^0, \cdots, x_k^0$，即有

$$\sum_{j=1}^{k} x_j^0 P_j = 1.$$

记

$$B = (P_1 P_2 \cdots P_k),\ J = \{1,2,\cdots,k\},$$

对 J 的任一子集 S，若满足条件

$$\sum_{j\in S} P_j \leqslant \mathbf{1},$$

则称 S 为 B 的一个无关集．对 B 的任一无关集 S，称使等式

$$\sum_{j\in S} a_{ij} = 1$$

成立的行 i 的数目为 S 的覆盖数，记作 $B(S)$．设 S^* 是 J 中使覆盖数达到最大的 B 的无关集．假如我们证明了 $B(S^*) = m$，那末，可得允许的 0,1 解 x^* 如下：

$$x_j^* = 1,\quad j \in S^* \subseteq J$$

$$x_j^* = 0,\quad j \notin S^*.$$

由于 x^0 是一个基本允许解，则必有 $x^0 = x^*$，因此，定理得证。

下面，我们用反证法．设 $B(S^*) = r < m$．不妨可设

$$\sum_{j\in S^*} a_{ij} = 1,\quad i = 1,2,\cdots,r,$$

$$\sum_{j\in S^*} a_{ij} = 0,\quad i = r+1,\cdots,m.$$

记

$$\bar{B} = (\bar{P}_1 \cdots \bar{P}_k) = \begin{pmatrix} a_{11} \cdots a_{1k} \\ \vdots \\ a_{r1} \cdots a_{rk} \end{pmatrix},$$

$$\bar{x} = \begin{pmatrix} x_1 \\ \vdots \\ x_k \end{pmatrix},\quad \bar{x}_0 = \begin{pmatrix} x_1^0 \\ \vdots \\ x_k^0 \end{pmatrix}.$$

因为

$$\bar{B}\bar{x}^0 = \mathbf{1},\quad \bar{x}^0 > 0,$$

故对任意的 $t \in J$，线性规划问题

$$\max\{x_t \mid \bar{B}\bar{x} = \mathbf{1},\quad \bar{x} \geqslant 0\}$$

必有基本最优解 $\bar{x}^t$，使得 $\bar{x}_t^t > 0$。

又根据归纳假设，基本允许解 $\bar{x}^t$ 必为 0,1 解．因此，指标集合

$$S^t = \{j \mid \bar{x}_j^t = 1,\ j \in J\}$$

构成 $\bar{B}$ 的一个包含 t 的无关集，且使 $\bar{B}(S^t) = r$（但是，S^t 不一定是 B 的无关集）．现在，我们取这样的特殊的 t：

$t \in J$，且存在某个 $l > r$，使得 $a_{lt} = 1$（显然，$t \notin S^*$）．设

$$V = S^t \setminus S^*,\quad U = S^* \setminus S^t,$$

则 V，和 U 都非空．记 $N = V \cup U$，作图 $G(\bar{B}) = [N, \bar{E}]$，其中

$$\bar{E} = \left\{[j,j'] \mid j,\ j' \in N,\ \bar{P}_j \cdot \bar{P}_{j'} = \sum_{i=1}^{r} a_{ij}a_{ij'} > 0\right\}.$$

则 $G(\bar{B})$ 是一个二部图，每条边的两个端点，分别属于 V 和 U．让 $W(\bar{B})$ 表示图 $G(\bar{B})$ 中的，含有点 t 的连通片，用 W 表示 $W(\bar{B})$ 中的点的集合．由于 S^* 和 S^t 都是 $\bar{B}$ 的无关集，且

$$\bar{B}(S^*) = \bar{B}(S^t) = r,$$

则有关系式

$$\sum_{j \in V \cap W} a_{ij} = \sum_{j \in U \cap W} a_{ij},\ i = 1, \cdots, r.$$

假如，这时对任意的 $i = r+1, \cdots, m$，都满足

$$\sum_{j \in V \cap W} a_{ij} \leqslant 1,$$

则集合

$$S = (S^* \setminus (U \cap W)) \cup (V \cap W)$$

构成了 B 的一个无关集，由于，$t \in (V \cap W) \setminus (U \cap W)$，且存在某个 $l > r$，使得 $a_{lt} = 1$，因此，

$$B(S) \geqslant r + 1 > B(S^*)$$

这就与 S^* 是使覆盖数达到最大的无关集相矛盾，因此，必有某 $i > r$，使得

$$\sum_{j \in V \cap W} a_{ij} > 1, \tag{54}$$

现在,我们再构造一个图 $W(B)=[W,E]$, 其中

$$E=\left\{[j,j']\mid j,j'\in W,\ P_j\cdot P_{j'}=\sum_{i=1}^{m}a_{ij}a_{ij'}>0\right\}.$$

则 $W(\bar{B})$ 是 $W(B)$ 的一个连通的子图. 根据(54),至少存在一对点 $j,j'\in V\cap W$, 使得

$$[j,j']\in E,\quad [j,j']\notin\bar{E}.$$

设 a 和 b 是 $V\cap W$ 中,满足下述条件的一对点

(I) $[a,b]\in E$,

(II) 在二部图 $W(\bar{B})$ 中, 存在连结 a 和 b 的这样一条最短链 P_{ab} (这里的最短是指所含边数最少): $[j_1,j'_1],[j'_1,j_2],[j_2,j'_2],\cdots,[j_p,j'_p],[j'_p,j_{p+1}]$. 其中的 $j_1=a,j_{p+1}=b$, 而所有的 $j_h\in V$,所有的 $j'_h\in U$, $1\leqslant h\leqslant p$. 且对任意的点对 j_e 和 j_f (除 j_1 和 j_{p+1} 外),都使 $[j_e,j_f]\notin E$.

显然,这样的 a,b 和 P_{ab} 是存在的. 由图 $W(B)$ 的定义,可知 B 中存在行

$$i_0,i_1\cdots i_p;i'_1,i'_2,\cdots,i'_p,$$

其中, $i_0>r,i_h,i'_h\leqslant r$, $(h=1,\cdots,p)$, 且使得

$$a_{i_0j_1}=a_{i_0j_{p+1}}=1,$$

$$a_{i_hj_h}=a_{i_hj'_h}=1,\ h=1,\cdots,p,$$

$$a_{i'_hj'_h}=a_{i'_hj_{h+1}}=1,\ h=1,\cdots,p.$$

从 B 中取出行 $i_0,i_1\cdots i_p,i'_1,\cdots,i'_p$ 和列 $j_1\cdots j_{p+1}$, $j'_1\cdots j'_p$, 就可得到一个 A 的子矩阵 D,D 是 $(2p+1)\times(2p+1)$ 的方阵. 注意链 P_{ab} 的构成,以及 S^* 和 S^t 的性质,我们不难证明,D 中的每一行和每一列,恰好包含两个 1. 这就与 A 是均衡矩阵相矛盾. 证毕.

定理 4.10 若 A 是均衡矩阵,则约束集合

$$\{x\mid Ax\geqslant 1,\ x\geqslant 0\} \tag{55}$$

或

$$\{x\mid Ax\leqslant 1\ x\geqslant 0\} \tag{56}$$

的所有顶点都是 0,1 解.

证明: 设若相反,(55)或(56)有一顶点 x^0 不是 0, 1 解. 设矩阵 A 的第 i 行为 $A_i(i=1,\cdots,m)$ 则 x^0 不能使

$$A_i x^0 > 1 \quad (i=1,\cdots,m)$$

或

$$A_i x^0 < 1 \quad (i=1,\cdots,m).$$

不失一般性,设

$$A_i x^0 = 1 \quad (i=1,\cdots,r),$$

$$A_i x^0 > 1 \quad (i=r+1,\cdots,m),$$

或

$$A_i x^0 < 1, \quad (i=r+1,\cdots,m).$$

记

$$A' = \begin{pmatrix} A_1 \\ \vdots \\ A_r \end{pmatrix},$$

则不难证明, x^0 也是约束集合

$$\{x \mid A'x = 1,\ x \geqslant 0\}$$

的一个顶点,因为 A' 是均衡矩阵,故由定理 4.9,可知 x^0 必是 0,1 解. 证毕.

用符号 LP(A,w) 表示如下的线性规划问题:

$$\min\left\{\sum_{i=1}^{m} y_i \mid y=(y_1\cdots,y_m),\ yA \geqslant w,\ y \geqslant 0\right\}.$$

定理 4.11 设 $A=(a_{ij})$ 是 m 行 n 列的 0,1 矩阵, 若对任何整数向量 $w=(w_1,\cdots,w_n) \geqslant 0$, 规划 LP$(A,w)$ 的目标函数最小值(若存在)都取整数值, 则规划 LP(A,w) 同时也必存在整数的最优解.

证明: 我们对数值 $\sum\limits_i w_i$ 来归纳证明. 当 $\sum\limits_i w_i=0$ 时,

命题显然成立．现在，假设当 $\sum_i w_i < \eta$ 时，命题成立，从而证明 $\sum_i w_i = \eta$ 时也成立．

设 $y^0 = (y_1^0, \cdots, y_m^0)$ 是规划 LP(A,w) 的一个最优解．假如 y^0 是整数向量，则命题得证．相反，不妨可设 y_1^0 不是整数．设 $y_1^0 = r + \theta$，其中 r 是非负整数，$0<\theta<1$．设

$$\sum_{i=1}^{m} y_i^0 = k.$$

根据定理的假设，k 必是整数．对任何的实数 z，定义

$$z^+ = \max\{0, z\}.$$

对任何的向量 $Z = (z_1, \cdots, z_p)$，定义

$$Z^+ = (z_1^+, \cdots, z_p^+).$$

设 $\alpha = (r, y_2^0, \cdots, y_m^0)$，$A_1$ 为 A 的第一行．因为 $\alpha A \geqslant w - A_1$，$\alpha A \geqslant 0$，所以 $\alpha A \geqslant (w - A_1)^+$．因此，$\alpha$ 是规划 LP$(A, (w - A_1)^+)$ 的允许解，其目标函数的值为

$$\sum_{i=1}^{m} y_i^0 - \theta = k - \theta.$$

若 $w = (w - A_1)^+$，则 α 也是规划 LP(A, w) 的允许解．但是 α 的目标函数值为 $k - \theta$，小于 $\sum_i y_i^0$，与 y^0 是最优解相矛盾．相反，设 $(w - A_1)^+ = (\bar{w}_1, \cdots, \bar{w}_n)$．则

$$\sum_i \bar{w}_i < \sum_i w_i = \eta.$$

根据归纳假设，规划 LP$(A, (w - A_1)^+)$ 存在一整数的最优解，设为 $\beta = (\beta_1, \cdots \beta_m)$．因为

$$\sum_i \beta_i \leqslant \sum_i \alpha_i = k - \theta,$$

且 $\sum_i \beta_i$ 和 k 都是整数，$0 < \theta < 1$，故必有

$$\sum_i \beta_i \leqslant k-1.$$

又因为

$$\beta A \geqslant (w - A_1)^+ \geqslant w - A_1,$$

则 $\bar{\beta} = (\beta_1 + 1, \beta_2, \cdots \beta_m)$ 也是规划 LP(A, w) 的允许解。因为

$$\sum_i \bar{\beta}_i = \sum_i \beta_i + 1 \leqslant k,$$

故 $\bar{\beta}$ 必是规划 LP(A,w) 的一个整数的最优解。证毕。

定理 4.12 设A是均衡矩阵，w是非负的整数向量，设规划 LP(A,w) 有允许解,则 LP(A,w) 必存在整数的最优解。

证明：规划 LP(A,w) 的对偶线性规划为

$$\max\{wx \mid Ax \leqslant 1,\ x \geqslant 0\}.$$

根据定理 4.10,此对偶线性规划必有整数的最优解。因此,根据对偶理论，LP(A, w) 的最小值必为整数。再由定理 4.11，命题即可得证。证毕。

用符号 LP$\{A,w\}$ 表示如下形式的线性规划问题

$$\max\left\{\sum_{i=1}^m y_i \mid yA \leqslant w,\ y = (y_1, \cdots, y_m) \geqslant 0\right\}.$$

定理 4.13 设 $A = (P_1P_2 \cdots P_n)$ 是m行n列的均衡矩阵，$w = (w_1, \cdots, w_n)$ 是非负整数向量,则规划 LP$\{A,w\}$ 必存在整数的最优解。

证明：我们对整数对 $\left(\sum_i w_i, m\right)$ 进行双重的数学归纳法。

显然,当 $\sum_i w_i = 0$ 时，命题对任何的正整数m都成立；当 $m = 1$ 时，命题对任何的非负整数向量w也都成立。现在假设命题在 $\sum_i w_i < \lambda, m \leqslant \eta$；或者 $\sum_i w_i \leqslant \lambda.\ m < \eta$ 时成立,从而证明命题在 $\sum_i w_i = \lambda, m = \eta$ 时也成立。

设 $y^0 = (y_1^0, \cdots, y_m^0)$ 是规划 $LP\{A, w\}$的一个最优解。若

y^0 是整数解，则命题得证。相反，我们分如下三种情形考虑。

(i) 至少有一个分量 $y_i^0=0$.

设 $\bar{A}$ 为去掉 A 中第 i 行后所得的子矩阵，$\bar{y}$ 为去掉 y 中第 i 个分量后所得的向量。则容易证明，$\bar{y}^0$ 也是规划 $LP\{\bar{A},w\}$ 的一个最优解。因为 $\bar{A}$ 也是均衡矩阵，且对规划 $LP\{\bar{A},w\}$ 而言，有 $\sum_j w_j=\lambda, m=\eta-1$. 由归纳假设 $LP\{\bar{A},w\}$ 存在一个整数的最优解 $\bar{y}^*$，使得 $\sum_i \bar{y}_i^*=\sum_i \bar{y}_i^0$，因此，只要取 $y_i^*=0$，便可得到 $LP\{A,w\}$ 的一个整数的最优解 y^*.

(ii) $y^0>0$，但是至少存在某一个指标 j，使得 $y^0P_j<w_j$

这时，考虑规划 $LP\{A,w\}$ 的对偶规划

$$\min\{wx\mid Ax\geqslant 1,\ x\geqslant 0\}.$$

根据定理 4.10，此对偶规划必有整数的最优解。根据对偶理论，可得

$$k=\sum_i y_i^0=\max\sum_i y_i=\min wx,$$

其中 k 为整数。

若 $y^0P_j\leqslant w_j-1$，则取 $\bar{w}=(w_1,\cdots,w_j-1,\cdots,w_n)$ 时，显然 y^0 也是 $LP\{A,\bar{w}\}$ 的一个最优解。因为对 $LP\{A,\bar{w}\}$ 而言，$m=\eta$，$\sum_j \bar{w}_j=\lambda-1$，根据归纳假设，$LP\{A,\bar{w}\}$ 存在一整数的最优解 y^*，使得 $\sum_i y_i^*=\sum_i y_i^0=k$. 显然，$y^*$ 也是 $LP\{A,w\}$ 的允许解，因此，y^* 是 $LP\{A,w\}$ 的一个整数的最优解。

若 $y^0P_j=w_j-1+\theta$，$0<\theta<1$. 则容易证明，此时必存在向量 $Z\geqslant 0$，使得满足

$$Z\leqslant y^0,\ \sum_i Z_i=\sum_i y_i^0-\theta=k-\theta,\ ZA\leqslant\bar{w},$$

其中 $\bar{w}=(w_1,\cdots,w_j-1,\cdots,w_n)$. 因此，同样地，根据归纳假设，$LP\{A,\bar{w}\}$ 存在整数的最优解 y^*，使得 $\sum_i y_i^*\geqslant\sum_i Z_i-$

$k-\theta$. 因为 $\sum_i y_i^*$ 和 k 都是整数，而 $0<\theta<1$，则有

$$\sum_i y_i^* \geqslant l = \sum_i y_i^0.$$

y^* 显然也是 LP$\{A,w\}$ 的允许解，因此，y^* 是 LP$\{A, w\}$ 的整数的最优解。

(iii) $y^0>0$，且 $y^0A=w$.

根据线性规划的松紧定理 1.14，对偶规划

$$\min\{wx \mid Ax \geqslant 1,\ x \geqslant 0\}$$

的最优解 x^0 必满足关系

$$Ax^0=1,\ x^0 \geqslant 0,\ wx^0=k.$$

另一方面，让我们再考虑如下的一对互为对偶的线性规划问题：

(I) $\min\left\{\sum_i y_i \mid yA \geqslant w,\ y \geqslant 0\right\}$;

(II) $\max\{wx \mid Ax \leqslant 1, x \geqslant 0\}$.

因为 y^0 是 (I) 的允许解，x^0 是 (II) 的允许解，且

$$\sum_i y_i^0 = wx^0 = k.$$

根据对偶理论，y^0，x^0 分别是 (I) 和 (II) 的最优解。应用定理 4.12，(I) 存在整数的最优解 y^*，使得

$$y^*A \geqslant w, y^* \geqslant 0, \sum_i y_i^* = k.$$

若 y^* 满足 $y^*A=w$，则 y^* 便是 LP$\{A, w\}$ 的一个整数的最优解。相反，设有某 j，使得 $y^*P_j>w_j$，因为 $y^0>0$，则必存在某实数 t，使得

$$0<t<1,\ y^0>(1-t)y^*.$$

取

$$Z=\frac{1}{t}\left[y^0-(1-t)y^*\right],$$

则显然，$Z>0$，且

$$\sum_i Z_i = \frac{1}{t}\left[\sum_i y_i^0 - (1-t)\sum_i y_i^*\right]$$
$$= \frac{1}{t}[k-(1-t)k]$$
$$= k.$$

因为 $y^0A = w$，$y^*A \geqslant w$，故

$$ZA = \frac{1}{t}\ [y^0A-(1-t)y^*A]$$
$$\leqslant \frac{1}{t}\ [w-(1-t)w]$$
$$= w,$$

因此，Z 也是 $LP\{A,w\}$ 的一个最优解。

因为 $y^*P_j > w_j$，$y^0P_j = w_j$，故 $ZP_j < w_j$。用Z代替 y^0，我们又转到了情形 (ii)。证毕。

§6 非负矩阵的配偶性

从多面体理论的角度，配偶性反映了某种多面体的顶点与边界面之间的对应关系。

设

$$A = \begin{pmatrix} a_{11} & \cdots & a_{1n} \\ a_{m1} & & a_{mn} \end{pmatrix} = \begin{pmatrix} A_1 \\ \vdots \\ A_m \end{pmatrix}$$

是一个非负矩阵。A中没有元素全为零的行和列。定义多面体

$$\mathscr{A} = \{x \mid Ax \geqslant 1,\ x \geqslant 0\}.$$

设 $x^1, x^2, \cdots, x^r$ 是多面体$\mathscr{A}$的所有顶点。记

$$\mathscr{B} = (x^1 x^2 \cdots x^r)^T.$$

定义多面体

$$\mathscr{G} = \{g \mid Bg \geqslant 1, g \geqslant 0\}.$$

只要不计较行的排列次序，B 是唯一确定的．我们称 B（或 $\mathscr{B}$）为 A（或 $\mathscr{A}$）的外配偶．

对 A 中的某一行 A_i，若存在非负的实数 $\alpha_j, 1 \leqslant j \neq i \leqslant m$，使得

$$\sum_{j \neq i} \alpha_j = 1, \quad A_i \geqslant \sum_{j \neq i} \alpha_j A_j,$$

则称 A_i 为多余行．显然，在定义多面体 $\mathscr{A}$ 时，多余行都可删去．若 A 中没有多余行，则称 A 为非负的纯矩阵（或简称为纯矩阵）．

性质 I. 若 A 是纯矩阵，则对 A 中的任一行 A_k，必存在某向量 $\bar{w} \geqslant 0$，使得对任意的 $i \neq k$，有 $A_i\bar{w} > A_k\bar{w}$.

证明：用反证法．设若相反，有某行 A_k 使得

$$\min\{A_k w \mid A_i w \geqslant 1, 1 \leqslant i \neq k \leqslant r, w \geqslant 0\} \geqslant 1.$$

根据线性规划对偶理论，可得

$$\max\left\{\sum_{i \neq k} \alpha_i \,\middle|\, \sum_{i \neq k} \alpha_i A_i \leqslant A_k, 1 \leqslant i \neq k \leqslant r, \alpha_i \geqslant 0\right\} \geqslant 1$$

由此可知，A_k 是 A 中的多余的行，这就与 A 是纯矩阵的假设相矛盾．证毕．

性质 II. 若 A 是纯矩阵，则 A 的外配偶 B 也是纯矩阵．

证明：用反证法．设若相反，B 中的第一行 $(x^1)^T$ 是多余行，且设

$$x^1 \geqslant \sum_{i=2}^{k} \alpha_i x^i, \quad \sum_{i=2}^{k} \alpha_i = 1, \ \alpha_i \geqslant 0, \ i = 2, \cdots, k.$$

若 $x^1 = \sum_{i=2}^{k} \alpha_i x^i$，则与 x^1 是 $\mathscr{A}$ 的顶点相矛盾．相反，设

$$\theta = x^1 - \sum_{i=2}^{k} \alpha_i x^i \geqslant 0, \ \theta \neq 0.$$

作

$$x' = x^1 - \theta, \quad x'' = x^1 + \theta.$$

容易证明，x', x'' 都是 $\mathscr{A}$ 中的点，且

$$x^1 = \frac{1}{2}x' + \frac{1}{2}x''.$$

这就与 x^1 是 $\mathscr{A}$ 的顶点相矛盾. 证毕.

定理 4.14 设 A 是一个非负的纯矩阵,若 B 是 A 的外配偶,则 A 也是 B 的外配偶.

证明: 首先,因为 A 中任一行 A_i, 必满足

$$A_i x^j \geqslant 1, \ j = 1, \cdots, r, \ A_i \geqslant 0,$$

即

$$BA_i^T \geqslant 1, \ A_i^T \geqslant 0,$$

所以 $A_i^T \in \mathscr{B}$. 设 g 是 $\mathscr{B}$ 的任一顶点. 下面我们证明, g 必是某一 A_i^T.

因为 g 是 $\mathscr{B}$ 的顶点, 故必须满足

$g^T x^j \geqslant 1, j = 1, \cdots, r$, 且有某 x^k, 使 $g^T x^k = 1$, 因此,

$$\min\{g^T x \mid Ax \geqslant 1, x \geqslant 0\} = g^T x^k = 1.$$

根据线性规划对偶理论,有

$$\max\left\{\sum_i \alpha_i \mid \alpha A \leqslant g^T, \alpha = (\alpha_1, \cdots, \alpha_m) \geqslant 0\right\} = 1.$$

设 α^* 满足 $\alpha^* A \leqslant g^T$, $\alpha^* \geqslant 0$, $\sum_i \alpha_i^* = 1$.

若 $\alpha^* A = g^T$, 则因为所有的 $A_i^T \in \mathscr{B}$, 而 g 是 $\mathscr{B}$ 的顶点, 故 g 必是某一 A_i^T. 相反,记

$$\theta = g - (\alpha^* A)^T \geqslant 0, \ \theta \neq 0.$$

作

$$g' = g - \theta, \ g'' = g + \theta,$$

则容易证明, $g', g'' \in \mathscr{B}$, 且 $g = \frac{1}{2}g' + \frac{1}{2}g''$. 这就与 g 是 $\mathscr{B}$ 的顶点相矛盾.

至此,我们已证明了 $\{A_1^T, A_2^T, \cdots, A_m^T\}$ 中,包含了 $\mathscr{B}$ 的所有的顶点. 下面,进一步证明,所有的 A_i^T 都是 $\mathscr{B}$ 的顶点.

设若相反, $A_1^T, \cdots, A_k^T$ 都是 $\mathscr{B}$ 的顶点,而 $A_{k+1}^T \cdots A_m^T$ 都不

是顶点。根据表示定理 1.10，必存在实数 $\alpha_1, \cdots, \alpha_k$，以及向量 $z \geqslant 0$，使得

$$A_{k+1}^T = \sum_{i=1}^{k} \alpha_i A_i^T + z, \alpha_i \geqslant 0, \sum_i \alpha_i = 1.$$

这就与 A 为纯矩阵的假设相矛盾。证毕。

设 A 是给定的纯矩阵，$w = (w_1, \cdots, w_n)$ 是非负向量。称下述线性规划问题为覆盖问题：

$$\min\{wx \mid Ax \geqslant 1, x \geqslant 0\}.$$

称下述线性规划问题为装箱问题：

$$\max\left\{\sum_{i=1}^{m} y_i \mid yA \leqslant w, y \geqslant 0\right\}.$$

根据对偶理论，有

$$\min wx = \max \sum_i y_i.$$

设 A 的外配偶为 B，记 $B = (x^1 x^2 \cdots x^r)^T$。则根据 B 的定义，以及线性规划问题若有最优解就必有基本最优解，可得

$$\min wx = \min_{1 \leqslant j \leqslant r} wx^j$$

因此，矩阵 A 和 B 之间具有如下的性质：

性质 III. 设 A 是纯矩阵，B 是 A 的外配偶，则对任何的非负向量 w，有关系：

$$\max\left\{\sum_i y_i \mid yA \leqslant w, y \geqslant 0\right\} = \min\{wB_i^T \mid B_i \text{ 为 } B \text{ 中的行}\}.$$

我们用符号

$$\max\{A\} = \min[B]$$

表示 A, B 之间的上述性质。根据性质 II 和定理 4.14，我们同时也有关系

$$\max\{B\} = \min[A].$$

下述定理，说明这一性质也是非负矩阵 A 和 B 互为外配偶的特征。

定理 4.15 设 A 是 $m\times n$ 的纯矩阵，D 是 $r\times n$ 的纯矩阵，则 D 是 A 的外配偶的充要条件为

$$\max\{A\}=\min[D].$$

证明：性质 III 已说明了定理的必要性． 下面证明充分性．设 A 的外配偶为 B．则 B 也满足

$$\max\{A\}=\min[B].$$

下面先证 B 中的行包含了 D 中的行．

对 D 中的任意行 $D_k=(d_{k1}d_{k2}\cdots d_{kn})$．因为 D 是纯矩阵，根据性质 I，必存在某向量 $\bar{w}=(\bar{w}_1,\cdots,\bar{w}_n)\geqslant 0$，使得对任意的 $i\neq k$，有

$$\bar{w}D_i^T>\bar{w}D_k^T.$$

假设 B 中不含与 D_k 相同的行．对 B 中的任意行 $B_i=(b_{i1}b_{i2}\cdots b_{in})$，考察如下的代数方程 π^i：

$$\sum_{j=1}^{n}(d_{kj}-b_{ij})z^j+\sum_{j=1}^{n}(d_{kj}\bar{w}_j-b_{ij}\bar{w}_j)=0.$$

设正数 ε_i 是方程 π^i 的 z 的正根的下界(若方程无正根，则取 $\varepsilon_i=+\infty$)．记 $\varepsilon=\min\limits_i\varepsilon_i$．在区间 $(0,\varepsilon)$ 中，选取一个足够小的正数 $\bar{\varepsilon}$，使得对向量 $\bar{w}(\bar{\varepsilon})=(\bar{w}_1+\bar{\varepsilon},\bar{w}_2+\bar{\varepsilon}^2,\cdots\bar{w}_n+\bar{\varepsilon}^n)$，仍满足关系

$\bar{w}(\bar{\varepsilon})D_i^T>\bar{w}(\bar{\varepsilon})D_k^T$，对所有的 $i\neq k$．对 $\bar{w}(\bar{\varepsilon})$ 而言，因为

$$\max\{A\}=\min[D]=\min[B],$$

所以 B 中必存在向量 $B_l=(b_{l1},b_{l2},\cdots,b_{ln})$，使得

$$\sum_j b_{lj}\bar{w}_j+\sum_j b_{lj}\bar{\varepsilon}^j=\sum_j d_{kj}\bar{w}_j+\sum_j d_{kj}\bar{\varepsilon}^j,$$

即 $\bar{\varepsilon}$ 是方程 π^l 的 z 的正根．与 $\bar{\varepsilon}$ 的取法相矛盾．因此，B 中包含与 D_k 相同的行．由 D_k 的任意性，可知 B 中包含了 D 中的行．

完全类似地，可以证明 D 中的行也包含了 B 中的行．因此 B 与 D 仅仅可能有行的排列上的不同，证毕．

设 $A=(a_{ij})$ 为 $m\times n$ 的非负矩阵．若对 A 中的某一行 A_i，

存在实数 $\alpha_j \geqslant 0$，$1 \leqslant j \neq i \leqslant m$，使得

$$\sum_{j \neq i} \alpha_j = 1, \ \sum_{j \neq i} \alpha_j A_j \geqslant A_i,$$

则称 A_i 为可约行．若 A 中没有可约行，则称 A 为不可约矩阵．设 A 是任意给定的一个不可约矩阵，定义多面体

$$\mathscr{H} = \{x \mid Ax \leqslant 1, \ x \geqslant 0\}.$$

设 $\mathscr{H}$ 的所有顶点为 $x^1, x^2, \cdots x^r$，记矩阵

$$\tilde{F} = (x^1, x^2, \cdots, x^r)^T.$$

设在矩阵 $\tilde{F}$ 中，去掉所有的可约行后，所得到的不可约矩阵为 F．定义

$$\mathscr{R} = \{g \mid Fg \leqslant 1, \ g \geqslant 0\}.$$

称 F（或 $\mathscr{R}$）为 A（或 $\mathscr{H}$）的内配偶．若 $\mathscr{R}$ 的所有顶点为 $g^1, \cdots, g^s$，记矩阵

$$\tilde{A} = (g^1 g^2 \cdots g^s)^T.$$

设在矩阵 $\tilde{A}$ 中去掉所有的可约行后所得到的矩阵为 $\bar{A}$．则有

定理 4.16 将 $\bar{A}$ 中的行适当排列后，就可得到 A

证明：设 $g = (g_1, \cdots, g_n)$ 是 $\tilde{A}$ 中的任一行．因为 g^T 是 $\mathscr{R}$ 的一个顶点，故 $Fg^T \leqslant 1$（或等价地 $\tilde{F}g^T \leqslant 1$），且 F 中必存在某一行 $(x^u)^T$ 使得

$$gx^u = (x^u)^T g^T = 1,$$

因此

$$\max\{gx \mid Ax \leqslant 1, x \geqslant 0\} = gx^u = 1.$$

根据对偶理论，可得

$$\min\left\{\sum_i \alpha_i \mid \alpha A \geqslant g, \ \alpha = (\alpha_1, \cdots, \alpha_m) \geqslant 0\right\} = 1.$$

假设上述问题的最优解为 α^*．若存在某指标 v 使得

$$\sum_i \alpha_i^* a_{iv} > g_v > 0.$$

则作向量

$$g' = g - \varepsilon I_v, \ g'' = g + \varepsilon I_v,$$

其中 $I_v=(0,\cdots,1,\cdots,0)$ 是第 v 个单位向量，ε 是足够小的正数，使得

$$g'\geqslant 0, g''\geqslant 0, \alpha^*A\geqslant g', \alpha^*A\geqslant g''.$$

因为

$$(x^j)^T(g')^T=g'x^j\leqslant\alpha^*Ax^j\leqslant 1,\quad j=1,\cdots,r,$$
$$(x^j)^T(g'')^T=g''x^j\leqslant\alpha^*Ax^j\leqslant 1,\quad j=1,\cdots,r,$$

则

$$(g')^T\in\mathscr{R},\ (g'')^T\in\mathscr{R}.$$

但是，根据定义有

$$g^T=\frac{1}{2}(g')^T+\frac{1}{2}(g'')^T.$$

这就与 g^T 是 $\mathscr{R}$ 的顶点相矛盾．因此，对任何的 $g_j>0$，必有

$$\sum_i\alpha_i^*a_{ij}=g_j. \tag{57}$$

不失一般性，假设

$$g_j\begin{cases}>0, & 1\leqslant j\leqslant k,\\ =0, & j>k\end{cases}$$

对应于向量 $A_i=(a_{i1},\cdots,a_{ik},\cdots,a_{in})$，记它的投影向量 $(a_{i1},\cdots,a_{ik},0,\cdots,0)$ 为 A_i'．显然

$$A_i^T\in\mathscr{R}\Rightarrow(A_i')^T\in\mathscr{R}.$$

记

$$A'=\begin{pmatrix}a_{11}\cdots a_{1k} & 0\cdots 0\\ a_{m1}\cdots a_{mk} & 0\cdots 0\end{pmatrix},$$

则由(57)可得

$$\alpha^*A'=g.$$

因为 g^T 是$\mathscr{R}$的顶点，故 g 必是 A' 中的某一行．

至此，我们证明了 $\tilde{A}$ 中的任一行必是 A 中某一行的投影向量．下面进一步证明，$\tilde{A}$ 中的行包含了所有 A 中的行，即所有的 A_i^T 都是 $\mathscr{R}$ 的顶点．

因为 $A_i^T\in\mathscr{R}$，所以它能表示为

$$A_i^T = \sum_j \alpha_j g^j$$，其中所有的 $\alpha_j \geqslant 0$，$\sum_j \alpha_j = 1$

不失一般性，假设

$$\alpha_j \begin{cases} > 0, & 1 \leqslant j \leqslant k, \\ = 0, & j > k. \end{cases}$$

设 $(g^j)^T$ 是 A_{i_j} 的投影向量，$j = 1, \cdots, k$，则

$$A_i = \sum_j \alpha_j (g^j)^T \leqslant \sum_j \alpha_j A_{i_j}.$$

归并 A_{i_j} 中的相同项以后，可写为

$$A_i \leqslant \sum_{h=1}^{m} \beta_h A_h, \quad \sum_h \beta_h = 1，所有的\ \beta_h \geqslant 0.$$

(i) 若 $\beta_i = 0$. 则 A_i 是 A 中的可约行，与 A 的不可约性相矛盾.

(ii) 若 $0 < \beta_i < 1$，则取

$$\bar{\beta}_h = \frac{1}{1-\beta_i} \beta_h, \ 1 \leqslant h \neq i \leqslant m.$$

显然有

$$\sum_{h \neq i} \bar{\beta}_h = \frac{1}{1-\beta_i} \sum_{h \neq i} \beta_h = 1，且\ A_i \leqslant \sum_{h \neq i} \bar{\beta}_h A_h.$$

与 A 的不可约假设相矛盾.

(iii) 若 $\beta_i = 1$. 则所有的 $A_{i_j} = A_i$. 因此

$$(g^j)^T \leqslant A_{i_j} = A_i, \ j = 1, \cdots, k,$$

且

$$A_i = \sum_{j=1}^{k} \alpha_j (g^j)^T.$$

由于 $\alpha_j > 0, (j = 1, \cdots, k)$，故可得 $A_i = (g^1)^T$. 即 A_i^T 是 $\mathscr{R}$ 的顶点. 因此，$\tilde{A}$ 中含有 A 的所有的行

在 $\tilde{A}$ 中去掉所有 A 中行的投影后，再经过适当地排列行的次序，就可得到 A. 证毕.

从定理 4.16,立即可得性质 IV:

性质 IV. 设 A 是不可约矩阵,若 F 是 A 的内配偶，则 A 也是 F 的内配偶.

类似于外配偶的情形,下面,我们考虑内配偶的特征. 与本节中的性质 I 相似,我们有:

性质 V. 设 A 是不可约矩阵,则对 A 中任一行 A_k，必存在向量 $\bar{w} \geqslant 0$，使得

$$\bar{w}A_i^T < \bar{w}A_k^T, \text{ 对任意的 } i \neq k.$$

证明: 设若相反,则有

$$\max\{A_k w^T \mid A_i w^T \leqslant 1, \ i \neq k, w^T \geqslant 0\} \leqslant 1.$$

根据对偶理论,可得

$$\min\left\{\sum_{i\neq k} \alpha_i \,\middle|\, \sum_{i\neq k} \alpha_i A_i \geqslant A_k; \ \alpha_i \geqslant 0, i \neq k\right\} \leqslant 1.$$

由此,就不难推得 A_k 是 A 中的可约行,与 A 是不可约的假设相矛盾. 证毕.

设 A 为 $m \times n$ 的非负的不可约矩阵，$w = (w_1, \cdots, w_n)$ 为非负向量. 考虑互为对偶的线性规划问题:

$$\max\{wx \mid Ax \leqslant 1, \ x \geqslant 0\}$$

和

$$\min\left\{\sum_{i=1}^{m} y_i \mid yA \geqslant w, \ y = (y_1 \cdots y_m) \geqslant 0\right\}.$$

根据对偶理论,有

$$\max wx = \min \sum_{i=1}^{m} y_i.$$

设 A 的内配偶为 F，则根据线性规划有基本最优解的性质，以及 $w \geqslant 0$，可得

$$\max \ wx = \max\{wF_i^T \mid F_i \text{ 为 } F \text{ 中的行}\}.$$

因此,矩阵 A 和 F 之间具有如下的性质

$$\min\left\{\sum_i y_i \mid yA \geqslant w, y \geqslant 0\right\} = \max\{wF_i^T \mid F_i \text{为}F\text{中的行}\}$$

(对任意的非负向量 w 都成立). 用符号

$$\min\{A\} = \max[F]$$

表示 A 与 F 之间的上述性质.

定理 4.17 设 A 是 $m\times n$ 的非负的不可约矩阵, D 是 $r\times n$ 的不可约矩阵,则 D 是 A 的内配偶的充要条件为

$$\min\{A\} = \max[D].$$

证明: 前面已经说明了必要性. 充分性的证明完全类似于定理 4.15 的证明. 根据本节中的性质 V, 对 D 中任一行 $D_k = (d_{k1}, \cdots, d_{kn})$, 必存在某向量 $\bar{w} = (\bar{w}_1, \cdots, \bar{w}_n) \geqslant 0$, 使得

$$\bar{w}D_i^T < \bar{w}D_k^T, \text{ 对任意的 } i \neq k.$$

假设 A 的内配偶为 F, F 中不含与 D_k 相同的行. 对 F 的任意行 $F_i = (f_{i1}, \cdots, f_{in})$, 考察变量为 z 的 n 次代数方程 π^i:

$$\sum_{j=1}^{n}(d_{kj} - f_{ij})z^j + \sum_{j=1}^{n}(d_{kj}\bar{w}_j - f_{ij}\bar{w}_j) = 0.$$

设正数 ε_i 是 π^i 的正根的下界(若方程无正根则取 $\varepsilon_i = +\infty$). 记 $\varepsilon = \min\limits_i \varepsilon_i$. 在区间 $(0, \varepsilon)$ 中,选取一足够小的正数 $\bar{\varepsilon}$, 使得对向量 $\bar{w}(\bar{\varepsilon}) = (\bar{w}_1 + \bar{\varepsilon}, \bar{w}_2 + \bar{\varepsilon}^2, \cdots, \bar{w}_n + \bar{\varepsilon}^n)$ 而言,仍满足条件

$$\bar{w}(\bar{\varepsilon})D_i^T < \bar{w}(\bar{\varepsilon})D_k^T, \text{ 对任意的 } i \neq k.$$

对 $\bar{w}(\bar{\varepsilon})$ 而言,因为

$$\min\{A\} = \max[D] = \max[F],$$

故 F 中必存在某一行 F_l, 使得

$$\bar{w}(\bar{\varepsilon})F_l^T = \bar{w}(\bar{\varepsilon})D_k^T,$$

即

$$\sum_j f_{lj}\bar{w}_j + \sum_j f_{lj}\bar{\varepsilon}^j = \sum_j d_{kj}\bar{w}_j + \sum_j d_{kj}\bar{\varepsilon}^j,$$

即 $\bar{\varepsilon}$ 是方程 π^l 的正根. 与 $\bar{\varepsilon}$ 的取法相矛盾,这就证明了 F 中的行包含了 D 中的行. 同理可证 D 中的行也包含了 F 中的行. 证

毕.

根据本节中的性质 IV 和定理 4.17,可知若

$$\min\{A\} = \max[D],$$

则

$$\min\{D\} = \max[A].$$

对任一非负矩阵 $A = (a_{ij})$,设 A 中第 j 列为 $(a_{1j}a_{2j}\cdots a_{mj})^T$. 记指标集

$$I(j) = \{i \mid a_{ij} > 0,\ 1 \leqslant i \leqslant m\}.$$

去掉 A 中第 j 列后所得的矩阵记为 $A(j)$; 去掉 A 中第 j 列以及所有属于 $I(j)$ 中的行后所得的矩阵记为 $A(I(j))$. 根据外配偶和内配偶的定义,容易证明以下的基本性质.

性质 VI. 若纯矩阵 A 和 B 互为外配偶,则对任意的列 j, $A(j)$ 和 $B(I(j))$ 互为外配偶, $B(j)$ 和 $A(I(j))$ 互为外配偶.

性质 VII. 若不可约矩阵 A 和 F 互为内配偶, 则对任意的列 j, $A(j)$ 和 $F(I(j))$ 互为内配偶.

设 $N = \{1, 2, \cdots, n\}$, $E = \{E_1, E_2, \cdots, E_m\}$ 是 N 的某个子集簇, 其中的 E_i 都是 N 的非空子集. 设 $A = (a_{ij})$ 是子集簇 E 的关联矩阵,即

$$a_{ij} = \begin{cases} 1, & \text{当 } j \in E_i \text{ 时}, \\ 0, & \text{当 } j \notin E_i \text{ 时} \end{cases}$$

$(i = 1, \cdots, m, j = 1, \cdots, n)$.

对任意的 0,1 矩阵 A, 容易证明, A 的某一行 A_i 是多余的(或可约的)充要条件为

存在另一行 A_k, 使 $A_i \geqslant A_k$ (或 $A_i \leqslant A_k$).

设 A 是一个 0,1 的纯矩阵,若对任意的非负整数向量 w,规划问题

$$\max\left\{\sum_i y_i \mid yA \leqslant w,\ y = (y_1\cdots y_m) \geqslant 0\right\}$$

的最大值都是整数,则称 A 具有整数最大性.

定理 4.18 设 A 具有整数最大性, B 是 A 的外配偶,则 B 是一

个纯的 0,1 矩阵.

证明: 因为 A 是一个纯矩阵,根据本节中的性质 II, B 也是纯矩阵. 考虑 B 中的任一行 $B_k=(b_{k1},\cdots,b_{kn})$, 因为 B_k^T 是 $\mathscr{A}$ 的顶点,而 A 又是一个 0,1 矩阵,则容易证明

$$0\leqslant b_{kj}\leqslant 1,\ j=1,\cdots,n.$$

现在假设

$$b_{kj}=\frac{1}{d}d_j,\ j=1,\cdots,n,$$

其中 d,d_j 都是非负整数,设 $d\neq 1$ (否则, B_k 便是整数向量), 且至少存在某一个指标 t,使得 $d_t<d$, $d_t>0$ (否则 $d_j=d$ 或 0, 因此 $b_{kj}=1$ 或 0). 因为 B 是一个纯矩阵, 根据本节的性质 I, 对行 B_k, 必存在向量 $\bar{w}\geqslant 0$, 使得对任何的 $i\neq k$, 有

$$\bar{w}B_i^T>\bar{w}B_k^T,$$

又因为对任何的正整数 λ, 也有

$$\lambda\bar{w}B_i^T>\lambda\bar{w}B_k^T.$$

故不妨可设, $\bar{w}=(\bar{w}_1,\cdots,\bar{w}_n)$ 是一非负的整数向量. 作整数向量 $w=(w_1,\cdots,w_n)\geqslant 0$ 如下

$$w_j=\lambda d\bar{w}_j,\ 1\leqslant j\neq t\leqslant n,$$

$$w_t=\lambda d\bar{w}_t+1,$$

其中的 λ 是足够大的正整数,使 w 仍满足

$$wB_i^T>wB_k^T,\ \text{对所有的}\ i\neq k.$$

对 w 而言,我们根据定理 4.15,可得关系:

$$\max\{A\}=\min[B]=wB_k^T.$$

因为 A 具有整数最大性,故 wB_k^T 必是整数. 但是,另一方面, 我们有关系

$$wB_k^T=\sum_j\lambda\bar{w}_jd_j+\frac{1}{d}d_t.$$

与 wB_k^T 是整数相矛盾. 因此, 或者 $d=1$, 或者所有的 $d_j=d$ 或 0, 即所有的 $b_{kj}=1$ 或 0. 证毕.

设 A 是不可约的 0,1 矩阵，若对任何的非负整数向量 w，规划问题 LP(A,w)

$$\min\left\{\sum_i y_i \mid yA \geqslant w,\ y=(y_1,\cdots,y_m)\geqslant 0\right\}$$

的最小值都取整数值，则称 A 具有整数最小性。根据定理 4.11，若 0, 1 矩阵 A 具有整数最小性，则 LP(Aw) 必有整数的最优解。

定理 4.19 设 A 具有整数最小性，F 是 A 的内配偶，则 F 是一个不可约的 0,1 矩阵，且 F 也具有整数最小性。

证明：考虑 F 中的任一行 $F_k=(f_{k1},\cdots,f_{kn})$。因为 F_k^T 是 $\mathscr{H}$ 的顶点，而 A 又是一个 0,1 矩阵，容易证明

$$0\leqslant f_{kj}\leqslant 1,\quad j=1,\cdots,n.$$

假设

$$f_{kj}=\frac{1}{d}d_j,\quad j=1,\cdots,n,$$

其中的 d,d_j 都是非负整数，$d\neq 1$，且至少有某个指标 t，使得

$$d_t<d$$

（否则，F_k 便是 0,1 向量）。因为 F 是不可约的，根据本节中的性质 V，对行 F_k，必存在向量 $\bar{w}\geqslant 0$，使得

$$\bar{w}F_i^T<\bar{w}F_k^T，\text{对任意的 } i\neq k.$$

又因为对任何的正整数 λ，也有

$$\lambda\bar{w}F_i^T<\lambda\bar{w}F_k^T \quad \text{对任意的 } i\neq k.$$

故不妨可设，$\bar{w}=(\bar{w}_1,\cdots,\bar{w}_n)$ 是一非负整数向量。作整数向量 $w=(w_1,\cdots,w_n)$ 如下

$$w_j=\lambda d\bar{w}_j,\quad 1\leqslant j\neq t\leqslant n,$$

$$w_t=\lambda d\bar{w}_t+1,$$

其中的 λ 为足够大的正整数使 w 仍满足

$$wF_i^T<wF_k^T，\text{对任意的 } i\neq k.$$

因为 F 是 A 的内配偶，故有

$$\min\{A\}=\max[F]=wF_k^T.$$

因为A有整数最小性，故 wF_k^T 必是整数；但是，另一方面，我们有关系

$$wF_k^T = \sum_i \lambda\bar{w}_j d_j + \frac{1}{d} d_t.$$

与 wF_k^T 是整数相矛盾．因此，所有的 f_{kj} 都是 0 或 1，即F是一个 0,1 矩阵．

对任意的非负整数向量 w，因为

$$\min\left\{\sum_i y_i \mid yF \geqslant w, y \geqslant 0\right\} = \max\{wA_i^T \mid A_i \text{为} A \text{中的行}\}$$

$$= \text{某个整数},$$

故F也具有整数最小性．证毕．

设A是某个二部图G的点边关联矩阵．A的行对应于G的点，A的列对应于G的边．因为A是全单位模矩阵，所以A和 A^T 都具有整数最小性和整数最大性． 设A的内配偶矩阵为 F；A的外配偶矩阵为 B；A^T 的内配偶矩阵为 F'，A^T 的外配偶矩阵为 B'．则 F、B、F'、B' 都是 0,1 矩阵．F是G的所有极大边无关集的关联矩阵，B是G的所有极小边覆盖集的关联矩阵．F' 是G的所有极大点无关集的关联矩阵，B' 是G的所有极小点覆盖集的关联矩阵．且F和 F' 都具有整数最小性．让 $w = 1$.

由 $\min\{A\} = \max[F]$，可得

最小点覆盖数 α_0 = 最大边无关数 β_1.

由 $\max\{A\} = \min[B]$，可得

最大点无关数 β_0 = 最小边覆盖数 α_1.

由 $\min\{F\} = \max[A]$，可得

图的边色数 χ_1 = 图的最大次 Δ.

由 $\min\{F'\} = \max[A^T]$，可得

图的点色数 $\chi_0 = 2$.

§7 全对偶整数系统

设A是一个m行n列的整数矩阵．假如A是一个全单位模矩

阵，那末，对任意的整数向量 $c=(c_1,\cdots,c_n)$以及 $b=(b_1,\cdots,b_m)^T$，线性规划问题

$$\max\{cx \mid x\in R^n, Ax\leqslant b\}$$

和

$$\min\{ub \mid u^T\in R^m,\quad uA=c, u\geqslant 0\}$$

只要有最优解，它们的基本最优解必是整数解.

下面，是对给定的整数矩阵 A 和整数向量 b 进行讨论. 假如对任意的整数向量 c，线性规划问题

$$\min\{ub \mid u^T\in R^m, uA=c, u\geqslant 0\}$$

只要有最优解，它必存在一个最优解是整数解，那末，我们称系统 $\{A,b\}$ 是一个全对偶整数系统.

定理 4.20 设 A 是一个 $m\times n$ 的整数矩阵，b 是一个 m 维的整数列向量；设 $\{A,b\}$ 是一小全对偶整数系统，则多面体

$$P=\{x \mid x\in R^n \mid Ax\leqslant b\}$$

的每一个顶点都是整数解.

证明：设 x^0 是 P 的任一顶点，则必存在 (Ab) 的一个子矩阵 $(A'b')$，使得 $A'x^0=b'$，而 A' 是一个基矩阵. 现在，我们用反证法，假设 x^0 不是整数解. 那末，也就是说，方程组 $A'x=b'$ 没有整数解，根据定理 2.1，必存在向量 $\pi, \pi^T\in R^n$，使得 $\pi A'$ 是一个整数向量，而 $\pi b'$ 不是整数.

对任意的 $\lambda^T\in R^n_+$，因为

$$x\in P\Rightarrow A'x\leqslant b'\Rightarrow \lambda A'x\leqslant \lambda b',$$

所以必有

$$\max\{\lambda A'x \mid x\in P\}=\lambda A'x^0=\lambda b',\ \lambda^T\in R^n_+.$$

选取一个分量都足够大的 $\lambda^T\in Z^n_+$，使得 $\lambda+\pi\geqslant 0$. 因为 $\pi A'$ 是整数向量，A' 是整数矩阵，所以 $(\lambda+\pi)A'$ 是一个整数向量. 因为 $\{A,b\}$ 是全对偶整数系统，所以，线性规划问题

$$\min\{ub \mid u^T\in R^m_+, uA=\lambda A'\}$$

和

$$\min\{ub \mid u^T\in R^m_+, uA=(\lambda+\pi)A'\}$$

都有最优解是整数解．因此，它们的最小值都是整数．根据对偶定理,我们有

$$\lambda b' = \max\{\lambda A'x \mid x \in P\} = \min\{ub \mid uA = \lambda A',\ u^T \in R_+^m\},$$

$$\begin{aligned}(\lambda + \pi)b' &= \max\{(\lambda + \pi)A'x \mid x \in P\} \\ &= \min\{ub \mid uA = (\lambda + \pi)A', u^T \in R_+^m\},\end{aligned}$$

所以，$\lambda b'$ 和 $(\lambda + \pi)b'$ 都是整数．由此可知，$\pi b'$ 也必须是整数,矛盾．证毕．

第五章 网 络 流

§1 基 本 概 念

设 $V=\{i|i=1,2,\cdots,m\}$，称 V 中的元素 i 为点. 设 $\mathscr{U}$ 是所有的有序点对 (i,k) 所构成的集合，即

$$\mathscr{U}=\{(i,k)|i\in V,k\in V,i\neq k\},$$

其中 (i,k) 和 (k,i) 看作是不同的点对. 给定了点集 V 和 $\mathscr{U}$ 的一个子集 U，就称给定了一个定向图 $\boldsymbol{G}$，记作 (V,U). 称 U 中的点对 (i,k) 为弧，i 称为弧首，k 称为弧尾.

对定向图 $\boldsymbol{G}=(V,U)$，设 $V=\{1,2,\cdots,m\}$ $U=\{e_1,e_2,\cdots,e_n\}$，定义 $\boldsymbol{G}$ 的点弧关联矩阵 $A=(u_{ij})$ $(i=1,\cdots,m,j=1,\cdots,n)$ 如下：

$$u_{ij}=\begin{cases}-1, & 若\ e_j=(k,i)，对某个点\ k,\\ 1, & 若\ e_j=(i,k)，对某个点\ k,\\ 0, & 其他情形.\end{cases}$$

在定向图 $\boldsymbol{G}=(V,U)$ 中，称如下不同弧的序列

$$H=\{(i_0,i_1),(i_1,i_2),(i_2,i_3),\cdots,(i_{p-1}i_p)\}$$

为一条由 i_0 连到 i_p 的路. 而称 $i_0=i_p$ 的路 H 为一条回路. 若路中所包含的各个点 i_k（除 i_0 和 i_p 可以相同外）都互不相同，则称其为初级路，若回路中所包含的各个点 i_k 互不相同，则称其为初级回路.

一个定向图 $\boldsymbol{G}=(V,U)$，假如去掉所有弧的方向，即把弧 (i,k) 或 (k,i) 看作是同一个边 $[i,k]$，就可得到一个对应的图 $G=[V,E]$，称 G 为 $\boldsymbol{G}$ 的基础图. 通常若基础图是连通图，则称原定向图也是连通图. 假如在定向图中说到了树、链、连通片、圈

等概念时，都是指的它的基础图中的树、链、连通片和圈.

对定向图 $\boldsymbol{G}=(V,U)$，若在 U 上定义了三个实值函数 $a(e)$，$b(e)$，$c(e)$，其中

$$0 \leqslant b(e) \leqslant a(e), \quad \text{对所有的 } e \in U,$$

则称给定了一个网络. $a(e)$ 和 $b(e)$ 称为弧 e 的上、下界，$c(e)$ 称为 e 的权. 为了清楚起见，当 $e=(i,k)$ 时，我们有时也记 $a(e)=a_{i,k}$，$b(e)=b_{i,k}$，$c(e)=c_{ik}$. 定义

$$\Gamma^{+}(i)=\{k \mid (i,k) \in U\},$$
$$\Gamma^{-}(i)=\{k \mid (k,i) \in U\}.$$

对 V 的任意两个子集 X,Y，定义

$$(X,Y)=\{(i,k) \mid (i,k) \in U, i \in X, k \in Y\},$$
$$[X,Y]=(X,Y) \cup (Y,X),$$
$$b(X,Y)=\sum_{(i,k) \in (X,Y)} b_{ik},$$
$$a(X,Y)=\sum_{(i,k) \in (X,Y)} a_{ik},$$
$$c(XY)=\sum_{(i,k) \in (X,Y)} c_{ik}.$$

所谓循环流问题是指如下的线性规划问题 (F)：

求
$$\min \sum_{(j,k) \in U} c_{ik} x_{ik}, \tag{1}$$

满足平衡条件

$$\sum_{k \in \Gamma^{+}(i)} x_{ik}-\sum_{k \in \Gamma^{-}(i)} x_{ki}=0 \quad (\text{对所有的 } i \in V), \tag{2}$$

而且满足上、下界限制

$$0 \leqslant b_{ik} \leqslant x_{ik} \leqslant a_{ik} \quad (\text{对所有的 } (i,k) \in U), \tag{3}$$

其中 x_{ik} 为未知量，称为从 i 沿着弧 (i,k) 流到 k 的流量. 满足平衡条件(2)的解 $\{x_{ik}\}$ 称为流，满足(2)和(3)的解 $\{x_{ij}\}$ 称为允许流，满足(1)、(2)和(3)的 $\{x_{ij}\}$ 称为最小费用流.

问题 (F) 的对偶线性规划问题可写为 (W)：

求
$$\max \sum_{(i,j) \in U} b_{ij} \lambda_{ij}-\sum_{(i,j) \in U} a_{ij} \gamma_{ij}, \tag{4}$$

满足位势条件

$$\mu_i-\mu_j+\lambda_{ij}-\gamma_{ij}\leqslant c_{ij}\quad(\text{对所有的 }(i,j)\in U),\tag{5}$$

$$\lambda_{ij}\geqslant 0,\ \gamma_{ij}\geqslant 0\quad(\text{对所有的 }(i,j)\in U),\tag{6}$$

其中 μ_i 是对应于平衡方程 i 的对偶变量,称为点 i 的位势,λ_{ij} 和 γ_{ij} 是对应于条件 $x_{ij}\geqslant b_{ij}$ 和 $x_{ij}\leqslant a_{ij}$ 的对偶变量,称为弧(i,j)的下和上位势.

让 A 表示定向图 $\mathbf{G}$ 的点弧关联矩阵,让 x,a,b,c 分别表示分量为 $x_{ik},a_{ik},b_{ik},c_{ik}$ 的 n 维列向量,让 $\mu=(\mu_1,\cdots,\mu_m)$,λ 和 γ 分别表示分量为 λ_i 和 γ_{ij} 的 n 维列向量,则问题 (F) 和 (W) 可写成如下的简单形式

求 $\min c^Tx$,

满足 $Ax=0,\ 0\leqslant b\leqslant x\leqslant a$

和

求 $\max\ b^T\lambda-a^T\gamma$,

满足 $\mu A+\lambda^T-\gamma^T\leqslant c^T,\ \lambda\geqslant 0,\ \gamma\geqslant 0.$

根据对偶定理(1.14),可知一个允许流 $\{x_{ij}\}$ 和一组满足条件(5)和(6)的位势 $\{\mu_i,\lambda_{ij},\gamma_{ij}\}$ 分别是问题 (F) 和 (W) 的最优解的充要条件为

$$\left.\begin{aligned}&x_{ij}>0\Rightarrow\mu_i-\mu_j+\lambda_{ij}-\gamma_{ij}=c_{ij},\\&\lambda_{ij}>0\Rightarrow x_{ij}=b_{ij},\\&\gamma_{ij}>0\Rightarrow x_{ij}=a_{ij}.\end{aligned}\right\}\tag{7}$$

因为 $0\leqslant b_{ij}\leqslant a_{ij}$,故对 (W) 的最优解,总可使 λ_{ij} 和 γ_{ij} 不同时大于零. 因此

$$\mu_i-\mu_j<c_{ij}\Rightarrow\gamma_{ij}=0\Rightarrow\lambda_{ij}=c_{ij}-\mu_i+\mu_j,$$

$$\mu_i-\mu_j>c_{ij}\Rightarrow\lambda_{ij}=0\Rightarrow\gamma_{ij}=\mu_i-\mu_j-c_{ij}.$$

因此,最优的充要条件(7)可等价地写为:

$$\left.\begin{aligned}&\mu_i-\mu_j<c_{ij}\Rightarrow\lambda_{ij}>0\Rightarrow x_{ij}=b_{ij},\\&\mu_i-\mu_j>c_{ij}\Rightarrow\gamma_{ij}>0\Rightarrow x_{ij}=a_{ij},\\&x_{ij}=b_{ij}<a_{ij}\Rightarrow\mu_i-\mu_j\leqslant c_{ij},\\&x_{ij}=a_{ij}>b_{ij}\Rightarrow\mu_i-\mu_j\geqslant c_{ij},\\&b_{ij}<x_{ij}<a_{ij}\Rightarrow\mu_i-\mu_j=c_{ij}.\end{aligned}\right\}\tag{8}$$

定理 5.1 设A是某个定向图$\bar{G}$的点弧关联矩阵，则A必是全单位模矩阵.

证明：对A中任一$r \times r$的子矩阵 $D(1 \leqslant r \leqslant m)$，若$D$的每一列中都含有两个非零元素，这时，必定一个是$+1$，另一个是$-1$，则$D$中各列的元素之和皆为零，故$|D| = 0$. 若$D$中有某一列只含一个非零元素，则将$|D|$按此列展开，可得 $|D| = \pm|D'|$，D'为A中$(r-1)\times(r-1)$的子矩阵，利用数学归纳法(对行数归纳)命题即可得证. 证毕.

定理 5.2 对允许流$\{x_{ij}\}$，若弧(i,j)，使满足$b_{ij} < x_{ij} < a_{ij}$，就称(i,j)是$\{x_{ij}\}$的开弧. 否则称为闭弧. 则允许流$\{x_{ij}\}$是(F)的基本允许解的充要条件是开弧不成圈.

证明：必要性. 若有开弧构成的圈H：

$$[i_1,i_2][i_2,i_3][i_3,i_4]\cdots[i_k,i_{k+1}] = [i_k,i_1],$$

其中$[i_s,i_{s+1}]$表示对应的基础图上的边. 规定H的顺向为

$$i_1 \to i_2 \to i_3 \to \cdots \to i_k \to i_1.$$

方向与顺向一致的H上弧的集合记为H^+，与顺向相反的H上弧的集合记为H^-，即

$$H^+ = \{(is,i_{s+1})\in U \mid b_{i_si_{s+1}} < x_{i_si_{s+1}} < a_{i_si_{s+1}}\},$$
$$H^- = \{(i_{s+1},i_s)\in U \mid b_{i_{s+1}i_s} < x_{i_{s+1}i_s} < a_{i_{s+1}i_s}\}$$

(其中$s = 1,\cdots,k$). 设

$$k_{ij} = \min\{x_{ij} - b_{ij}, a_{ij} - x_{ij}\},$$
$$\theta = \min\{k_{ij} \mid (i,j)\in H\} > 0.$$

作流

$$x'_{ij} = \begin{cases} x_{ij} + \theta, & \text{当 } (i,j)\in H^+ \text{ 时}, \\ x_{ij} - \theta, & \text{当 } (i,j)\in H^- \text{ 时}, \\ x_{ij}, & \text{其他的弧}, \end{cases}$$

$$x''_{ij} = \begin{cases} x_{ij} - \theta, & \text{当 } (i,j)\in H^+ \text{ 时}, \\ x_{ij} + \theta, & \text{当 } (i,j)\in H^- \text{ 时}, \\ x_{ij}, & \text{其他的弧}. \end{cases}$$

容易证明，$\{x'_{ij}\}$和$\{x''_{ij}\}$是不同的允许循环流，且

$x_{ij}=\frac{1}{2}x'_{ij}+\frac{1}{2}x''_{ij}$ （对所有的 $(i,j)\in U$）。则就与 $\{x_{ij}\}$ 是（F）的基本允许解相矛盾。

充分性．设

$$x_{ij}=\alpha_1 x'_{ij}+\alpha_2 x''_{ij},\ \alpha_1>0,\ \alpha_2>0,\ \alpha_1+\alpha_2=1$$

$\{x'_{ij}\}$ 和 $\{x''_{ij}\}$ 是不同的允许流．容易看出，当 $x_{ij}=b_{ij}$（或 a_{ij}）时，必有 $x'_{ij}=x''_{ij}=b_{ij}$（或 a_{ij}），而当 $x'_{ij}\neq x''_{ij}$ 时，必有 $b_{ij}<x_{ij}<a_{ij}$，即 (i,j) 是流 $\{x_{ij}\}$ 的开弧．现在，假设有某个弧 (i_1,i_2) 使 $x'_{i_1i_2}>x''_{i_1i_2}$，则由流在 i_2 点的平衡条件，必存在某个弧 (i_2,i_3) 或 (i_3,i_2) 使得 $x'_{i_2i_3}>x''_{i_2i_3}$，或者 $x'_{i_3i_2}<x'_{i_3i_2}$，即存在开弧 (i_2,i_3) 或 (i_3,i_2)。再考虑点 i_3 的平衡条件，必存在某弧 (i_3,i_4) 或 (i_4,i_3) 使得 $x'_{i_3i_4}>x''_{i_3i_4}$，或者 $x'_{i_4i_3}<x''_{i_4i_3}$。即存在开弧 (i_3,i_4) 或 (i_4,i_3)。等等，依次类推．由于点数是有限的，必有某个点 i_k 重复出现，即有一个由开弧所构成的圈：

$$[i_k,i_{k+1}][i_{k+1},i_{k+2}]\cdots[i_{l-1},i_l][i_l,i_k]$$

这就与假设相矛盾．证毕．

因为 A 是全单位模矩阵，所以当所有的 a_{ij} 和 b_{ij} 都是非负整数时，（F）的基本允许解必为整数解．当所有的 a_{ij} 和 b_{ij} 都为 0 或 1 时，则（F）的基本允许解必为 0,1 解．在定向图 $\boldsymbol{G}=(V,U)$ 上，假如我们让

$c_{ij}(\geqslant 0)$ 表示弧 (i,j) 的长度．

$a_{ts}=b_{ts}=x_{ts}=1$，对某个给定的弧 (t,s)。

$a_{ij}=1$，$b_{ij}=0$，对其他所有的弧 (i,j)。

则问题（F）的基本最优解便是一条从 s 到 t 的最短路（使弧长之和最小的路）。

假如，我们让

$c_{ts}=-1$　对某个给定的弧 (t,s)，

$c_{ij}=0$　　对其他所有的弧 (i,j)，

$b_{ij}=0$　　对所有的弧 (i,j)，

$a_{ij}(\geqslant 0)$ 表示弧 (i,j) 上流量的容量，

弧 (t,s) 上容量无限(即 $a_{ts}=+\infty$),
则问题 (F) 便是通常所说的最大流问题，其中 s 称作流的发点，t 称作流的收点． 而对偶问题 (W) 便是通常所说的最小截集问题．

最大流问题 (F) 为

$$\max \quad x_{ts},$$

满足

$$\sum_{k\in\Gamma^+(i)} x_{ik} - \sum_{k\in\Gamma^-(i)} x_{ki} = 0, \quad i\in V,$$

$$0 \leqslant x_{ik} \leqslant a_{ik}, \qquad (i,k)\in U,$$

写成矩阵形式为

$$\max\{x_{ts} \mid Ax = 0, x + y = a, x \text{ 和 } y \geqslant 0\}.$$

最小截集问题 (W) 为

$$\min\{a^T\gamma \mid \mu A + \gamma^T - \lambda^T = e_{ts}, \lambda \text{ 和 } \gamma \geqslant 0\},$$

其中 e_{ts} 是一个单位向量,对应于弧 (t,s) 的分量为 1,其余各分量都为零. 设 $\mathbf{1}=(1,\cdots,1)$ 是一个 m 维的行向量,因为

$$\theta\mathbf{1}A = 0,\ \text{对任意的正数 } \theta,$$

所以，当 $\{\mu,\gamma,\lambda\}$ 是 (W) 的一个允许解时，对任意的正数 θ，$\{\mu+\theta\mathbf{1},\gamma,\lambda\}$ 也是 (W) 的允许解,且目标函数值不变. 因此,我们不妨可将最小截集问题 (W) 写为

$$\min\{a^T\gamma \mid \mu A + \gamma^T - \lambda^T = e_{ts}, \mu, \lambda, \gamma \geqslant 0\}.$$

因为 A 是全单位模矩阵，e_{ts} 是单位向量,利用克莱姆法则,容易证明,(W) 的基本允许解是 0,1 解,且使 $\gamma^T\lambda=0$. 现在,让我们进一步考察 (W) 的最优解. 因为 $a_{ts}=+\infty$，所以,必有 $\gamma_{ts}=0$. 因此,可得关系式

$$\mu_t - \mu_s - \lambda_{ts} = 1,\ \mu_t, \mu_s,\ \lambda_{ts} \geqslant 0.$$

则对基本最优解而言,只能是

$$\mu_t = 1,\ \mu_s = 0,\ \lambda_{ts} = 0.$$

设 $\{\mu,\gamma,\lambda\}$ 是 (W) 的任一基本允许解,使得 $\mu_t=1,\mu_s=0$，$\lambda_{ts}=0$，设

$$S = \{i \mid \mu_i = 0, i \in V\},$$
$$T = \{i \mid \mu_i = 1, i \in V\},$$

则必有

$$\left.\begin{aligned}
&s \in S,\ t \in T,\\
&\lambda_{ij} = \gamma_{ij} = 0,\ \text{当 } i \text{ 和 } j \in S, (i,j) \in U \text{ 时},\\
&\lambda_{ij} = \gamma_{ij} = 0,\ \text{当 } i \text{ 和 } j \in T, (i,j) \in U \text{ 时},\\
&\lambda_{ij} = 0, \gamma_{ij} = 1,\ \text{当 } i \in S, j \in T, (i,j) \in U \text{ 时},\\
&\lambda_{ij} = 1, \gamma_{ij} = 0,\ \text{当 } i \in T, j \in S, (i,j) \in U \text{ 时},\\
&\sum_{(i,j)\in U} a_{ij}\gamma_{ij} = \sum_{(i,j)\in(S,T)} a_{ij}.
\end{aligned}\right\} \tag{9}$$

称集合 (S,T) 为对应于基本允许解 $\{\mu, \gamma, \lambda\}$ 的一个截集. 任何从 s 到 t 的路中必含 (S,T) 的弧. 截集 (S,T) 的容量 $a(S,T)$ 称为截量. 反之,若任给一个点集 $X \subset V$, $s \in X$, $t \in \bar{X} = (V \backslash X)$, 则截集 $(X,\bar{X})$ 也对应了 (W) 的一个基本允许解:

$$\mu_i = 0,\ i \in X,$$
$$\mu_i = 1,\ i \in \bar{X},$$
$$\gamma_{ij} = 1,\ (i,j) \in (X,\bar{X}),$$
$$\lambda_{ij} = 1,\ (i,j) \in (\bar{X},X).$$

其余所有的 γ_{ij} 和 λ_{ij} 都等于零.

因此,问题 (W) 可以解释为寻求一个使截量最小的截集. 通常称 (W) 的最小值为最小截量,称 (F) 的最大值为最大流量.

定理 5.3 最大流量等于最小截量.

证明: 由线性规划对偶理论立即可得. 证毕.

§2 循环流算法

设循环流问题 (F) 为

$$\min\{c^T x \mid Ax = 0,\ 0 \leqslant b \leqslant x \leqslant a\}.$$

位势问题 (W) 为

$$\max\{b^T\lambda - a^T\gamma \mid \mu A + \lambda^T - \gamma^T \leqslant c^T, \lambda \geqslant 0, \gamma \geqslant 0\}.$$

现在,让我们考虑(F)和(W)的解法.

首先,任给一个流 $\{x_{ij}\}$(不一定是允许流)以及任意的一组位势 $\{\mu_i\}$. 例如,可取所有的 $x_{ij}=0$, $\mu_i=0$. 对应于所给的 $\{x_{ij}\}$ 和 $\{\mu_i\}$, 图 **G** 中的弧可分为九类:

① $\mu_i-\mu_j<c_{ij}$, $x_{ij}=b_{ij}$;

② $\mu_i-\mu_j=c_{ij}$, $b_{ij}\leqslant x_{ij}\leqslant a_{ij}$;

③ $\mu_i-\mu_j>c_{ij}$, $x_{ij}=a_{ij}$;

④ $\mu_i-\mu_j<c_{ij}$, $x_{ij}<b_{ij}$;

⑤ $\mu_i-\mu_j=c_{ij}$, $x_{ij}<b_{ij}$;

⑥ $\mu_i-\mu_j>c_{ij}$, $x_{ij}<a_{ij}$;

⑦ $\mu_i-\mu_j<c_{ij}$, $x_{ij}>b_{ij}$;

⑧ $\mu_i-\mu_j=c_{ij}$, $x_{ij}>a_{ij}$;

⑨ $\mu_i-\mu_j>c_{ij}$ $x_{ij}>a_{ij}$.

①,②,③ 类弧已满足最优性的条件(8), 称为好弧. ④,⑤,⑥ 类弧不满足(8),称为坏弧, 需要增加弧上的流量. ⑦,⑧,⑨ 类弧也不满足松紧关系(8),也是坏弧,但是需要减少流量. 对每个弧(i,j), 定义一个非负的参数 k_{ij} 如下

$$k_{ij}=\begin{cases}b_{ij}-x_{ij}, & (i,j)\text{ 是④,⑤类弧},\\ a_{ij}-x_{ij}, & (i,j)\text{ 是⑥类弧},\\ x_{ij}-b_{ij}, & (i,j)\text{ 是⑦类弧},\\ x_{ij}-a_{ij}, & (i,j)\text{ 是⑧,⑨类弧},\\ 0 & (i,j)\text{ 是①,②,③类弧}.\end{cases}$$

k_{ij} 称为弧(i,j)的欠数. 它是衡量一个弧满足条件(8)的程度. 根据各类弧的状态,构造如下的一个辅助图,通常称作"染色图":

1. 将满足条件

$$b_{ij}<x_{ij}<a_{ij},\quad \mu_i-\mu_j=c_{ij}$$

的好弧,染成绿色,去掉弧的方向,看作两个方向都可通的边,称为绿边.

2. 将满足条件

$x_{ij}<a_{ij}$, 且 $\mu_i-\mu_j>c_{ij}$ 的⑥类弧;

$x_{ij} \leqslant b_{ij} < a_{ij}$ 且 $\mu_i - \mu_j = c_{ij}$ 的②,⑤类弧;

$x_{ij} < b_{ij}$, $\mu_i - \mu_j < c_{ij}$ 的④类弧

都染成黄色,称为顺向黄弧.

3. 将满足条件

$x_{ij} > a_{ij}$ 且 $\mu_i - \mu_j > c_{ij}$ 的⑨类弧;

$x_{ij} \geqslant a_{ij}$ 且 $\mu_i - \mu_j = c_{ij}$ 的②⑧类弧;

$x_{ij} > b_{ij}$ 且 $\mu_i - \mu_j < c_{ij}$ 的⑦类弧

染成黄色,改换弧的方向(即弧的首尾交换)称为反向黄弧.

4. 将满足条件

$x_{ij} = a_{ij}$ 且 $\mu_i - \mu_j > c_{ij}$ 的③类弧;

$x_{ij} = b_{ij}$ 且 $\mu_i - \mu_j < c_{ij}$ 的①类弧;

$x_{ij} = a_{ij} = b_{ij}$ 的弧

都染成红色,称为红弧.

在辅助图上,红弧是关闭的弧,黄弧是单向可通的弧,绿弧是双向可通的边. 假如没有坏弧,那末 $\{x_{ij}\}$ 已满足条件 (8),因此,已获得 (F) 的最优解. 相反,任取一坏的黄弧 $e=(s,t)$,从 t 开始,沿着绿边往外走,直到没有绿边可走时,利用一黄弧(按辅助图上指定的方向)往外走一步,然后,就接着沿绿边走,尽可能的沿绿边朝各个方向往外走,直到没有绿边可走时,再利用一个黄弧作为桥,按指定方向往外走一步,接着再尽可能的沿绿边走,等等,依次反复前进.

(i) 若能走到 s 点,则可得到一条从 t 到 s 的,由绿边和黄弧所构成的初级链. 加上黄弧 e 后,就构成了一个初级圈 H. 以辅助图上的走向为 H 的顺向,在 H 上,记方向与顺向一致的弧所构成的集合为 H^+,记方向与顺向相反的弧所构成的集合为 H^-. H^+ 中的黄弧必为顺向黄弧,H^- 中的黄弧必为反向黄弧.

(ii) 若不能走到 s 点,记所有能走到的点的集合为 R, $\bar{R}=V\backslash R$. 则在辅助图上,$[R,\bar{R}]$ 中不含绿边,$(R,\bar{R})$ 中不含黄弧. 恢复到原图 $\boldsymbol{G}$ 上的定向,$(R,\bar{R})$ 中的黄弧都是反向黄弧,$(\bar{R},R)$ 中的黄弧都是顺向黄弧. 记 $(R,\bar{R})$ 中的红弧和黄弧所

构成的集合为 ν^+，记 $(\bar{R}, R)$ 中的红弧和黄弧所构成的集合为 ν^-.

若出现情形(i)，则改进流 $\{x_{ij}\}$，若出现情形(ii)，则改进位势 $\{\mu_i\}$，逐渐使坏弧变成好弧.

情形(i) 改进流 $\{x_{ij}\}$. 令

$\theta_1 = \min\{a_{ij} - x_{ij} | (i,j) \in H^+, \ \mu_i - \mu_j = c_{ij}\}$,

$\theta_2 = \min\{x_{ij} - b_{ij} | (i,j) \in H^-, \ \mu_i - \mu_j = c_{ij}\}$,

$\theta_3 = \min\{|a_{ij} - x_{ij}| | (i,j)$ 是H上黄弧, $\mu_i - \mu_j > c_{ij}\}$,

$\theta_4 = \min\{|b_{ij} - x_{ij}| | (i,j)$ 是H上黄弧, $\mu_i - \mu_j < c_{ij}\}$,

$\theta = \min\{\theta_1, \theta_2, \theta_3, \theta_4\} > 0$.

作新的流 $\{x'_{ij}\}$ 如下:

$$x'_{ij} = \begin{cases} x_{ij} + \theta, & (i,j) \in H^+, \\ x_{ij} - \theta, & (i,j) \in H^-, \\ x_{ij}, & \text{其他的弧}. \end{cases}$$

对改进后的流 $\{x'_{ij}\}$，H 上每个坏弧的欠数都下降了 θ，而好弧仍保持为好弧.

情形(ii) 改进位势 $\{\mu_i\}$. 令

$\varepsilon_1 = \min\{\mu_i - \mu_j - c_{ij} | (i,j) \in (\bar{R}, R), (i,j)$ 是红弧, $x_{ij} = a_{ij} > b_{ij}\}$,

$\varepsilon_2 = \min\{c_{ij} - \mu_i + \mu_j | (i,j) \in (R, \bar{R}), (i,j)$ 是红弧, $x_{ij} = b_{ij} < a_{ij}\}$,

$\varepsilon_3 = \min\{c_{ij} - \mu_i + \mu_j | (i,j) \in (R, \bar{R}), (i,j)$ 是黄弧, $x_{ij} > b_{ij}\}$,

$\varepsilon_4 = \min\{\mu_i - \mu_j - c_{ij} | (i,j) \in (\bar{R}, R), (i,j)$ 是黄弧, $x_{ij} < a_{ij}\}$,

其中，若某个 ε_i 的定义域是空集时，让 $\varepsilon_i = +\infty$，若所有 ε_i 的定义域都是空集，则

$(R, \bar{R})$ 中的红弧必满足 $x_{ij} = a_{ij}$, $\mu_i - \mu_j > c_{ij}$, 或者 $x_{ij} = b_{ij} = a_{ij}$.

$(\bar{R}, R)$ 中的红弧必满足 $x_{ij} = b_{ij}$, $\mu_i - \mu_j < c_{ij}$, 或者

$x_{ij} = b_{ij} = a_{ij}$.

$(R,\bar{R})$ 中的黄弧必满足 $x_{ij} \geqslant a_{ij} > b_{ij}$，$\mu_i - \mu_j \geqslant c_{ij}$.

$(\bar{R},R)$ 中的黄弧必满足 $x_{ij} \leqslant b_{ij} < a_{ij}$，$\mu_i - \mu_j \leqslant c_{ij}$. 因为黄弧 $e = (s,t) \in (\bar{R},R)$，是坏弧，所以

$$x_{st} < b_{st},\quad \mu_s - \mu_t \leqslant c_{st}.$$

因此可得

$$b(\bar{R},R) > x(\bar{R},R) = x(R,\bar{R}) \geqslant a(R,\bar{R}).$$

但是，若问题 (F) 存在某允许流 $\{x^0_{ij}\}$，则必须满足

$$a(R\bar{R}) \geqslant x^0(R,\bar{R}) = x^0(\bar{R},R) \geqslant b(\bar{R},R).$$

矛盾. 这就证明了，若所有 ε_i 的定义域都是空集，则 (F) 无允许流.

现在，我们假设

$$\varepsilon = \min\{\varepsilon_1,\varepsilon_2,\varepsilon_3,\varepsilon_4\} > 0.$$

则作新的位势 $\{\mu'_j\}$ 如下

$$\mu'_j = \begin{cases} \mu_j + \varepsilon, & j \in R, \\ \mu_j, & j \in \bar{R}. \end{cases}$$

当 $\varepsilon = \varepsilon_3$ 或 ε_4 时，改进后的 $\{\mu'_j\}$ 使原来的好弧仍保持为好弧，但至少有一个坏弧变成了好弧；当 $\varepsilon = \varepsilon_1$ 或 ε_2 时，改进后的 $\{\mu'_j\}$，使原来的好弧仍保持为好弧，但至少有一个弧，使原来是红弧变成了黄弧，在对应于 $\{\mu'_j\}$ 和 $\{x_{ij}\}$ 的辅助图上，假如我们仍考察坏弧 $e = (s,t)$，则从 t 开始，沿新的绿边和黄弧往外走时，能走到的点的集合至少比原来的集合 R 多一个点.

最小费用流程序:

步骤 1 给定初始流 $\{x_{ij}\}$ (例如 $x_{ij} = 0$)，以及初始的点位势 $\{\mu_i\}$ (例如 $\mu_i = 0$).

步骤 2 若不含坏弧，则步骤终止，已得最小费用流. 否则，选一个坏弧 $e = (s,t)$.

步骤 3 构造辅助的染色图(按情形 1,2,3,4 染色，定弧的方向). 在辅助图上，若能找到一个包含弧 e 的初级回路 H，使得 H 上只含黄弧和绿边，则转到步骤 4，否则转到步骤 5.

步骤 4　计算 $\theta_1,\theta_2,\theta_3,\theta_4,\theta$，改进流 $\{x_{ij}\}$，然后，转到步骤 2.

步骤 5　计算 $\varepsilon_1,\varepsilon_2,\varepsilon_3,\varepsilon_4,\varepsilon$，若 $\varepsilon=+\infty$，则步骤终止，问题无允许解. 否则，改进 $\{\mu_i\}$. 这时，若 $e=(s,t)$ 已变为好弧，则转到步骤 2；相反，转到步骤 3.

定理 5.4　最小费用流计算程序必在有限步内终止.

证明：只要所有的 $a(e)$ 和 $b(e)$ 都是非负整数，所给的初始流是(2)的整数解，那末，步骤 4 中所求得的 θ 必为正整数，改进后的流必使欠数减少一个正整数. 因此，流只能改进有限次.

因为位势的每次改进，或者使好弧增加，或者使集合 R 扩大. 因此，决不能无限的，连续改进下去. 连续的改进位势有限次后，必可改进流，或者发现不存在允许流.

综上所述，可知计算过程必在有限步内终止. 证毕.

§3　截　集　树

设 s 和 t 是图 $G=[V,E]$ 中两个不同的点. 问最多有几条边不交的，连结 s 和 t 的链. 这是图论中的一个基本问题. 对每个边 $[i,j]\in E$，定义一对弧 (i,j) 和 (j,i)，并且让各个弧的容量都为 1 (即 $a_{ij}=a_{ji}=1$, $b_{ij}=b_{ji}=0$). 这样就得到了一个以 s 为发点，以 t 为收点的对称的定向网络 $\mathbf{G}=(V,U)$. 设 $\{x_{ij}\}$ 是 $\mathbf{G}$ 的任一允许流，若它在弧 (i,j) 和 (j,i) 上的流量都为 1，那末，将它们同时改为 0 (即消去对流)后，仍然是一个允许流，且 s 到 t 的总流量不变. 因为网络流问题的基本允许解是 0，1 解，所以 $\mathbf{G}$ 中 s 到 t (或 t 到 s) 的最大流量便是连结 s 和 t 的边不交链的最大数目，记作 λ_{st}. 根据最大流量等于最小截量，可得

$$\begin{aligned}\lambda_{st}&=\min\{|(X,\overline{X})|\,|s\in X,t\in\overline{X}=V\backslash X\}\\&=\min\{|\delta(X)|\,|s\in X\subseteq(V\backslash t),\delta(X)\subseteq E\}.\end{aligned}$$

定义

$$\lambda=\min\{\lambda_{ij}|i\in V,\ j\in V,\ i\neq j\}.$$

λ 是图的一个基本参数,称为边连通度. 下面,我们将介绍有关 λ 和 $\{\lambda_{ij}\}$ 的一些基本性质,以及它们的求法.

性质 1 $\lambda_{ij} \geqslant \min\{\lambda_{ik}, \lambda_{kj}\}$.

证明: 设

$$\lambda_{ij} = |[X, \bar{X}]|, \quad i \in X, j \in \bar{X}.$$

若 $k \in X$, 则 $[X, \bar{X}]$ 是一个分离 k 和 j 的截集,因此,

$$\lambda_{kj} \leqslant |[X, \bar{X}]| = \lambda_{ij}.$$

若 $k \in \bar{X}$, 则 $[X, \bar{X}]$ 是一个分离 i 和 k 的截集,因此,

$$\lambda_{ik} \leqslant |[X, \bar{X}]| = \lambda_{ij},$$

证毕.

性质 2 $\lambda_{1k} \geqslant \min\{\lambda_{12}, \lambda_{23}, \cdots, \lambda_{k-1k}\}$.

证明: 从性质 1 递推而得. 证毕.

性质 3 若 $\lambda_{ij} > \min\{\lambda_{ik}\lambda_{kj}\}$, 则 $\lambda_{ik} = \lambda_{kj}$.

证明: 设若 $\lambda_{ik} \neq \lambda_{kj}$. 不妨可设 $\lambda_{ik} > \lambda_{kj}$, 则由性质 1 可得

$$\lambda_{kj} \geqslant \min\{\lambda_{ki}, \lambda_{ij}\} = \lambda_{ki}.$$

自相矛盾. 证毕.

对 G 中任意的真子集 $X \subset V$, 所谓"收缩" X, 是把 X 看成一个点,(通常称作伪点), 把所有 $\delta(X)$ 中的边,都看作关联于伪点的边. 收缩后的图记作 $G \cdot X$, 如图 1 所示.

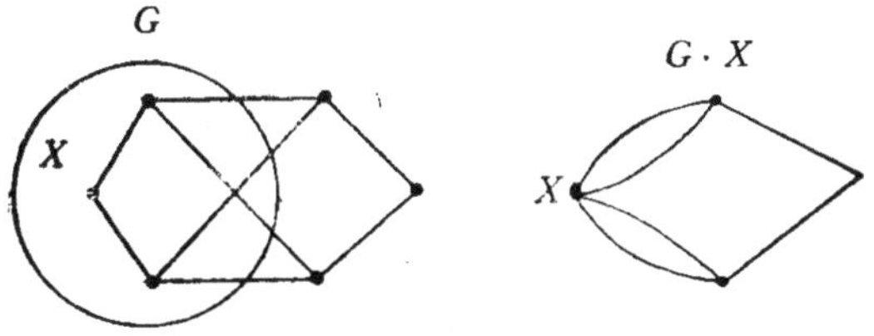

图 1

X 在收缩图中表示一个点,在原图中表示一个子集.

对任意的 $x, y \in \bar{X} = V \backslash X$, 让 λ'_{xy} 表示 $G \cdot X$ 中连结 x 和 y 的边不交链的最大数目.

性质4 设

$$\lambda_{st}=|[X,\overline{X}]|,\ s\in X,\ t\in\overline{X},$$

则对任意的 $x,y\in\overline{X}$，$\lambda_{xy}=\lambda'_{xy}$。

证明：在G中，设

$$\lambda_{xy}=|[Y,\overline{Y}]|,\ x\in Y,\ y\in\overline{Y}=V\backslash Y.$$

定义

$$A=X\cap Y,\ \overline{A}=X\cap\overline{Y},$$

$$B=\overline{X}\cap Y,\ \overline{B}=\overline{X}\cap\overline{Y},$$

且不妨假设

$$x\in B,\ y\in\overline{B},\ t\in B$$

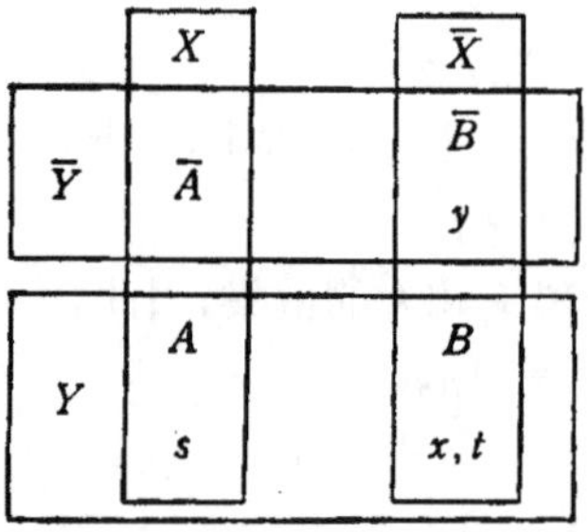

图 2

情形1 $s\in A$。如图2所示。

因为

$$|[X\overline{X}]|=|[A,B]|+|[A,\overline{B}]|+|[\overline{A},B]|+|[\overline{A},\overline{B}]|,$$

$$|[Y,\overline{Y}]|=|[A,\overline{A}]|+|[A,\overline{B}]|+|[B,\overline{A}]|+|[B,\overline{B}]|,$$

$$|[A,\overline{A}\cup\overline{X}]|=|[A,\overline{A}]|+|[A,\overline{B}]|+|[A,B]|,$$

$$|[B\cup X,\overline{B}]|=|[B,\overline{B}]|+|[A,\overline{B}]|+|[\overline{A},\overline{B}]|,$$

$[X,\overline{X}]$ 是分离 s 和 t 的最小截集，

$[A,\overline{A}\cup\overline{X}]$ 是分离 s 和 t 的截集，

$[Y,\overline{Y}]$ 是分离 x 和 y 的最小截集

$[B\cup X,\overline{B}]$ 是分离 x 和 y 的截集，

所以

$$|[A,\overline{A}]|\geqslant|[\overline{A},B]|+|[\overline{A},\overline{B}]|,$$

$$|[\overline{A},\overline{B}]|\geqslant|[B,\overline{A}]|+|[A,\overline{A}]|,$$

$$0\geqslant|[\overline{A},B]|+|[B,\overline{A}]|,$$

$$|[\overline{A},B]|=|[B,\overline{A}]|=0,$$

$$|[A,\overline{A}]|\geqslant|[\overline{A},\overline{B}]|\geqslant|[A,\overline{A}]|,$$

$$|[A,\overline{A}]|=|[\overline{A},\overline{B}]|,$$

因此，

$$\lambda'_{xy}\leqslant|[B\cup X,\overline{B}]|=|[\overline{A},\overline{B}]|+|[A,\overline{B}]|+|[B,\overline{B}]|$$

$$= |[A,\bar{A}]| + |[A,\bar{B}]| + |[B,\bar{B}]| + |[B,\bar{A}]|$$
$$= |[Y,\bar{Y}]| = \lambda_{xy} \leqslant \lambda'_{xy},$$

因此，

$$\lambda'_{xy} = |[B \cup X,\bar{B}]| = |[Y,\bar{Y}]| = \lambda_{xy}.$$

情形 2　$s \in \bar{A}$. 如图 3 所示.

因为

$$|[\bar{A},A \cup \bar{X}]| = |[\bar{A},A]| + |[\bar{A},B]| + |[\bar{A},\bar{B}]|,$$
$$|[B,X \cup \bar{B}]| = |[B,A]| + |[B\bar{A}]| + |[B,\bar{B}]|,$$

$[X,\bar{X}]$ 是分离 s 和 t 的最小截集，
$[\bar{A},A \cup \bar{X}]$ 是分离 s 和 t 的截集，
$[Y,\bar{Y}]$ 是分离 x 和 y 的最小截集，
$[B,X \cup \bar{B}]$ 是分离 x 和 y 的截集，

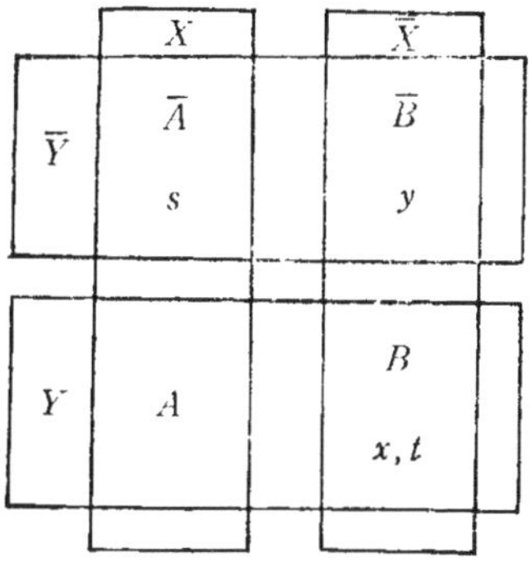

图 3

所以

$$|[\bar{A},A]| \geqslant |[A,B]| + |[A,\bar{B}]|,$$
$$|[B,A]| \geqslant |[A,\bar{A}]| + |[A,\bar{B}]|.$$

又因为

$$[\bar{A},A] = [A,\bar{A}],\ [A,B] = [B,A],$$

所以

$$0 \geqslant 2|[A,\bar{B}]|,$$
$$|[A,\bar{B}]| = 0,$$
$$|[\bar{A},A]| = |[A,B]|,$$

因此有

$$\lambda'_{xy} \leqslant |[B,X \cup \bar{B}]| = |[B,A]| + |[B,\bar{A}]| + |[B,\bar{B}]|$$
$$= |[\bar{A},A]| + |[B,\bar{A}]| + |[B,\bar{B}]| + |[A,\bar{B}]|$$
$$= |[Y,\bar{Y}]| = \lambda_{xy} \leqslant \lambda'_{xy},$$

因此

$$\lambda'_{xy} = |[B,X \cup \bar{B}]| = |[Y,\bar{Y}]| = \lambda_{xy}.$$

证毕.

下面介绍一种寻求各个 λ_{ij} 的算法，称作 G-H(Gomory, R. E.-Hu. T. C.) 方法。

首先，任选两点，设为 j_1 和 j_2。用网络流方法，设求得分离 j_1 和 j_2 的最小截集为 $[X_1, \bar{X}_1]$，$j_1 \in X_1$，$j_2 \in \bar{X}_1$。记 $v_{12} = |[X_1, \bar{X}_1]|$（显然，$v_{12} = \lambda_{j_1 j_2}$）。作截集图如下。

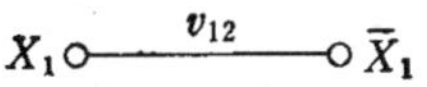

图 4

不妨可设，$|\bar{X}_1| > 1$，在 $\bar{X}_1 \backslash \{j_2\}$ 中，任选一点，设为 j_3。因为 $[X_1, \bar{X}_1]$ 也是分离 j_1 和 j_3 的截集，故 $\lambda_{j_1 j_3} \leqslant v_{12}$。在 $G \cdot X_1$ 中，用网络流方法，设求得分离 j_2 和 j_3 的最小截集为 $[X, \bar{X}]$ 其中 $j_2 \in X$，$j_3 \in \bar{X}$，记 $v_{23} = |[X, \bar{X}]|$。根据性质 4，$v_{23} = \lambda_{j_2 j_3}$。

若 $X_1 \subset X$，则 $\lambda_{j_1 j_3} \leqslant v_{23}$。若 $\lambda_{j_1 j_3} < v_{23}$，则利用性质 3，可得 $\lambda_{j_1 j_3} = v_{12}$；若 $\lambda_{j_1 j_3} = v_{23}$，则 $v_{12} \geqslant v_{23}$，这时，作截集图如下。其中 $X = X_1 \cup X_2$，$j_1 \in X_1$，$j_2 \in X_2$，$j_3 \in \bar{X}$。

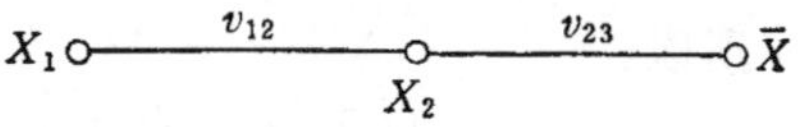

图 5

若 $X_1 \subset \bar{X}$，则

$$\lambda_{j_1 j_3} \leqslant v_{12} \leqslant v_{23}.$$

若 $v_{23} > v_{12}$，则根据性质 3，$\lambda_{j_1 j_3} = v_{12}$；否则 $v_{23} = v_{12} = \lambda_{j_1 j_3}$。这时，作截集图如下。

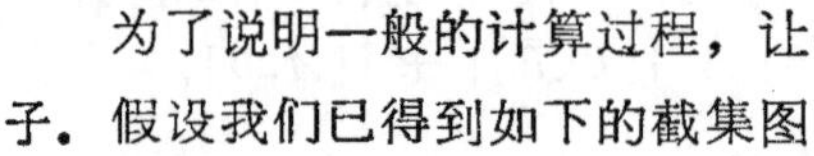

图 6

其中 $\bar{X} = X_1 \cup X_2$，$j_1 \in X_1$，$j_3 \in X_2$，$j_2 \in X$。在这种情况下，边 X_2 ○——○ X_1 所对应的截集 $\delta(X_1)$ 也可以看作是分离点 $j_1(\in X_1)$ 和点 $j_3(\in X_2)$ 的最小截集。

为了说明一般的计算过程，让我们看一个更具有代表性的例子。假设我们已得到如下的截集图 7。

其中每条边代表着一个截集。例如边 $[\bar{X}, X_4]$ 表示截集 $\delta(X_4 \cup X_5 \cup X_6)$，截量为 v_{47}。不但如此，而且每条边 $[X_i, X_k]$ 所代表的截集是分离某对点 $j_i(\in X_i)$ 和 $j_k(\in X_k)$ 的最小截集。例

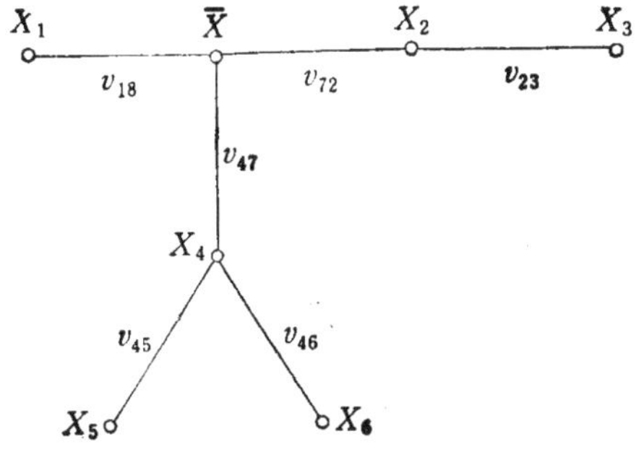

图 7

如设:

$[X_1\overline{X}]$ 代表分离 $j_1(\in X_1)$ 和 $j_8(\in\overline{X})$ 的最小截集.

$[X_4\overline{X}]$ 和 $[X_2\overline{X}]$ 分别代表分离 $j_7(\in\overline{X})$ 与 $j_4(\in X_4)$ 和分离 $j_7(\in\overline{X})$ 与 $j_2(\in X_2)$ 的最小截集,等等.

假设下一步希望寻求分离 $\overline{X}$ 中的 j_7 和 j_8 的最小截集. 去掉 $\overline{X}$ 后,截集图 7 分离成三片:

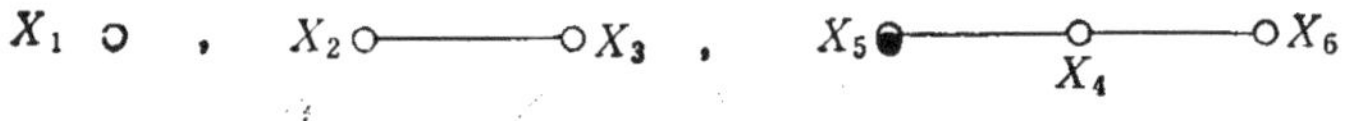

当寻求分离 j_7 和 j_8 的最小截集时，只要反复利用性质 4，就可将 X_1，$X_2\cup X_3$，$X_4\cup X_5\cup X_6$ 分别收缩成点 X_1，X_{23}，X_{456}，然后用网络流算法求分离 j_7 和 j_8 的最小截集. 现在，假设求得的最小截集为 $[Y,\overline{Y}]$，截量为 v_{78}，其中 $j_7\in Y$，$j_8\in\overline{Y}$，并且假设 $X_{456}\subset Y$，$X_1\subset\overline{Y}$ $X_{23}\subset\overline{Y}$. 记

$$X_7 = Y\backslash X_{456},\quad X_8 = \overline{Y}\backslash\{X_1\cup X_{23}\},$$

则我们将截集图中的 $\overline{X}$ 分裂成两点 X_8 和 X_7，按连结到 $\overline{X}$ 的方式,将 X_1 和 $X_2\cup X_3$ 连结到 X_8; 按连结到 $\overline{X}$ 的方式,将 $X_4\cup X_5\cup X_6$ 连结到 X_7. 定义边 $[X_7X_8]$ 的截量为 v_{78}，构成新的截集图 8.

新的边 $[X_1,X_8]$ 代表分离 $j_1(\in X_1)$ 和 $j_8(\in X_8)$ 的最小截集;

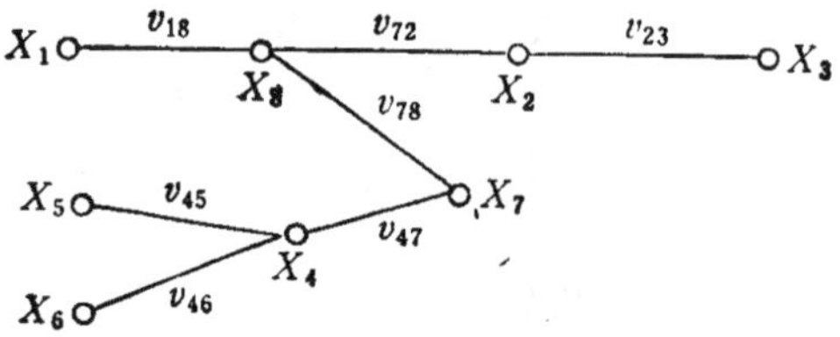

图 8

$[X_7,X_4]$ 代表分离 $j_7(\in X_7)$ 和 $j_4(\in X_4)$ 的最小截集. 因为 $j_8\in \bar{X}$, 所以, $[\bar{X},X_2]$ 也代表一个分离 j_8 和 j_2 的截集, 因此, $\lambda_{j_2j_8}\leqslant v_{72}$. 又因为 $[X_7,X_8]$ 也代表一个分离 j_7 与 j_2 的截集, 所以 $v_{78}\geqslant v_{72}\geqslant \lambda_{j_2j_8}$. 根据性质 1, 就可推得 $\lambda_{j_2j_8}=v_{72}$. 因此, 在新的截集图中, 新边 $[X_8, X_2]$ 可以代表一个分离 $j_8(\in X_8)$ 与 $j_2(\in X_2)$ 的最小截集, 截量可记作 $v_{28}(=v_{27})$.

一般地说, 假设在某一步, 要寻求分离截集图上某个 X_j 中的点 j_1 和 j_2 的最小截集. 设 $[X_i, X_j]$ 是截集图上的任意一个边. 设它是代表一个分离点 $i(\in X_i)$ 和 $j(\in X_j)$ 的最小截集, 截量为 λ_{ij}. 现在, 假设求得分离 j_1 和 j_2 的最小截集后, X_j 剖分成 X_{j_1} 和 X_{j_2}, 使得 $j_1\in X_{j_1}$, $j_2\in X_{j_2}$, 新边 $[X_{j_1}X_{j_2}]$ 代表了分离 j_1 和 j_2 的最小截集, 截量为 $\lambda_{j_1j_2}$. 假设 X_i 按规定被连到了 X_{j_1}, 如图 9 所示.

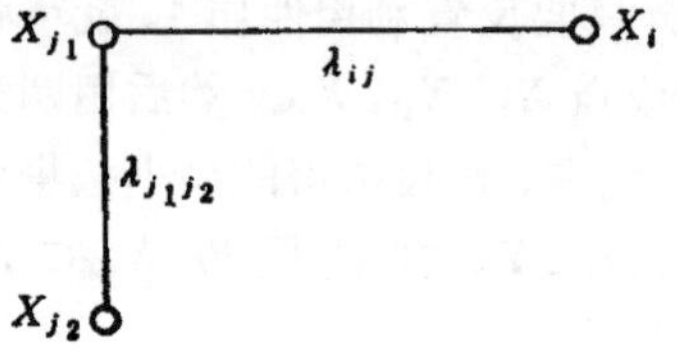

图 9

若 $j\in X_{j_1}$, 那末, 新边 $[X_{j_1}X_i]$ 恰巧代表分离 j 和 i 的最小截集.

若 $j\in X_{j_2}$, 则 $[X_{j_1}X_{j_2}]$ 也代表一个分离 i 和 j 的截集. 因此, $\lambda_{j_1j_2}\geqslant \lambda_{ij}$. 又因为 $[X_i,X_j]$ 也代表一个分离 i 和 j_1 的截集, 故 $\lambda_{ij}\geqslant \lambda_{ij_1}$. 根据性质 4, 在寻求分离 i 和 j_1 的最小截集时, 可将 X_{j_2} 收缩到某一点 x. 让 $\{\lambda'_{ig}\}$ 表示收缩 X_{j_2} 后的图上的截量函数. 则利用性质 1, 可得关系式

$$\lambda_{ij_1}=\lambda'_{ij_1}\geqslant \min\{\lambda'_{ix},\lambda'_{xj_1}\}.$$

因为

$$\lambda'_{ix} \geqslant \lambda_{ij} \geqslant \lambda_{ij_1}, \quad \lambda'_{xj_1} = \lambda'_{j_1x} \geqslant \lambda_{j_1j_2} \geqslant \lambda_{ij},$$

所以

$$\lambda_{ij_1} \geqslant \min\{\lambda_{ij}, \lambda_{j_1j_2}\} = \lambda_{ij} \geqslant \lambda_{ij_1},$$

即

$$\lambda_{ij_1} = \lambda_{ij},$$

因此，这时的新边 $[X_{j_1}X_i]$ 可以代表分离 $j_1(\in X_{j_1})$ 和 $i(\in X_i)$ 的最小截集.

上述过程，进行 $|V|-1$ 步后，就可使截集图中的每个 X_i 都是G的一个点，每条边 $[X_i, X_j]$ 恰巧代表分离点 $i(\in X_i)$ 和 $j(\in X_j)$ 的最小截集. 而且 $\lambda_{ij} = v_{ij}$. 这样的截集图称为G的一个截集树（或称截量树），记作 T.

定理 5.5 设 j_1 和 j_r 是G中任意的两点，在截集树T上，设连结 j_1 到 j_r（唯一）的一条链为

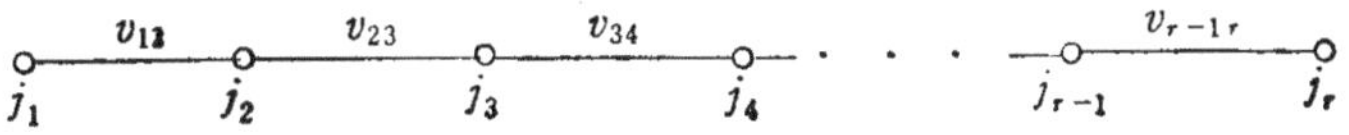

则在G中连结 j_1 到 j_r 的边不交链的最大数目为

$$\lambda_{j_1j_r} = \min\{v_{12}, v_{23}, \cdots, v_{r-1,r}\}.$$

证明：根据截集树T的构成过程，容易看出，若对应于边

$$[j_1j_2], [j_2, j_3], \cdots [j_{r-1}j_r]$$

的截集为

$$[X_1, \overline{X}_1], [X_2\overline{X}_2], \cdots, [X_{r-1}, \overline{X}_{r-1}],$$

则有

$$X_1 \subset X_2 \subset \cdots \subset X_{r-1},$$

$$\overline{X}_{r-1} \subset \overline{X}_{r-2} \subset \cdots \subset \overline{X}_1,$$

且

$$|\delta(X_k)| = v_{k,k+1}, \quad k = 1, \cdots, r-1.$$

因为

$$j_1 \in X_k, \quad j_r \in \overline{X}_k, \quad k = 1, \cdots, r-1$$

所以

$$\lambda_{i_1 i_r} \leqslant \min\{v_{12}, v_{23}, \cdots, v_{r-1,r}\}.$$

另一方面,因为在截集树上有

$$v_{k,k+1} = \lambda_{i_k i_{k+1}}, \quad k = 1, \cdots, r-1.$$

根据性质 2, 可得

$$\lambda_{i_1 i_r} \geqslant \min\{v_{12}, v_{23}, \cdots, v_{r-1,r}\},$$

因此

$$\lambda_{i_1 i_r} = \min\{v_{12}, v_{23}, \cdots, v_{r-1,r}\}.$$

证毕.

§4 奇 截 集

设 $G=[V,E]$ 是一个图,图中的点带有奇、偶两种标号. $V_1(\subseteq V)$ 中的点称为奇标号点, $V_0(=V\backslash V_1)$ 中的点称为偶标号点, 设 $V_1 \neq \phi$. 对任意的 $W\subseteq V$, 记W中所包含的奇标号点的数目为 $\lambda(W)$. 若 $\lambda(W)$ 为奇数,则称W为奇集, 否则称W为偶集. 假设V和ϕ都是偶集. 因此, 若M是奇集,则 $\bar{M}=V\backslash M$ 也是奇集. 一个截集 $[M,\bar{M}]=\delta(M)$, 若M是奇集, 则称其为奇截集. 设 $a(e)$ 是定义在边集合E上的容量函数, $a(e)\geqslant 0$, $(e\in E)$. 若 $e=[i,j]\in E$, 则通常记 $a(e)=a_{ij}$. 有时,若 $[i,j]\notin E$, 则定义 $a_{ij}=0$. 对任意的子集 M, $\phi\neq M\neq V$, 定义

$$a[M,\bar{M}] = \sum_{e\in\delta(M)} a(e) = \sum_{i\in M}\sum_{j\in\bar{M}} a_{ij}.$$

称 $a[M,\bar{M}]$ 为截集 $[M,\bar{M}]$ 的容量(或简称为截量).

所谓最小奇截集是指如下的问题: 寻求奇集 $W\subset V$, 使得

$$a[W,\bar{W}] = \min\{a[M,\bar{M}] \mid M\text{为奇集}\}.$$

对任意的点集 M_1 和 M_2, 若 $M_1\cap M_2=\phi$, 则我们也记

$$a[M_1,M_2] = \sum_{i\in M_1}\sum_{i\in M_2} a_{ij}.$$

性质 1 设

$$a[M,\overline{M}] = \min\{a[W,\overline{W}] \mid W\cap V_1\neq\phi, \overline{W}\cap V_1\neq\phi\},$$

则存在一个最小奇截集 $[X,\overline{X}]$，使得

$$X\subseteq M,\ 或者\ X\subseteq\overline{M}.$$

证明：若 $\lambda(M)$ 是奇数，则 $[M,\overline{M}]$ 便是一个最小奇截集. 现在假设，$\lambda(M)$ 是偶数，$[R,\overline{R}]$ 是任意的一个最小奇截集. 若 $M\cap R, M\cap\overline{R}$ $\overline{M}\cap R$, $\overline{M}\cap\overline{R}$ 中，至少有一个是空集，那末，$[R,\overline{R}]$ 或者 $[\overline{R},R]$ 便是所要求的 $[X,\overline{X}]$. 因此，不妨可设，$M\cap R$, $M\cap\overline{R}$, $\overline{M}\cap R$, $\overline{M}\cap\overline{R}$ 都非空.

因为 $\lambda(R)$ 是奇数，则或者 $\lambda(R\cap M)$ 是奇数，或者 $\lambda(R\cap\overline{M})$ 是奇数. 不失一般性，假设 $\lambda(R\cap M)$ 是奇数. 因为 $\lambda(M)$ 是偶数，所以 $\lambda(\overline{R}\cap M)$ 也是奇数. 因为 $\overline{M}\cap V_1\neq\phi$，所以，或者 $\overline{M}\cap\overline{R}$ 中含有奇标号点，或者 $\overline{M}\cap R$ 中含有奇标号点.

情形 1. $\overline{M}\cap\overline{R}$ 中含有奇标号点.

设 $W = M\cup(\overline{M}\cap R)$. 因为 $(\overline{M}\cap R)$ 非空，所以 $W\neq M$. 因为 M 和 $\overline{M}\cap\overline{R}$ 中都含有奇标号点，所以

$$W\cap V_1\neq\phi,\ \overline{W}\cap V_1\neq\phi,$$

则由 $a[M,\overline{M}]$ 的最小性，可得

$$a[M,\overline{M}]\leqslant a[W,\overline{W}].$$

消去不等式两边的相同项后，可得

$$a[M\cap R,\overline{M}\cap R] + a[M\cap\overline{R},\overline{M}\cap R]\leqslant a[\overline{M}\cap R,\overline{M}\cap\overline{R}]. \tag{10}$$

又因为

$$a[M\cap R,\overline{M\cap R}] = a[M\cap R,M\cap\overline{R}] + a[M\cap R,\overline{M}\cap R] + a[M\cap R,\overline{M}\cap\overline{R}],$$

$$a[R,\overline{R}] = a[M\cap R,M\cap\overline{R}] + a[M\cap R,\overline{M}\cap\overline{R}] + a[\overline{M}\cap R,M\cap\overline{R}] + a[\overline{M}\cap R,\overline{M}\cap\overline{R}].$$

则利用(10)可得

$$a[M\cap R,\ \overline{M\cap R}]\leqslant a[R,\ \overline{R}],$$

因此，$[M\cap R,\ \overline{M\cap R}]$ 也是一个最小奇截集，它就是所要求的一个 $[X,\overline{X}]$.

情形 2. $\overline{M}\cap R$ 包含奇标号点.

类似地可以证明：$[M\cap\overline{R}, \overline{M\cap\overline{R}}]$ 也是一个最小奇截集，它就是定理中所要求的 $[X,\overline{X}]$。证毕.

性质 1 说明了这样的事实：当 $\lambda(M)$ 和 $\lambda(\overline{M})$ 都是偶数时，记收缩 $\overline{M}$ 后的图为 $G^1=[V^1,E^1]$，收缩 M 后的图为

$$G^2=[V^2,E^2],$$

其中的

$$V^1=M\cup\{s^1\},\quad V^2=\overline{M}\cup\{s^2\}.$$

s^1 和 s^2 分别表示 $\overline{M}$ 和 M 的收缩点，且是 G^1 和 G^2 中的偶标号点．那末，图 G 中存在某个最小奇截集是 G^1 或 G^2 中的最小奇截集.

让 $G_T=[N, F]$ 表示 G 的这样一个截集图，N 中任意一个点 X 是 V 的一个子集，使得 $|X\cap V_1|=1$，对任意的 $f=[X_1, X_2]\in F$，若 $X_1\cap V_1=\{j_1\}$，$X_2\cap V_1=\{j_2\}$，则 f 的容量 v_{12} 表示 G 中分离奇标号点 j_1 和 j_2 的最小截集的截量．进一步，设

是 G_T 中的任意一条链，其中

$$X_i\cap V_1=\{j_i\},\quad i=1,\cdots,r,$$

那末，G 中分离奇标号点 j_1 和 j_r 的最小截集的截量为

$$\min\{v_{12},v_{23},\cdots,v_{r-1,r}\}.$$

我们称上述截集图 G_T 是分离 G 中各奇标号点对的截集树.

设 $f^*=[X_s,X_t]$ 是 G_T 中使容量达到最小的边，即

$$v_{st}=\min\{v_{ij}|[X_i,X_j]\in F\}.$$

去掉边 f^* 后，G_T 分裂成两个子树 $G_T^1=[N^1,F^1]$ 和 $G_T^2=[N^2, F^2]$．这里的 v_{st} 是性质 1 中所说的 $a[M, \overline{M}]$，而 N^1 和 N^2 对应于 M 和 $\overline{M}$．若 $\lambda(N^1)$ 是奇数，则 $[N^1,N^2]$ 便是 G 的一个最小奇截集．相反，在 G 中分别收缩 N^2 和 N^1 后，可得图 G^1 和 G^2．因为收缩后的图不产生任何新的奇标号点，而对 N^1（或 N^2）中，任意的两个奇标号点 j_1 和 j_2，G_T 中连结 j_1 和 j_2（唯一）的一条链，必属于

G_T^1(或 G_T^2)，因此，G_T^1 是分离 G^1 中各奇标号点对的截集树；G_T^2 是分离 G^2 中各奇标号点对的截集树．设 G_T^1 中容量最小的边为 f_1^*，G_T^2 中容量最小的边为 f_2^*，设去掉边 f_1^* 后，G_T^1 分裂成两个子树 $G_T^{11}=[N^{11},F^{11}]$ 和 $G_T^{12}=[N^{12},F^{12}]$． 假如 $\lambda(N^{11})$ 是奇数，则 $[N^{11},N^{12}]$ 是 G^1 的一个最小奇截集．相反，在 G^1 中，继续分别收缩 N^{12} 和 N^{11} 后，可得图 G^{11} 和 G^{12}，对应的分离奇标号点对的截集树，分别为 G_T^{11} 和 G_T^{12}．类似地，设去掉边 f_2^* 后，G_T^2 分裂成两个子树 $G_T^{21}=[N^{21},F^{21}]$ 和 $G_T^{22}[N^{22},F^{22}]$．假如 $\lambda(N^{21})$ 是奇数，则 $[N^{21},N^{22}]$ 是 G^2 的一个最小奇截集．相反，在 G^2 中继续分别收缩 N^{22} 和 N^{21} 后，可得图 G^{21} 和 G^{22}，设对应的分离奇标号点对的截集树，分别为 G_T^{21} 和 G_T^{22} 等等．假如 $[N^{11},N^{12}]$ 和 $[N^{21},N^{22}]$ 分别是 G^1 和 G^2 的最小奇截集，那末，分裂终止，根据性质 1，它们中间截量较小的，便是 G 的最小奇截集．

一般地说，运用上述分裂过程，必可得到 G_T 中的边序列 $f_1^*,\cdots f_p^*$，它们都对应于 G 的奇截集．归纳地，重复应用性质 1，就可以知道它们中间使截量最小的截集，便是 G 的最小奇截集．由此，我们便可推出如下的基本定理．

定理 5.6 G_T 上的最小奇截集便是 G 上的最小奇截集．

证明：综上所述便可得证．证毕．

例 设有带标号的图 G 如下：

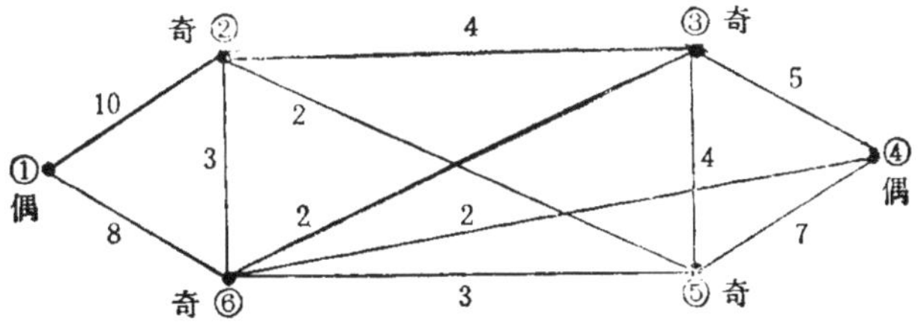

边旁的数字表示容量．下面是求 G 的最小奇截集的过程．

1. 分离奇标号点 2 和 5 的最小截集为[{1,2,6},{3,4,5}]，截量为 13．得截集图如下：

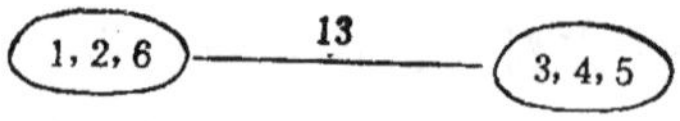

它不是奇截集.

2. 收缩{1,2,6},可得分离奇标号点 3 和 5 的最小截集为[{1,2,6;4,5},{3}],截量为 15, 是一个奇截集. 截集图如下:

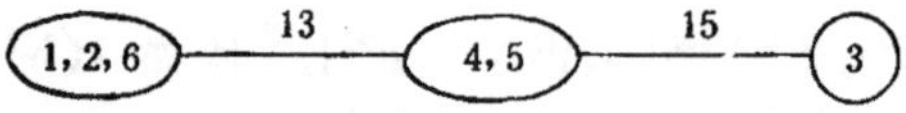

3. 收缩{3,4,5},可得分离奇标号点 2 和 6 的最小截集为[{1,2},{6;4,5;3}]截量为 17, 是一个奇截集,截集图如下:

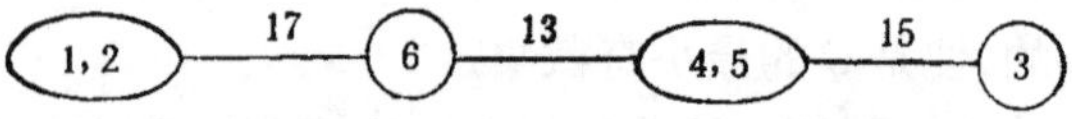

这就是分离奇标号点对的截集树 G_T. 最小奇截集为 [{1,2,4,5,6},{3}],截量为 15.

作为最小奇截集概念的应用，我们考虑最优匹配问题的割平面算法. 根据第四章 § 3 中所述，最优匹配问题可以写成如下的线性规划问题 (P):

$$\max \sum_{e\in E} c(e)x(e),$$

满足条件

$$\sum_{e\in\delta(v)} x(e)=1,\ \text{对所有的}\ v\in V,$$

$$\sum_{e\in\delta(S)} x(e)\geqslant 1,\ \text{对所有的奇点集}\ S\subset V,$$

$$x(e)\geqslant 0,\ \text{对所有的}\ e\in E.$$

其中

$$\delta(v)=\{e\in E\mid e\ \text{关联于}\ v\},$$
$$\delta(S)=\{e\in E\mid e=[u,v],v\in S,u\notin S\}.$$

步骤 1　利用字典序单纯形算法，求解松弛线性规划问题 $(\tilde{P})$:

$$\max\left\{\sum_{e\in E}c(e)x(e)\,\middle|\,\sum_{e\in\delta(v)}x(e)=1,\ (v\in V)\right.$$
$$\left.x(e)\geqslant 0,\ (e\in E)\right\}.$$

若 $(\tilde{P})$ 无允许解，则步骤终止，(P) 无允许解．相反，设求得 $(\tilde{P})$ 的基本最优解为 x^*．若 x^* 是 0,1 解，则步骤终止，x^* 是 (P) 的最优解；相反，进行步骤 2.

步骤 2　对应于 x^*，构造一个网络 G^*，让边 $e\in E$ 的容量为 $x^*(e)$.

步骤 3　求 G^* 的最小奇截集 $\delta(S^*)$.

步骤 4　以奇集条件

$$\sum_{e\in\delta(S^*)}x(e)\geqslant 1$$

作为割平面，加入 $(\tilde{P})$ 的条件中，得改进后的松弛问题 $(\bar{P})$.

步骤 5　用字典序单纯形算法，继续求解松弛问题 $(\bar{P})$．若 $(\bar{P})$ 无允许解，则步骤终止，(P) 无允许解．相反，设求得 $(\bar{P})$ 的基本最优解为 $\bar{x}^*$．若 $\bar{x}^*$ 是 0,1 解，则步骤终止，$\bar{x}^*$ 是 (P) 的最优解．相反，以 $\bar{x}^*$ 代替 x^*，$(\bar{P})$ 代替 $(\tilde{P})$，转到步骤 2.

§5　网络单纯形算法

这一节将扼要地介绍单纯形方法应用到网络问题时的特殊形式．文中有很多性质没有给出它的证明，这是作为习题留给读者的．

对定向图 $\mathbf{G}=(V,U)$，$V=\{1,2,\cdots,m\}$，$U=\{e_1,e_2,\cdots,e_n\}$，设 A 是 $\mathbf{G}$ 的点、弧关联矩阵．若 $e_j=(i,k)$，则记 $t(e_j)=i$，$h(e_j)=k$．通常称下述线性规划问题为运输问题：

求　　$$\min cx=\sum_{(i,k)\in U}c_{ik}x_{ik},$$

满足约束方程组 $(Ax=b)$:

$$\sum_{k\in\Gamma^-(i)} x_{ki}-\sum_{k\in\Gamma^+(i)} x_{ik}=b_i,\ i=1,\cdots,m,$$

$$x_{ik}\geqslant 0,\ \text{对所有的}\ (i,k)\in U.$$

其中 b_i 是点 i 的需求量(当 b_i 是负数时,表示点 i 是物资的发点,b_i 是正数时,表示点 i 是物资的收点),满足

$$\sum_{i=1}^{m} b_i=0.$$

运输问题的对偶问题为

求
$$\max\sum_{i=1}^{m} b_i\pi_i,$$

满足条件

$$\pi_k-\pi_i\leqslant c_{ik},\ \text{对所有的}\ (i,k)\in U.$$

请读者自己证明:

性质1 设 $\overline{A}$ 为去掉 A 的第 m 行后的子矩阵,则 A 和 $\overline{A}$ 的秩都是 $m-1$.

性质2 $\overline{A}$ 中的任意一个基 B,记对应于它的基变量的弧所构成的子图为 T_B,则 T_B 在基础图 G 中构成一个(支撑)树. 当 B 是允许基时,称 T_B 是允许树.

设对应于基 B 的单纯形乘子为 $\pi=(\pi_1,\cdots\pi_{m-1})$,约定 $\pi_m=0$,称点 m 为图 $\boldsymbol{G}$ 的根. 在子图 T_B 中,让 P_{ik} 表示连结 i 到 k 的(唯一的)一条链. 对任意的链 P,让

P^+ 表示 P 中,与链的前进方向一致的弧的集合;

P^- 表示 P 中,与链的前进方向相反的弧的集合. 定义链 P 的长度为

$$c(P)=\sum_{(i,k)\in P^+} c_{ik}-\sum_{(i,k)\in P^-} c_{ik}.$$

请读者证明:

性质3 $\pi_i=c(P_{mi})$.

性质4 对给定的树 T_B,以及任意的弧 $e\in U\backslash T_B$,则 $e\cup T_B$

中含有且仅有一个圈.

让 $\mathscr{C}(T_B,e)$ 表示 $e\cup T_B$ 中的圈,并给它一个定向,使 e 属于圈的顺向弧的集合 $\mathscr{C}^+(T_B, e)$. 设 $e=(i,k)$, 称链 P_{im} 和 P_{km} 首次相遇的顶点为 $\mathscr{C}(T_B,e)$ 的起点. 如下图所示:

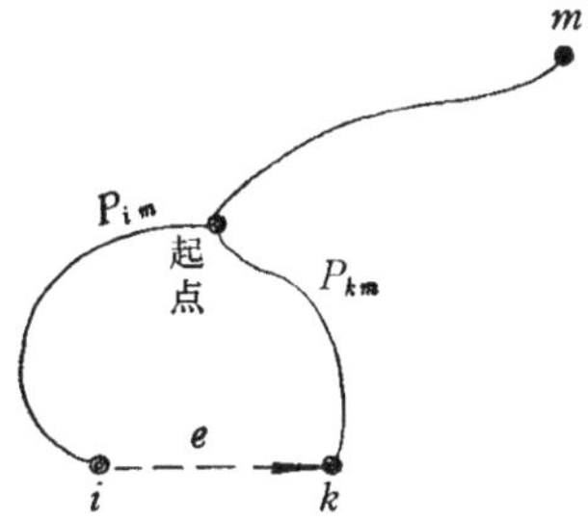

定义圈 $\mathscr{C}(T_B,e)$ 的长度为

$$c_e(T_B)=c_{ik}+c(P_{ki}).$$

请读者证明:

性质 5 $c_e(T_B)=c_{ik}+\pi_i-\pi_k$.

性质 6 设 B 是运输问题的一个允许基, x^0 是对应于 B 的基本允许解,若满足条件

$$c_e(T_B)\geqslant 0,\ \text{对所有的}\ e\in U\backslash T_B,$$

则 x^0 是运输问题的一个最优解.

利用上述性质,运输问题的单纯形算法可叙述如下:

0. 任给一允许基 B 以及相应的树 T_B. 设对应的基本允许解为 x^0.

1. 若满足

$C_e(T_B)\geqslant 0$, 对所有的 $e\in U\backslash T_B$, 则步骤终止, x^0 是一个最优解. 相反,进行步骤 2.

2. 选取进入基树的弧 $e_s\in U\backslash T_B$, 使得

$$s=\min\{j\,|\,e_j\in U\backslash T_B,\ C_{e_j}(T_B)<0\}.$$

3. 若满足

$$\mathscr{C}^-(T_B,e_s)=\{e\,|\,e\in\mathscr{C}(T_B,e_s),\ e\ \text{的方向与圈的定向相反}\}=\varnothing$$

则步骤终止,问题无最优解。相反,进行步骤 4。

4. 计算:

$$\theta = \min\{x_j^0 \mid e_j \in \mathscr{C}^-(T_B, e_s)\},$$
$$F = \{e_j \mid e_j \in \mathscr{C}^-(T_B, e_s), x_j^0 = \theta\},$$
$$r = \min\{j \mid e_j \in F\}.$$

5. 作 $x' = (x'_1, \cdots, x'_n)^T$:

$$x'_j = \begin{cases} x_j^0 + \theta, & e_j \in \mathscr{C}^+(T_B, e_s), \\ x_j^0 - \theta, & e_j \in \mathscr{C}^-(T_B, e_s), \\ x_j^0, & \text{对其他的 } e_j, \end{cases}$$

用 e_s 的列替换 B 中的 e_r 的列,得基 B'. 作

$$T_{B'} = T_B \cup \{e_s\} \setminus \{e_r\},$$

用 $B', T_{B'}, x'$ 代替 B, T_B, x^0, 转到步骤 1。

假如一个旋转变换使 $x^0 = x'$ (即 $\theta = 0$), 则称它是退化的. 步骤 2 和步骤 4 中的选取 s 和 γ 的小指标规则, 保证了算法在退化时不产生死循环. 然而,对网络规划,还有另外一种避免死循环的有趣的选取规划。

一个允许基 B, 设对应的允许树和基本允许解为 T_B 和 x^0,假如对任意的 $e_f = (i,k) \in T_B$ 当 $x_f^0 = x_{ik}^0 = 0$ 时,都使 $e_f \in P_{mk}$, 则称 B 是一个强允许基, x^0 是一个强基本允许解, T_B 是一个强允许树。

设 $e = (i,k)$ 是不属于 T_B 的任意一个弧, 设圈 $\mathscr{C}(T_B, e)$ 的起点为 h, 设 T_B 是强允许树,

$$F = \{e_j \mid e_j \in \mathscr{C}^-(T_B, e),\ x_j^0 = 0\} \neq \varnothing.$$

请读者证明:

性质 7　若 T_B 是一个强允许树,则 $P_{hi} \cap F = \varnothing$.

性质 8　设从 h 出发,沿着 $\mathscr{C}(T_B, e)$ 的定向走,首次遇见 F 中的弧为 f, 则 $T_{B'} = T_B \cup \{e\} \setminus \{f\}$ 仍然是一个强允许树. 进一步,设对应于 T_B 和 $T_{B'}$ 的单纯形乘子为 π 和 π', 则

$$\pi'_p = \begin{cases} \pi_p + C_e(T_B), & \text{若 } f \in P_{mp}, \\ \pi_p, & \text{若 } f \notin P_{mp}, \end{cases}$$

因此，使单纯形乘子的和严格下降。

在网络单纯形算法中，对旋转指标 s 和 r 的选取，只要满足：

(i) $C_{e_s}(T_B) < 0$,

(ii) 从圈 $\mathscr{C}(T_B, e_s)$ 的起点出发，沿着圈的定向走，首次遇见的 F 中的弧，取为 e_r.

则根据性质 8，旋转变换能保持基的强允许性，且能避免死循环，收敛于最优解。

类似于人造基方法，我们可以利用增加"伪弧"的办法(伪弧的长度都取为$+\infty$)，来构成第一个强基本允许解 x^0，它的 $m-1$ 个基变量为：

$$x^0_{im} = -b_i, \quad i \neq m, \quad b_i < 0,$$
$$x^0_{mi} = b_i, \quad i \neq m, \quad b_i > 0,$$
$$x^0_{mi} = 0, \quad i \neq m, \quad b_i = 0.$$

T_B 是以 m 为中心的"星形图"。

设 $T_0, T_1, \cdots, T_l$ 都是对应于同一个基本允许解 x^0 的强基本允许树，且构成单纯形方法的一个(退化的)计算序列。下面，我们将研究这样形式的序列的最大长度。首先，按下述规则将序列分段。定义 $s\langle 0\rangle = 0$，$s\langle 1\rangle$ 是使得没有弧 e 满足

$$C_e(T_q) < 0, \quad s\langle 0\rangle \leqslant q \leqslant s\langle 1\rangle$$

的最小的正整数。一般地说，若 $s\langle t-1\rangle$ 已有定义，则 $s\langle t\rangle$ 是使得没有弧 e 满足

$$C_e(T_q) < 0, \quad s\langle t-1\rangle \leqslant q \leqslant s\langle t\rangle$$

的最小的正整数。称 $T_{s\langle t-1\rangle}, T_{s\langle t-1\rangle+1}, \cdots, T_{s\langle t\rangle}$ 为序列的第 t 段。设

$$J^0 = \{e_j \mid x^0_j > 0\},$$
$$\mathbf{G}[J^0] = (V, J^0).$$

请读者证明：

性质 9　若顶点 v, w 属于 $\mathbf{G}[J^0]$ 的同一个连通片，则对任意的指标 p 和 q，$0 \leqslant p < q \leqslant l$，有关系式：

$$\pi_v(T_p) - \pi_w(T_p) = \pi_v(T_q) - \pi_w(T_q).$$

性质 10　若 T_l 中从 m 到 v 的链上有 α 个弧不属于 J^0，则

$$\pi_v(T_{s\langle\alpha\rangle}) = \pi_v(T_l).$$

证明：对 α 进行数学归纳．当 $\alpha = 0$ 时，v 和 m 属于 $\mathbf{G}[J^0]$ 的同一个连通片，因此，由性质 9，可得

$$\pi_v(T_0) - \pi_m(T_0) = \pi_v(T_l) - \pi_m(T_l),$$

即

$$\pi_v(T_0) = \pi_v(T_l).$$

现在假设命题对所有的 $\alpha < \beta$ 时成立，而当 $\alpha = \beta$ 时不成立．则有某个 $v \in V$，使得在 T_l 中，m 到 v 的链 P 上有 β 个弧不属于 J^0，且

$$\pi_v(T_l) < \pi_v(T_{s\langle\beta\rangle}).$$

设 $e = (t(e), h(e))$ 是 P 上最后的一个不属于 J^0 的弧，即 $h(e)$ 和 v 属于 $\mathbf{G}[J^0]$ 的同一个连通片；而在 T_l 中，m 到 $t(e)$ 的链 P' 上有 $\beta - 1$ 个弧不属于 J^0．根据归纳假设，可得

$$\pi_{t(e)}(T_{s\langle\beta-1\rangle}) = \pi_{t(e)}(T_l).$$

根据性质 9，可得

$$\pi_{h(e)}(T_l) < \pi_{h(e)}(T_{s\langle\beta\rangle}).$$

因为在退化情况下，对任意的 $v \in V$，有

$$\pi_v(T_p) \geqslant \pi_v(T_q),\quad 0 \leqslant p < q \leqslant l.$$

所以，当 $s\langle\beta - 1\rangle \leqslant p \leqslant s\langle\beta\rangle$ 时，必有

$$\begin{aligned} C_e(T_p) &= C(e) + \pi_{t(e)}(T_p) - \pi_{h(e)}(T_p) \\ &\leqslant C(e) + \pi_{t(e)}(T_l) - \pi_{h(e)}(T_{s\langle\beta\rangle}) \\ &< C(e) + \pi_{t(e)}(T_l) - \pi_{h(e)}(T_l) = 0. \end{aligned}$$

这就与序列的段的定义相矛盾．证毕．

利用性质 10，立即可得：

性质 11　任何退化的强允许的单纯形方法的计算序列：$T_0, T_1, \cdots, T_l$，最多可分为 $m - 1 - |J^0|$ 段．

假如我们采取下面所说的循环选择 (e_s) 法，那末可使各段的长度不超过 $|E|$．

循环选择法：

将弧排列成一个圆圈:

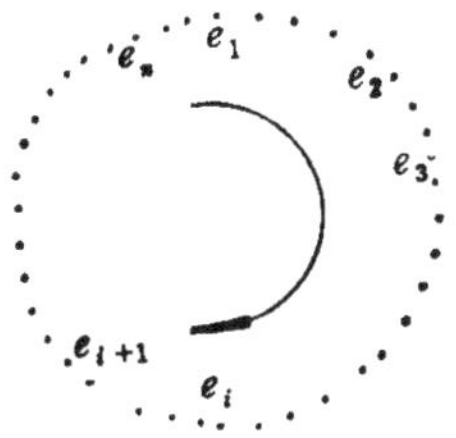

按顺时针方向，探寻使 $C_e(T)<0$ 的弧. 若 e_s 是上一次被选作换入基树的弧,则这一次从 e_{s+1}(e_{n+1} 看作 e_1) 开始,按顺时针方向逐个检查,首次遇见使 $C_e(T)<0$ 的弧，取为旋入基树的弧. 称这种方式为循环选择法.

最后,请读者证明:

性质 12　假如在网络单纯形算法中，对旋转指标 r 的选取，保持基的强允许性,而对旋转指标 s 的选择,采取循环选择法，那末,在退化情况下,计算序列的长度 $l\leqslant(m-1-|J^0|)|E|$.

§6　应　　用

作为前面各章的理论和方法的综合应用，这一节将进一步介绍一些著名的组合对偶定理. 这些定理都可利用全单位模性和全对偶整数性得到证明. 我们列出了很多性质，有的未给它们的证明,这是作为习题留给读者的.

给定图 $G=[V,E]$,$V=\{v_1,v_2,\cdots,v_n\}$, $E=\{e_1,e_2,\cdots,e_m\}$，让 $\mathscr{T}$ 表示由所有的奇点集所构成的集合.

性质 1　下述多面体是所有边无关集的关联向量的凸包:

(i) $\sum\limits_{e\in\delta(v)}y(e)\leqslant 1$, $v\in V$;

(ii) $\sum\limits_{e\in E(T)}y(e)\leqslant\dfrac{|T|-1}{2}$, $T\in\mathscr{T}$;

(iii) $y(e)\geqslant 0$, $e\in E$.

证明：设 y 是上述多面体的任意一个顶点．设$G^*=[V^*,E^*]$是一个和 $G=[V,E]$ 一样(同构)的图． $V^*=\{v_1^*,v_2^*,\cdots,v_n^*\}$，$E^*=\{e_1^*,e_2^*,\cdots,e_m^*\}$，当且仅当，$e_j=[v_i,v_k]$ 时，$e_j^*=[v_i^*,v_k^*]$，$(1\leqslant j\leqslant m)$．作图 $\tilde{G}=[\tilde{V},\tilde{E}]$，其中

$$\tilde{V}=V\cup V^*,$$

$$\tilde{E}=E\cup E^*\cup\{[v_1,v_1^*],\cdots,[v_n,v_n^*]\}.$$

对应于 $y(e)(e\in E)$，定义 $\tilde{y}(\tilde{e})(\tilde{e}\in\tilde{E})$ 如下：

$$\tilde{y}(e)=\tilde{y}(e^*)=y(e),e\in E,$$

$$\tilde{y}([v,v^*])=1-\sum_{e\in\delta(v)}y(e),\ v\in V.$$

下面我们证明 $\tilde{y}$ 是对应于图 $\tilde{G}$ 的完美匹配多面体 $P_{\tilde{G}}$ 的顶点．

显然，$\tilde{y}$ 满足

$$\tilde{y}(\tilde{e})\geqslant 0,\qquad \tilde{e}\in\tilde{E},$$

$$\sum_{\tilde{e}\in\delta(\tilde{v})}\tilde{y}(\tilde{e})=1,\ \tilde{v}\in\tilde{V}.$$

对 $\tilde{V}$ 的任意奇点集 $\tilde{T}=V_1\cup V_2^*$，$(V_1\subseteq V,\ V_2^*\subseteq V^*)$，必有

$$\sum_{\tilde{e}\in\delta(\tilde{T})}\tilde{y}(\tilde{e})\geqslant\sum_{\tilde{e}\in\delta(V_1\backslash V_2)}\tilde{y}(\tilde{e})+\sum_{\tilde{e}\in\delta(V_2^*\backslash V_1^*)}\tilde{y}(\tilde{e}),$$

其中

$V_1^*(V_2)$ 是 $V^*(V)$ 中对应于 $V_1(V_2^*)$ 的子集．因为$|V_1|+|V_2^*|$是奇数，所以$|(V_1\backslash V_2)|$ 和$|(V_2^*\backslash V_1^*)|$中至少有一个是奇数．不妨可设，$|(V_1\backslash V_2)|$ 是奇数．则有

$$\sum_{\tilde{e}\in\delta(V_1\backslash V_2)}\tilde{y}(\tilde{e})=|(V_1\backslash V_2)|-2\sum_{e\in E(V_1\backslash V_2)}y(e)$$

$$\geqslant|(V_1\backslash V_2)|-2\cdot\frac{|(V_1\backslash V_2)|-1}{2}=1,$$

因此

$$\sum_{\tilde{e}\in\delta(\tilde{T})}\tilde{y}(\tilde{e})\geqslant\sum_{\tilde{e}\in\delta(V_1\backslash V_2)}\tilde{y}(\tilde{e})\geqslant 1,$$

所以 $\tilde{y}\in P_{\tilde{G}}$．由 y 是多面体 (i)，(ii)，(iii) 的顶点，容易推出，$\tilde{y}$

是 $P_{\bar{G}}$ 的一个顶点，由定理 4.5 可知，$\tilde{y}$ 是 0,1 向量. 因此，$\boldsymbol{y}$ 也是 0,1 向量，即 y 是边无关集的关联向量，证毕.

下面的性质 2 说明多面体 (i),(ii),(iii) 具有全对偶整数性.

性质 2　对任意的权函数 w: $E \to Z_+$，对偶线性规划：

$$\min \sum_{v\in V} u(v) + \sum_{T\in\mathscr{T}} z(T)\left(\frac{|T|-1}{2}\right),$$

满足

$$\begin{aligned}
&u(v) \geqslant 0,\ v \in V,\\
&z(T) \geqslant 0,\ T \in \mathscr{T},\\
&\sum_{v\in e} u(v) + \sum_{T\in\mathscr{T},e\in E(T)} z(T) \geqslant w(e),\ e \in E
\end{aligned}$$

必有整数的最优解.

证明：假设命题不成立，即有反例. 设图 $G=[V,E]$ 和权 $w \in Z_+^{|E|}$ 是使函数

$$|V| + |E| + \sum_{e\in E} w(e)$$

的值达到最小的一个反例. 这时必有

$$w(e) \geqslant 1,\ \text{对所有的}\ e \in E,$$

因为若有某个 $w(e)=0$，则在 G 中去掉 e 后，仍然是一个反例，与最小性相矛盾.

设线性规划

$$\max \sum_{e\in E} w(e)y(e),$$

满足

$$\begin{aligned}
&\sum_{e\in\delta(v)} y(e) \leqslant 1, && v \in V,\\
&\sum_{e\in E(T)} y(e) \leqslant \frac{|T|-1}{2}, && T \in \mathscr{T},\\
&y(e) \geqslant 0, && e \in E
\end{aligned}$$

的所有基本最优解的集合为 $\mathscr{F}$. 根据性质 1，$\mathscr{F}$ 中的元素是边无关集的关联向量. 因此，我们同时也可以把 $\mathscr{F}$ 看作是由最优的边无关集所构成的集合.

假如有某一个 $v' \in V$，使得对任何 $y \in \mathscr{F}$，有

$$\sum_{e \in \delta(v')} y(e) = 1,$$

则定义权 $w' \in Z_+^{|E|}$ 如下：

$$w'(e) = w(e) - 1,\ e \in \delta(v'),$$
$$w'(e) = w(e),\ e \in E \setminus \delta(v').$$

用 w' 代替 w 后，基本最优解的集合仍为 $\mathscr{F}$. 对应于 w' 的对偶线性规划

$$\min \sum_{v \in V} u(v) + \sum_{T \in \mathscr{T}} z(T)\left(\frac{|T| - 1}{2}\right),$$

满足

$$u(v) \geqslant 0,\ v \in V,$$
$$z(T) \geqslant 0,\ T \in \mathscr{T},$$
$$\sum_{v \in e} u(v) + \sum_{T \in \mathscr{T}, e \in E(T)} z(T) \geqslant w'(e),\ e \in E$$

必有整数的最优解：$\{u'(v),\ z'(T)\}$（因为 $\langle G, w\rangle$ 是一个最小的反例）. 则

$$z(T) = z'(T),\ T \in \mathscr{T},$$
$$u(v') = u'(v') + 1,$$
$$u(v) = u'(v),\ v \in V \setminus \{v'\}$$

便是对应于 w 的对偶线性规划的一个最优解，与假设相矛盾. 因此，对任意的 $v \in V$，必存在一个最优的无关集 $y \in \mathscr{F}$，使得 y 不覆盖 v 即

$$y(e) = 0,\ 对所有的\ e \in \delta(v).$$

设 $\{u(v), z(T)\}$ 是对应于 w 的对偶线性规划的一个最优解. 假如最优解不唯一，则在其中取一个使

$$\sum_{T \in \mathscr{T}} z(T)|T|(|V| - |T|)$$

尽可能小的最优解作为 $\{u(v), z(T)\}$. 首先，必有

$$u(v) = 0,\ 对所有的\ v \in V.$$

因为若有某个 v'，使 $u(v') > 0$，则根据对偶理论中的“松紧关

系"，对任意的 $y\in F$，必有

$$\sum_{e\in\delta(v')} y(e)=1.$$

与假设相矛盾. 下面，我们证明，对任意的 T' 和 $T''\in\mathscr{T}$，使得 $z(T')>0$，$z(T'')>0$，且 $T'\cap T''\neq\varnothing$，那末，必有 $T'\subseteq T''$，或者 $T''\subseteq T'$（通常称这样的 T' 和 T'' 为互不交叉）.

设若相反，有 $T', T''\in\mathscr{T}$，$z(T')>0$，$z(T'')>0$，$T'\setminus T''\neq\varnothing$，$T''\setminus T'\neq\varnothing$，且有某个 $v\in T'\cap T''$，（即 T' 和 T'' 相互交叉）. 设 $y\in\mathscr{F}$，使得

$$\sum_{e\in\delta(v)} y(e)=0.$$

根据对偶理论中的松紧关系，y 中必有 $\dfrac{|T'|-1}{2}$ 条边属于 $E(T')$（因为 $z(T')>0$），y 中也必有 $\dfrac{|T''|-1}{2}$ 条边属于 $E(T'')$（因为 $z(T'')>0$）. 由此，读者就不难推出，y 中必有 $\dfrac{|T'\cap T''|-1}{2}$ 条边属于 $E(T'\cap T'')$，因此，$T'\cap T''$ 和 $T'\cup T''$ 都是奇点集. 设

$$\varepsilon=\min\{z(T'),z(T'')\}>0.$$

定义 $\{u'(v),z'(T)\}$ 如下：

$$\begin{aligned}
&u'(v)=0,\ v\in V,\\
&z'(T')=z(T')-\varepsilon,\\
&z'(T'')=z(T'')-\varepsilon,\\
&z'(T'\cap T'')=z(T'\cap T'')+\varepsilon,\\
&z'(T'\cup T'')=z(T'\cup T'')+\varepsilon,\\
&z'(T)=z(T),\ \text{对其余的奇点集 } T,
\end{aligned}$$

则 $\{u'(v),\ z'(T)\}$ 也是对应于 w 的对偶规划的一个最优解. 然而

$$\sum_{T\in\mathscr{I}} z'(T)|T|(|V|-|T|)<\sum_{T\in\mathscr{I}} z(T)|T|(|V|-|T|)$$

与 $\{u(v),\ z(T)\}$ 的假设相矛盾.

最后，我们证明 $\{u(v), z(T)\}$ 便是对偶规划的一个整数的最优解。

设若相反，让 $T' \in \mathscr{T}$ 满足：

$$|T'| = \max\{|T| \mid T \in \mathscr{T},\ z(T) \text{ 不是整数}\}$$

$$z(T') = \lfloor z(T') \rfloor + r, (r > 0).$$

设

$$\mathscr{T}' = \{T \in \mathscr{T} \mid z(T) > 0,\ T \subset T',\ T \neq T'\}.$$

$T_1, \cdots, T_k$ 是 $\mathscr{T}'$ 中的所有的极大元素（按集合的包含关系达到极大）。则不难证明，$T_1, \cdots, T_k$ 两两互不相交。定义 $\{u'(v), z'(T)\}$ 如下

$$u'(v) = 0,\ v \in V,$$

$$z'(T') = z(T') - r,$$

$$z'(T_i) = z(T_i) + r,\ i = 1, \cdots, k,$$

$$z'(T) = z(T), \text{ 对其余的奇点集 } T.$$

则利用 w 的整数性，不难证明，$\{u'(v), z'(T)\}$ 也是对应于 w 的对偶规划的一个最优解。然而

$$\sum_{T \in \mathscr{T}} z'(T)|T|(|V| - |T|) < \sum_{T \in \mathscr{T}} z(T)|T|(|V| - |T|),$$

这就与 $\{u(v), z(T)\}$ 的假设相矛盾。证毕。

给定有向图 $\boldsymbol{G} = (V, U), V = \{1, 2, \cdots, n\}$，弧 $(i,j)(\in U)$ 的长度为 $l_{ij}(>0)$。一个子图 (V, T)，若满足：

(i) 连通；

(ii) 对各点 $i \neq 1$，有且仅有一个入弧。

则称其为一个树形图，称 T 为一个树形集，点 1 称为树根。在树形图上，从 1 到 i，有且仅有一条定向路。

对任意的非空子集 $X \subseteq \{2, \cdots, n\}$，定义

$$\delta^+(X) = \{(i,j) \mid i \in X, j \notin X, (i,j) \in U\},$$

$$\delta^-(X) = \{(i,j) \mid i \notin X, j \in X, (i,j) \in U\},$$

$$\delta(X) = \{(i,j) \mid (i,j) \in \delta^+(X) \cup \delta^-(X)\}.$$

X 的入弧的集合 $\delta^-(X)$ 称为一个树截集。

让A表示所有树形集的关联矩阵，即A的列对应于图的弧，A的行是树形集的关联向量。让D表示所有树截集的关联矩阵。即D的列对应于图的弧，D的行是树截集的关联向量。

性质3　对任意的弧长函数 $l:U \to Z_+$，线性规划 LP$\{D,l\}$：

$$\max\{y\mathbf{1} \mid yD \leqslant l, y \geqslant 0\},$$

必有整数的最优解。

证明：设 y^* 是 LP$\{D,l\}$ 的一个最优解。假如最优解不唯一，则在其中取一个使

$$\sum_{\phi \neq X \subseteq \{2,\cdots,n\}} y^*_{\delta^-(X)} \cdot |X|^2$$

尽可能大的最优解，作为 y^*。记

$$\mathscr{F} = \{X \subseteq V \mid y^*_{\delta^-(X)} > 0\}.$$

下面我们证明，对任意的 $X_h, X_k \in \mathscr{F}$，必有：

$$X_h \cap X_k = \varnothing，或者\ X_h \subseteq X_k，或者\ X_k \subseteq X_h.$$

因为设若相反，有 $X_h, X_k \in \mathscr{F}$，使

$$X_h \cap X_k \neq \varnothing，\ X_h \nsubseteq X_k \nsubseteq X_h$$

则可作 y' 如下：

$$y'_{\delta^-(X_h)} = y^*_{\delta^-(X_h)} - \varepsilon,$$
$$y'_{\delta^-(X_k)} = y^*_{\delta^-(X_k)} - \varepsilon,$$
$$y'_{\delta^-(X_h \cap X_k)} = y^*_{\delta^-(X_h \cap X_k)} + \varepsilon,$$
$$y'_{\delta^-(X_h \cup X_k)} = y^*_{\delta^-(X_h \cup X_k)} + \varepsilon,$$
$$y'_{\delta^-(X)} = y^*_{\delta^-(X)}，对其余的\ X \subseteq \{2,\cdots,n\},$$

其中

$$\varepsilon = \min\{y^*_{\delta^-(X_h)}, y^*_{\delta^-(X_k)}\} > 0.$$

容易看出，y' 满足

$$y' \geqslant 0,\ y'D \leqslant y^*D \leqslant l,\ y'\mathbf{1} = y^*\mathbf{1},$$

因此，y' 也是线性规划的一个最优解。但是，

$$\sum_{\phi \neq X \subseteq \{2,\cdots,n\}} y^*_{\delta^-(X)} \cdot |X|^2 < \sum_{\phi \neq X \subseteq \{2,\cdots,n\}} y'_{\delta^-(X)} \cdot |X|^2.$$

这就与 y^* 的取法相矛盾。

对任意的 $X, X' \in \mathscr{F}$，若 $X' \subset X$，且不存在 $Y \in \mathscr{F}$，使得 $X' \subset Y \subset X$，则称 X' 是 X 的一个极大的 $\mathscr{F}$-子集。设 F 是 D 中对应于 $\mathscr{F}$ 中的 X 的那些行所构成的子矩阵。对任意的 $X \in \mathscr{F}$，设它的极大的 $\mathscr{F}$-子集为 $X_1, \cdots, X_k \in \mathscr{F}$。设在矩阵 F 中，对应于 $X, X_1, \cdots, X_k$ 的行是

$$F_{\delta^-(X)}, F_{\delta^-(X_1)}, \cdots, F_{\delta^-(X_k)}.$$

对矩阵 F，作如下的初等变换：对任意的 $X \in \mathscr{F}$，用

$$F_{\delta^-(X)} - [F_{\delta^-(X_1)} + \cdots + F_{\delta^-(X_k)}]$$

代替 F 中原来的行 $F_{\delta^-(X)}$。假设对每一个 $X \in \mathscr{F}$ 都进行上述初等变换后所得的矩阵为 F'。作为习题，请读者证明以下的重要事实：

(i) 在 F' 中，每一列的非零元素的个数不超过 2；且若有某一列的非零元素的个数恰为 2，则其中一个为 $+1$，另一个为 -1.

(ii) F' 和 F 都是全单位模矩阵。

(iii) $\max\{y\mathbf{1} \mid y \geqslant 0, yD \leqslant l\} = \max\{Z\mathbf{1} \mid Z \geqslant 0, ZF \leqslant l\}$
$= y^*\mathbf{1}$.

利用 (ii) 和 (iii)，性质 3 即可得证。证毕。

利用全对偶整数性，容易证明：

性质 4 多面体

$$\{x \mid x \geqslant 0, Dx \geqslant \mathbf{1}\}$$

的所有顶点都是 0,1 解。它们是树形集的关联向量，且有

$$\min\{lx \mid Dx \geqslant \mathbf{1}, x \text{ 是 } 0,1 \text{ 向量}\}$$
$$= \max\{y\mathbf{1} \mid yD \leqslant l, y \text{ 是 } 0,1 \text{ 向量}\}.$$

当 $l = \mathbf{1}$ 时，说明若 $\boldsymbol{G}$ 有树形图，则含有 $n-1$ 个弧不相交的树截集。

性质 5 0,1 矩阵 A 和 D 互为外配偶。且对任意的非负整数向量 w，有关系：

$$\max\{y\mathbf{1} \mid yA \leqslant w, y \text{ 是 } 0,1 \text{ 向量}\}$$
$$= \min\{wx \mid Ax \geqslant \mathbf{1}, x \text{ 是 } 0,1 \text{ 向量}\}.$$

当 $w = \mathbf{1}$ 时，说明 $\boldsymbol{G}$ 中，弧不相交的树形图的最大数目等于最小

树截集的弧数.

设 $\boldsymbol{G}=(V, U)$ 是一个定向图. 对任意的点子集 X, $\varnothing \neq X \neq V$, 若 $\delta^{+}(X)=\varnothing$, 则称 $\delta^{-}(X)$ 是一个定向截集. 弧的子集 S, 若它与每一个定向截集的交都非空, 则称 S 是一个定向(截集的)覆盖, 让 B 表示所有定向截集的关联矩阵. 即 B 的列对应于图的弧, B 的行是定向截集的关联向量. 请读者证明:

性质 6　若 $\delta^{-}(X_1)$ 和 $\delta^{-}(X_2)$ 都是定向截集, 则 $\delta^{-}(X_1 \cap X_2)$ 和 $\delta^{-}(X_1 \cup X_2)$ 也都是定向截集.

性质 7　对任意的弧长函数 $l: U \rightarrow Z_{+}$, 线性规划 LP$\{B, l\}$:

$$\max \{y \mathbf{1} \mid y \geqslant 0,\ y B \leqslant l\}$$

必有整数的最优解.

性质 8　多面体

$$\{x \mid x \geqslant 0,\ B x \geqslant \mathbf{1}\}$$

的所有顶点都是 0,1 解. 它们是定向覆盖的关联向量. 且有

$$\begin{aligned} & \min \{l x \mid B x \geqslant \mathbf{1},\ x \text{ 是 } 0,1 \text{ 向量}\} \\ & \quad=\max \{y \mathbf{1} \mid y B \leqslant l,\ y \text{ 是 } 0,1 \text{ 向量}\}. \end{aligned}$$

当 $l=\mathbf{1}$ 时,说明 $\boldsymbol{G}$ 中, 弧不相交的定向截集的最大数目等于最小定向覆盖的弧数.

设 $\boldsymbol{G}=(V, U)$ 是一个定向图. $r, s \in V$, r 称为起点, s 称为终点. 对任意的子集 $X \subseteq V \backslash\{s\}$, $r \in X$, 称弧集

$$\delta^{+}(X)=\{(i, j) \mid i \in X,\ j \notin X,\ (i, j) \in U\}$$

为一个 r-s 截集. 让 $a_1, \cdots, a_m$ 表示所有 r-s 截集(对于弧)的关联向量. 让 $b_1, \cdots, b_t$ 表示所有从 r 到 s 的定向路(对于弧)的关联向量. 记

$$A=\begin{pmatrix} a_1 \\ \vdots \\ a_m \end{pmatrix}, \quad B=\begin{pmatrix} b_1 \\ \vdots \\ b_t \end{pmatrix}.$$

性质 9　对任意的弧长函数 $l: U \rightarrow Z_{+}$ 线性规划 LP$\{A, l\}$:

$$\max \{y \mathbf{1} \mid y \geqslant 0,\ y A \leqslant l\}$$

必有整数的最优解.

证明：设 k 是 r 到 s 的最短(指弧长和最小)定向路的长度. 对每一个正整数 i, $1 \leqslant i \leqslant k$, 定义

$$V_i = \{v \in V \mid \text{存在一条从 } r \text{ 到 } v \text{ 的,长度小于 } i \text{ 的定向路}\}.$$

根据定义,显然有关系

$$V_1 \subseteq V_2 \subseteq \cdots \subseteq V_k,$$

$$r \in V_i,\ s \notin V_i,\ i = 1, \cdots, k.$$

不妨可设，a_i 是 $\delta^+(V_i)$ 的关联向量 ($i = 1, \cdots, k$)，则不难证明：

(i) $\max\{y\mathbf{1} \mid y \geqslant 0,\ yA \leqslant l\} \leqslant k$;

(ii) $a_1 + a_2 + \cdots + a_k \leqslant l$,

因此,

$$y_1 = y_2 = \cdots = y_k = 1;\ y_{k+1} = \cdots = y_m = 0$$

是 LP$\{A,l\}$ 的一个最优解. 证毕.

下面,请读者进一步证明:

性质 10　多面体

$$\{x \mid Ax \geqslant \mathbf{1},\ x \geqslant 0\}$$

的所有顶点都是 0,1 解. 它们是从 r 到 s 的定向路的关联向量.

性质 11　0,1 矩阵 A 和 B 互为外配偶.

性质 12　对任意的(容量)函数, w: $U \to Z_+$, 线性规划 LP$\{B, w\}$:

$$\max\{y\mathbf{1} \mid yB \leqslant w,\ y \geqslant 0\}$$

必有整数的最优解(即整数的最大流).

性质 13　对任意的(容量)函数 $w: U \to Z_+$

$$\max\{y\mathbf{1} \mid yB \leqslant w, y \geqslant 0\} = \min\{wx \mid Bx \geqslant \mathbf{1}, x \geqslant 0\} = \min_{1 \leqslant i \leqslant m} wa_i^T,$$

即

最大流量=最小截量.

第六章　拟　　阵

§1　基本概念和性质

设E为有限个元素所组成的集合，$\mathscr{I}$ 是E的某一子集簇．若它满足下述条件(i)和(ii)，则称 $M=(E,\ \mathscr{I})$ 为一个拟阵：

(i)（遗传性） $\phi\in\mathscr{I}$，若 $I\in\mathscr{I}$，$I'\subseteq I$，则 $I'\in\mathscr{I}$．

(ii)（可扩性） 若 $I_p\in\mathscr{I}$，$I_{p+1}\in\mathscr{I}$，$|I_p|=p$ $|I_{p+1}|=p+1$，则存在元素 $e\in I_{p+1}\backslash I_p$，使得 $I_p\cup\{e\}\in\mathscr{I}$．

称 $\mathscr{I}$ 为此拟阵的独立集簇，$\mathscr{I}$ 中的元素称为拟阵M的独立集．对给定的拟阵（E，$\mathscr{I}$），设S是E的任一子集，若 $I\in\mathscr{I}$，$I\subseteq S$，而对任何 $e\in(S\backslash I)$ 都使 $(I\cup e)\notin\mathscr{I}$，则称$I$为$S$的极大独立集（这里 $I\cup e$ 是集合和 $I\cup\{e\}$ 的简写）．由拟阵的可扩性，立即可得

性质1　对任何集合 $S\subseteq E$，S 中的任何极大独立集的元素数目都相等．

E的极大独立集称为拟阵的基，对任意的集合 $S\subseteq E$，定义S的秩 $r(S)$ 如下：

$$r(S)=\max\{|I|\,|\,I\subseteq S,I\in\mathscr{I}\}.$$

显然，若S是独立集，则 $r(S)=|S|$． E的任一子集S，若 $S\notin\mathscr{I}$，则称S为拟阵的相关集．E的任一相关集$\mathscr{C}$，若$\mathscr{C}$的任何真子集都是独立集，则称$\mathscr{C}$为拟阵的一个圈．因此，拟阵的圈是拟阵的极小相关集．对任意的子集 $S\subseteq E$，定义S的支撑集（对M而言）$SP(S)$ 如下：

$$\mathscr{S}=\{S'\,|\,S'\subseteq E,\ S'\supseteq S,\ r(S')=r(S)\},$$

$$SP(S)=\bigcup_{S'\in\mathscr{S}} S'.$$

性质 2 $r(SP(S))=r(S)$.

证明：设 I 是 S 中的一个极大独立集。若

$$r(SP(S))>r(S)=|I|,$$

则存在独立集 $I'\subseteq SP(S)$ 使得 $|I'|>|I|$. 由拟阵的可扩性，必存在某元素 $e'\in(I'\backslash I)$，使得 $(e'\cup I)\in\mathscr{I}$. 因为 $e'\in SP(S)$，故必存在某 $S'\in\widetilde{\mathscr{S}}$，使得 $e'\in S'$ 且 $S'\supseteq S$，$r(S')=r(S)$. 因此 $(e'\cup I)\subseteq S'$，而 $r(S')\geqslant|e'\cup I|>|I|=r(S)$. 故得矛盾，性质证毕。

性质 3 若 I 是拟阵 $(E,\mathscr{I})$ 的一个独立集，$I\cup e$ 是相关集，则 $I\cup e$ 中有且仅有一个圈。

证明：因为相关集中必含有极小相关集，所以 $I\cup e$ 中必含有圈。假设 $I\cup e$ 中含有两个不同的圈 $\mathscr{C}_1$ 和 $\mathscr{C}_2$，则有 $\mathscr{C}_1\backslash\mathscr{C}_2\neq\phi$，$\mathscr{C}_2\backslash\mathscr{C}_1\neq\phi$. 令 $e_1\in\mathscr{C}_1\backslash\mathscr{C}_2$. 因为 $I_1=(\mathscr{C}_1\backslash\{e_1\})$ 是 $\mathscr{C}_1$ 的真子集，所以 $I_1\in\mathscr{I}$. 由于 $(\mathscr{C}_1\cup\mathscr{C}_2\backslash\{e\})\subseteq I$，根据拟阵的遗传性 (i)，$(\mathscr{C}_1\cup\mathscr{C}_2\backslash\{e\})$ 也是独立集。若 $|\mathscr{C}_1\cup\mathscr{C}_2\backslash\{e\}|>|I_1|$，令 $I_2\subseteq(\mathscr{C}_1\cup\mathscr{C}_2\backslash e)$，使得 $|I_2|=|I_1|+1$，则由可扩性 (ii)，存在 $e_2\in I_2\backslash I_1$，使得 $I_1'=I_1\cup e_2\in\mathscr{I}$. 用 I_1' 代替 I_1，重复上述论证，直到获得独立集 I'，使得 $I'\supseteq\mathscr{C}_1\backslash\{e_1\}=I_1$，$|I'|=|\mathscr{C}_1\cup\mathscr{C}_2\backslash\{e\}|$. 由于 $\mathscr{C}_1\backslash\{e_1\}\subseteq I'$，所以 $e_1\notin I'$. 但是 $I'\subset(\mathscr{C}_1\cup\mathscr{C}_2)$，$|I'|=|\mathscr{C}_1\cup\mathscr{C}_2\backslash\{e\}|=|\mathscr{C}_1\cup\mathscr{C}_2|-1$，所以必须 $I'\supseteq\mathscr{C}_2$，这就矛盾于 $I'\in\mathscr{I}$. 证毕。

性质 4 若相关集 S 中包含圈 $\mathscr{C}$，且 $e\in\mathscr{C}$，则 $r(S)=r(S\backslash\{e\})$.

证明：因为 $\mathscr{C}\backslash\{e\}\in\mathscr{I}$，则 S 中必有一个极大独立集 $I\supseteq\mathscr{C}\backslash\{e\}$，但是 $I\subseteq S\backslash\{e\}$，所以 $r(S)=r(S\backslash\{e\})$. 证毕。

性质 5 若 $e\notin S$，$r(S\cup e)=r(S)$，则 $S\cup e$ 中包含一个圈 $\mathscr{C}$，使得 $e\in\mathscr{C}$.

证明：设 I 为 S 的一个极大独立集，则

$$r(S) = |I| = r(S\cup e),$$

即 I 也是 $S\cup e$ 中的一个极大独立集，因此，$I\cup e$ 中包含圈. 证毕

性质 6 若 $\mathscr{C}_1$，$\mathscr{C}_2$ 是拟阵的两个不同的圈，$e\in\mathscr{C}_1\cap\mathscr{C}_2$，$e_1\in\mathscr{C}_1\backslash\mathscr{C}_2$，则存在圈 $\mathscr{C}\subseteq(\mathscr{C}_1\cup\mathscr{C}_2)\backslash e$，使得 $e_1\in\mathscr{C}$（这一性质，称为圈的消去性质）.

证明：由性质 4，可知

$$r(\mathscr{C}_1\cup\mathscr{C}_2) = r(\mathscr{C}_1\cup\mathscr{C}_2\backslash e) = r(\mathscr{C}_1\cup\mathscr{C}_2\backslash e_1)$$
$$= r(\mathscr{C}_1\cup\mathscr{C}_2\backslash\{e_1, e\}).$$

记 $S = (\mathscr{C}_1\cup\mathscr{C}_2)\backslash\{e_1, e\}$，则有 $r(S) = r(S\cup e_1)$，根据性质 5，可知 $(\mathscr{C}_1\cup\mathscr{C}_2)\backslash e$ 中包含一个圈 $\mathscr{C}$，使得 $e_1\in\mathscr{C}$. 证毕.

性质 7 设 $B\subseteq E$，若 $r(B\cup e_1) = r(B)$，$r(B\cup e_2) = r(B)$，则 $r(B\cup e_1\cup e_2) = r(B)$.

证明：设 B_1 为包含 B 及 e_1 的与 B 有相同秩的极大集. B_2 为包含 B 及 e_2 的与 B 有相同秩的极大集. 根据性质 2，$B_1 = B_2 = SP(B)$. 因此，e_1 和 $e_2\in SP(B)$，故

$$r(B) = r(SP(B)) \geqslant r(B\cup e_1\cup e_2) \geqslant r(B).$$

证毕.

性质 8 对任意的集合 S_1, S_2，必有

$$r(S_1) + r(S_2) \geqslant r(S_1\cup S_2) + r(S_1\cap S_2)$$

（这一性质称为次模性）.

证明：设 I_0 是 $S_1\cap S_2$ 中的一极大独立集，$I_0\cup I_1$ 是 S_1 的一个极大独立集，$I_0\cup I_2$ 是 S_2 的一个极大独立集，记

$$D = I_0\cup I_1\cup I_2,$$

则对任意的 $e\in(S_1\cup S_2\backslash D)$，$e\cup D$ 中必有圈包含 e. 由性质 4，可推得 $r(D) = r(S_1\cup S_2) \leqslant |I_0| + |I_1| + |I_2|$ 因此，

$$r(S_1) + r(S_2) = |I_1| + |I_2| + 2|I_0| \geqslant |I_0| + r(S_1\cup S_2)$$
$$= r(S_1\cap S_2) + r(S_1\cup S_2),$$

证毕.

性质 9 设 B_1，B_2 是拟阵的两个不同的基，则对任意的

$e_1 \in B_1 \backslash B_2$ 必存在元素 $e_2 \in B_2 \backslash B_1$，使得 $(B_1 \backslash e_1) \cup e_2$ 以及 $(B_2 \backslash e_2) \cup e_1$ 都是基.（这一性质称为拟阵的可交换性）.

证明：设 $e_1 \cup B_2$ 中的圈为 $\mathscr{C} = \{e_1, e'_1, \cdots, e'_k\}$. 假如对任意的 $e'_i \in \mathscr{C}$，有 $r(B_1 \backslash e_1 \cup e'_i) = r(B_1 \backslash e_1)$ 则可得

$$r(B_1 \backslash e_1 \cup e'_1 \cup \cdots \cup e'_k) = r(B_1 \backslash e_1)$$

(由性质 7). 又根据性质 4,可知

$$r(B_1 \backslash e_1 \cup e'_1 \cup \cdots \cup e'_k) = r(B_1 \cup e'_1 \cup \cdots \cup e'_k) = r(B_1),$$

因此有 $r(B_1 \backslash e_1) = r(B_1)$，这就与 B_1 是拟阵的基相矛盾. 因此,必有某个 $e'_j \in \mathscr{C}$，使得 $r(B_1 \backslash e_1 \cup e'_j) = r(B_1)$. 另一方面，显然 $B_2 \cup e_1 \backslash e'_j$ 仍是一个基，所以 e'_j 便是命题中所需的 e_2. 证毕.

性质 10　若 $e, e' \notin SP(S)$，$e \neq e'$，$e \in SP(S \cup e')$ 则 $e' \in SP(S \cup e)$.

证明：设 I 为 S 的一个极大独立集，因为 $e \notin SP(S)$，$e' \notin SP(S)$，所以 $I \cup e$，和 $I \cup e'$ 都是独立集. 因为 $e \in SP(S \cup e')$，且 $I \cup e'$ 是 $S \cup e'$ 的极大独立集,所以 $I \cup e' \cup e$ 中含有一个圈 $\mathscr{C}$,使得 e 和 $e' \in \mathscr{C}$，因此，$e' \in SP(S \cup e)$ 证毕.

下面我们介绍一些最基本的拟阵的例子. 设 A 是 $m \times n$ 的实数矩阵,用 e_i 表示 A 的第 i 列. 令 $E = \{e_1, \cdots, e_n\}$，$\mathscr{I}$ 是由 A 的所有线性无关的列向量子集所构成的子集簇. 则容易证明，$M = (E, \mathscr{I})$ 构成一个拟阵,称为向量拟阵. E 中极小相关列向量子集便是向量拟阵中的圈.

设 $G = [V, E]$ 是一个图. 令 $\mathscr{I}$ 是 E 中所有不含 G 中圈的边的子集所构成的子集簇. 即

$$\mathscr{I} = \{I \mid I \subseteq E,\ 子图\ G' = [V, I]\ 中不含圈\},$$

则容易证明，$M = (E, \mathscr{I})$ 构成一个拟阵,称为图拟阵. 图中的圈便是图拟阵的圈,图中的树便是图拟阵的基.

令 E 是有限个元素所构成的集合. $E_1, E_2, \cdots, E_m$ 是 E 的任一给定的集合分解,即

$$E=\bigcup_{i=1}^{m}E_i,\ E_i\cap E_j=\phi\ (i\neq j).$$

对应于每一个 E_i，有一个非负整数 d_i，称为 E_i 的次. 定义子集簇

$$\mathscr{I}=\{I\,|\,I\subseteq E,\ 且\ |I\cap E_i|\leqslant d_i,\ i=1,\cdots,m\},$$

则容易证明，$M=(E,\mathscr{I})$ 构成一个拟阵，称为剖分拟阵.

设 $G=[X,U]$ 是一个图，E 是给定的一个点子集(即 $E\subseteq X$). 定义子集簇

$$\mathscr{I}=\{I\,|\,I\subseteq E,\ 存在边无关集\ J\subseteq U,\ 使\ J\ 覆盖\ I\},$$

则有

性质 11 $M=(E,\mathscr{I})$ 是一拟阵，称为对集拟阵.

证明：显然 $\mathscr{I}$ 满足遗传性 (i). 下面证明 $\mathscr{I}$ 也满足可扩性 (ii). 设 I_p 和 I_{p+1} 是 $\mathscr{I}$ 中分别含有 p 和 $p+1$ 个元素的独立集. 令 J_p 和 J_{p+1} 是分别覆盖 I_p 和 I_{p+1} 的边无关集. 若有某一点 $v\in I_{p+1}\backslash I_p$，使 J_p 覆盖 v，则 J_p 覆盖 $I_p\cup v$，即 $I_p\cup v\in\mathscr{I}$，可扩性成立. 现在假设，对任意的 $v\in I_{p+1}\backslash I_p$，都未被 J_p 覆盖. 因此，可设被 $J_p\cap J_{p+1}$ 所覆盖的 I_{p+1} 中的点都属于 I_p. 考虑由边集 $(J_p\cup J_{p+1})\backslash(J_p\cap J_{p+1})$ 所构成的子图. 因为 J_p 和 J_{p+1} 都是图 G 的边无关集，所以此子图必是由某些链和圈组成，且在这些链和圈上，它们的边都是交替地属于 J_p 和 J_{p+1}. 通常称作关于 J_p 和 J_{p+1} 的交错链和交错圈. 若此子图中，有一个边 $e\in J_{p+1}$，e 不与 J_p 中的边相关联，即 $J_p\cup e$ 构成了边无关集，则将 I_{p+1} 中的被 e 所覆盖的点，加入 I_p 后，就可得到一个含 $p+1$ 个点的独立集. 下面假设，此子图中任何 J_{p+1} 中的边都有 J_p 中的边与它关联. 在子图的交错圈上，若 $v\in I_{p+1}$，则必有 $v\in I_p$；在两端都是 J_p 中的边的交错链上，凡属于 I_{p+1} 的点也必属于 I_p；在一端是 J_p 中的边，另一端是 J_{p+1} 中的边的交错链上，若链的一个端点属于 $I_p\backslash I_{p+1}$，则此链上属于 I_p 的点数也不比属于 I_{p+1} 的点数少. 综上所述，由于 $|I_{p+1}|>|I_p|$，我们就可推出，子图上必存在一交错链 H，使得 H 的一个端点 v 属于 $I_{p+1}\backslash I_p$，另一个端点也不

属于 I_p. 则边无关集 $(J_p\cup H)\backslash(J_p\cap H)$ 就覆盖了点集 $I_p\cup v$. 因此,可扩性 (ii) 成立. 证毕.

令 E 是有限个元素的集合, Q 为 E 的任一子集簇. 集合 $I=\{e_{i_1},e_{i_2},\cdots,e_{i_k}\}$ 称为 Q 的部分代表集,若 Q 中存在 k 个 E 的子集 $\{q_1,q_2,\cdots,q_k\}$ 使得 $e_{i_j}\in q_j,(j=1,\cdots,k)$. 定义 E 的子集簇

$$\mathscr{I}=\{I \mid I \text{ 是 } Q \text{ 的部分代表集}\},$$

则有

性质 12 $M=(E,\mathscr{I})$ 是一拟阵,称为代表系拟阵 .

证明: 令 $E=\{e_1,e_2,\cdots,e_n\}$, $Q=\{q_1,q_2,\cdots,q_m\}$ 作二部图 $G=[V,U]$ 如下:

$$V=\{e_1,e_2,\cdots,e_n;q_1,q_2,\cdots,q_m\},$$

$$U=\{[e_i,q_j] \mid e_i\in q_j,\ 1\leqslant i\leqslant n,1\leqslant j\leqslant m\},$$

则 E 上的对集拟阵便是代表系拟阵. 证毕.

对任意的拟阵 $M=(E,\mathscr{I})$, 定义子集簇

$$\mathscr{I}^*=\{I^* \mid I^*\subseteq E,E\backslash I^* \text{ 中含有} M \text{的基}\},$$

则有

性质 13 $M^*=(E,\mathscr{I}^*)$ 是一拟阵,称为 M 的对偶拟阵. 对 M 来说, M^* 的基称为 M 的余基, M^* 的圈称为 M 的余圈.

证明: $\mathscr{I}^*$ 显然满足遗传性(i). 设 I_p^*、$I_{p+1}^*\in\mathscr{I}^*$ 且 $|I_p^*|=p$, $|I_{p+1}^*|=p+1$, 设 $E\backslash I_p^*$ 中含有 M 的基 B_p, $E\backslash I_{p+1}^*$ 中含有 M 的基 B_{p+1}.

情形 1 若 $I_{p+1}^*\backslash(I_p^*\cup B_p)\neq\phi$, 设 $e\in I_{p+1}^*$, $e\notin(I_p^*\cup B_p)$, 则 $I_p^*\cup e\in\mathscr{I}^*$, 满足可扩性 (ii).

情形 2 若 $I_{p+1}^*\backslash(I_p^*\cup B_p)=\phi$. 这时,必有

$$B_{p+1}\backslash(B_p\cup I_p^*)\neq\phi,$$

(因为不然的话, 就有 $I_{p+1}^*\cup B_{p+1}\subseteq I_p^*\cup B_p$, 即 $|B_{p+1}|+p+1\leqslant|B_p|+p$, 矛盾). 任取 $e\in B_{p+1}\backslash(B_p\cup I_p^*)$, 则 $B_p\cup e$ 中必含有 M 的某个圈 $\mathscr{C}$. 任取 $e'\in\mathscr{C}\backslash e$, 且使 $e'\notin B_{p+1}$, 则 $B_p'=B_p\cup e\backslash e'$ 是 M 中与 I_p^* 互不相交的基. 这时,若

$$I_{p+1}^*\backslash(I_p^*\cup B_p')\neq\phi,$$

则出现了情形 1，若 $I_{p+1}^*\setminus(I_p^*\cup B_p')=\phi$，则用 B_p' 代替 B_p，重复上述论证. 由于 $|B_{p+1}\setminus(B_p\cup I_p^*)|>|B_{p+1}\setminus(B_p'\cup I_p^*)|$，故必在重复有限步后，就会出现情形 1. 证毕.

设拟阵M的秩函数为 r，对偶拟阵 M^* 的秩函数为 r^*，则有

性质 14　对任意的 $S\subseteq E, r^*(S)=|S|+r(E\setminus S)-r(E)$.

证明：根据 M^* 中秩的定义，对任意的 $S\subseteq E, r^*(S)$ 是由M中含 S 的元素数目最少的基来确定的. 而M中不与 S 相交的极大独立集的元素数目为 $r(E\setminus S)$. 设含 S 中元素数目最少的，M的基为 B，则 $|B\cap S|=r(E)-r(E\setminus S)$，因此，

$$\begin{aligned} r^*(S)&=|S\setminus(B\cap S)|=|S|-|B\cap S|\\ &=|S|+r(E\setminus S)-r(E). \end{aligned}$$

证毕.

下面介绍拟阵中的两种运算："删除"和"收缩". 对任意给定的拟阵 $M=(E,\mathscr{I})$. 设 $S\subseteq E$，定义E的子集簇

$\mathscr{I}'=\{I'|I'\subseteq E\setminus S,\ I'\in\mathscr{I}\}$，

$\mathscr{I}''=\{I''|I''\subseteq E\setminus S$，且使 $r(I''\cup S)=|I''|+r(S)\}$，

则容易证明，$M'=(E\setminus S,\mathscr{I}')$ 是一个拟阵，称为删除S后的拟阵，记作 $M_{del}(S)$；$M''=(E\setminus S,\mathscr{I}'')$ 也是一个拟阵，称为收缩 S 后的拟阵，记作 $M_{ctr}(S)$；且有

性质 15　对任意的拟阵 $M=(E,\mathscr{I})$，以及任意的子集 $S\subset E$，必有

(1) $M^{**}=M$;

(2) $(M_{del}(S))^*=M^*_{ctr}(S)$;

(3) $(M_{ctr}(S))^*=M^*_{del}(S)$.

证明：(1)根据对偶拟阵独立集的定义可知：

I 是 M^{**} 的独立集$\Longleftrightarrow E\setminus I$ 中含有 M^* 的一个基 $B^*\Longleftrightarrow B=(E\setminus B^*)$ 是M的一个基，而 $I\subseteq B$. 由此可知

I 是 M^{**} 的独立集$\Longleftrightarrow I$ 是M的独立集.

(2) 对拟阵 $(M_{del}(S))^*$ 而言，$I^*(\in E\setminus S)$ 是它的独立集$\Longleftrightarrow(E\setminus S)\setminus I^*$ 中含有 $M_{del}(S)$ 的一个基$\Longleftrightarrow E\setminus I^*$ 中含有M的一个

基.

对拟阵 $M^*_{ctr}(S)$ 而言，$I^*(\in E\backslash S)$ 是它的独立集 $\Longleftrightarrow S$ 中存在一个关于 M^* 的极大独立集 J，使得 $I^*\cup J$ 是 M^* 的独立集 $\Longleftrightarrow (E\backslash I^*)\backslash J$ 中含有M的一个基 $\Longleftrightarrow E\backslash I^*$ 中含有M的一个基. 由此可知

I^* 是 $(M_{del}(S))^*$ 的独立集 $\Longleftrightarrow I^*$ 是 $M^*_{ctr}(S)$ 的独立集.

(3) 由 (2) 可得

$$(M^*_{del}(S))^* = M^{**}_{ctr}(S) = M_{ctr}(S),$$

因此

$$(M^*_{del}(S)) = (M^*_{del}(S))^{**} = (M_{ctr}(S))^*.$$

证毕.

性质 16　设 $\mathscr{C}^*$ 是M的对偶拟阵 M^* 的一个圈，则对M的任何圈 $\mathscr{C}$，必有 $|\mathscr{C}\cap\mathscr{C}^*|\neq 1$.

证明：设若相反，$\mathscr{C}\cap\mathscr{C}^*=e$，则 M 中有基 B，使得 $B\subseteq(E\backslash\mathscr{C}^*)\cup e$，且 $(\mathscr{C}\backslash e)\subseteq B$. 因此，$e\notin B$，而 $B\subseteq E\backslash\mathscr{C}^*$，矛盾于 $\mathscr{C}^*$ 是 M^* 的圈. 证毕.

性质 17　设 $\mathscr{C}^*$ 是M的对偶拟阵 M^* 的一个圈，则对任意的 $e,e'\in\mathscr{C}^*,e\neq e'$，必存在$M$的一个圈 $\mathscr{C}$，使得 $\mathscr{C}\cap\mathscr{C}^*=\{e, e'\}$.

证明：因为 $(E\backslash\mathscr{C}^*)\cup e$ 中含有M的某个基 B，而 $E\backslash\mathscr{C}^*$ 中不含M的基，所以 $e\in B$，而且 $e'\cup B$ 中含有M的某一个圈 $\mathscr{C}$. 因为 $\mathscr{C}\cap\mathscr{C}^*\subseteq\{e, e'\}$，而 $\mathscr{C}\cap\mathscr{C}^*\neq\phi$，根据性质 16，即得 $\mathscr{C}\cap\mathscr{C}^*=\{e,e'\}$. 证毕

性质 18　设 $M=(E,\mathscr{I})$，$M^*=(E,\mathscr{I}^*)$ 是一对互为对偶的拟阵，设子集 $\{e\},R,Q$ 是E的任意一个分解(即$E\backslash e=R\cup Q$，$R\cap Q=\phi$). 将 e 染成黄色，R中元素染成红色，Q中元素染成绿色. 则或者存在一个包含 e 的以及绿色元素的M的圈；或者存在一个包含 e 的以及红色元素的 M^* 的圈，且两者仅居其一.

证明：因为含 e 的以及绿元素的M的圈与含 e 的以及红元素的 M^* 的圈之交为 $\{e\}$，根据性质 16，这是不可能的，因此，两者

仅居其一。

若 $e\in SP(Q)$，则存在包含 e 的以及绿元素的 M 的圈；若 $e\in SP^*(R)$，(其中 $SP^*(R)$ 表示对拟阵 M^* 而言的，R 的支撑集)，则存在包含 e 的以及红元素的 M^* 的圈。若 $e\notin(SP(Q)\cup SP^*(R))$ 则有

$$r(e\cup Q)=1+r(Q),\quad r^*(e\cup R)=1+r^*(R).$$

但是

$$\begin{aligned}r^*(e\cup R)&=|e\cup R|+r(Q)-r(E)\\&=|R|+1+r(Q)-r(E),\\r^*(R)&=|R|+r(e\cup Q)-r(E)\\&=|R|+1+r(Q)-r(E),\end{aligned}$$

即 $r^*(e\cup R)=r^*(R)$，与 $e\notin SP^*(R)$ 相矛盾。证毕。

§2 拟阵最优基和最优交

令 $M=(E,\mathscr{I})$ 是一个拟阵，$E=\{e_1,e_2,\cdots,e_n\}$，对应于 E 中每一个元素 e_i，有正数 w_i，称为 e_i 的权。对 E 的任一子集 S，定义

$$w(S)=\sum_{e_i\in S}w_i.$$

称 $w(S)$ 为 S 的权。拟阵最优基问题是寻求拟阵的一个使权达到最大值的基。

E 的一个子集 S，若使 $SP(S)=S$，则称 S 是拟阵的一个闭集。设 M 的所有不同的闭集为 $\{S_1,S_2,\cdots,S_m\}$，设 $A=(a_{ij})$ 是闭集簇 $\{S_i\}$ 的关联矩阵，即

$$a_{ij}=\begin{cases}1, & e_j\in S_i,\\0, & e_j\notin S_i.\end{cases}$$

令 $r=(r(S_1),\ r(S_2),\cdots,\ r(S_m))^T$，$x=(x_1,\cdots,x_n)^T$，$x_j$ 是对应于元素 e_j 的变量，当 $x_j=1$ 时，表示取 e_j，当 $x_j=0$ 时，表示不取 e_j。则最优基问题可叙述成如下的 0,1 规划形式：

求 $\max \sum_{j=1}^{n} w_j x_j$,

满足 $\sum_{e_j \in S_i} x_j \leqslant r(S_i)$, $i = 1,2,\cdots,m$,

x_j 取 0 或 1, $j = 1,2,\cdots,n$。

写成矩阵形式为

求 $\max\{wx \mid Ax \leqslant r$, x 为 0, 1 向量$\}$, (1)

其中的向量 $w = (w_1,\cdots,w_n)$.

(1) 的松弛线性规划问题为

求 $\max\{wx \mid Ax \leqslant r, x \geqslant 0\}$; (2)

(2) 的对偶线性规划问题为

求 $\min\{ur \mid uA \geqslant w, u \geqslant 0\}$, (3)

其中的 $u = (u_1,\cdots,u_m)$, u_i 为对应于闭集 S_i 的对偶变量. 详细的形式为

求 $\min \sum_{i=1}^{m} u_i r(S_i)$,

满足 $\sum_{S_i \ni e_j} u_i \geqslant w_j$, $j = 1,2,\cdots,n$,

$u_i \geqslant 0$, $i = 1,2,\cdots,m$.

这里,我们总假设 $r(e_j) = 1$ (对所有的 e_j).

对问题(1),有一种很好的特殊算法. 我们称它为"一次选定"法.

步骤 1 将元素按权由大到小重新编号,即使其排列成:

$$w_1 \geqslant w_2 \geqslant \cdots \geqslant w_n > 0.$$

步骤 2 置 $I = \phi$, $j = 1$.

步骤 3 若 $(I \cup e_j) \in \mathscr{I}$, 则 $(I \cup e_j) \to I$, $j + 1 \to j$; 若 $(I \cup e_j) \notin \mathscr{I}$, 则 $j + 1 \to j$.

步骤 4 若 $j > n$, 则步骤终止;反之,则转到步骤 3.

设应用上述算法,最后获得的独立集为

$$I = \{e_{i_1}, e_{i_2}, \cdots, e_{i_k}\}.$$

设 x^* 是 I 的关联向量，即

$$x_j^* = \begin{cases} 1, & e_j \in I, \\ 0, & e_j \notin I. \end{cases}$$

定理 6.1 x^* 是线性规划问题(2)的最优解，因而也是 0，1 规划 (1) 的最优解。即 I 是最优基。

证明：令

$$I_i = \{e_{j_1}, e_{j_2}, \cdots, e_{j_i}\}, \quad i = 1,2,\cdots,k,$$
$$S_i = SP(I_i), \quad i = 1,2,\cdots,k,$$

u_i 为对应于 S_i 的对偶变量，它的取值如下：

$$u_k = w_{j_k},$$
$$u_{k-1} = w_{j_{k-1}} - u_k = w_{j_{k-1}} - w_{j_k},$$
$$u_{k-2} = w_{j_{k-2}} - u_{k-1} - u_k = w_{j_{k-2}} - w_{j_{k-1}},$$
$$\vdots$$
$$u_i = w_{j_i} - \sum_{h=i+1}^{k} u_h = w_{j_i} - w_{j_{i+1}},$$
$$\vdots$$
$$u_1 = w_{j_1} - \sum_{h=2}^{k} u_h = w_{j_1} - w_{j_2},$$

$u_l = 0$，对其余的对偶变量。

因为

$$(e \cup I) \notin \mathscr{I} \Rightarrow e \in SP(I),$$

因此，$E = SP(I) = S_k$，即 I 是拟阵的基。

因为对任意的 $e_{j_i} \in I$，有关系

$$e_{j_i} \notin S_j, \quad j = 1,\cdots,i-1,$$
$$e_{j_i} \in S_j, \quad j = i,\cdots,k,$$

因此，对应于 $x_{j_i}^* = 1 > 0$，有

$$\sum_{S_j \ni e_{j_i}} u_j = \sum_{j=i}^{k} u_j = w_{j_i}.$$

对应于任意的 $x_j^* = 0$（即 $e_j \notin I$），则必存在某个 i，使得

$$w_{j_i} \geqslant w_j \geqslant w_{j_{i+1}}, \quad e_j \in S_i \ (j_i < j < j_{i+1}),$$

因此

$$\sum_{S_h \ni e_i} u_h \geqslant \sum_{h=i}^{k} u_h = w_{j_i} \geqslant w_j,$$

所以，u 是一个对偶允许解．显然，x^* 是(2)的一个允许解．因为 x^* 和 u 之间满足“松紧”对偶关系，根据定理 1.14，x^* 和 u 分别是(2)和(3)的最优解，因此，x^* 也是(1)的最优解．证毕．

对任意的 $I \in \mathscr{I}$，若 $e \cup I$ 中包含一个圈 $\mathscr{C}$，则记 $\mathscr{C} = \mathscr{C}(e \cup I)$．定义

$$\mathscr{I}^k = \{I \mid I \in \mathscr{I}, |I| = k\},$$
$$\mathscr{J}^k = \{I_k \in \mathscr{I}^k \mid w(I_k) = \max_{I \in \mathscr{I}^k} w(I)\}.$$

定理 6.2 $I_k(\in \mathscr{I}^k)$ 属于 $\mathscr{J}^k$ 的充要条件为：对任意的 $e \notin I_k$，若 $e \cup I_k \in \mathscr{I}$，则

$$\min\{w(e') \mid e' \in I_k\} \geqslant w(e).$$

若 $e \cup I_k \notin \mathscr{I}$，则

$$\min\{w(e') \mid e' \in \mathscr{C}(e \cup I_k)\} = w(e).$$

证明：必要性是显然的．下面证明充分性．设

$$I_k = \{e_{j_1}, e_{j_2}, \cdots, e_{j_k}\},$$
$$I_i = \{e_{j_1}, e_{j_2}, \cdots, e_{j_i}\}, \quad i = 1, \cdots, k,$$
$$S_i = SP(I_i), \qquad i = 1, \cdots, k,$$
$$w_{j_1} \geqslant w_{j_2} \geqslant \cdots \geqslant w_{j_k},$$

I_k 的关联向量为 x^*，

拟阵的所有闭集为 $\{S_1, \cdots, S_k, S_{k+1}, \cdots, S_m\}$，则问题

$$\max\{w(I) \mid I \in \mathscr{I}^k\}.$$

可写为如下的 0，1 规划形式

$$\max\left\{wx \,\middle|\, \sum_{j=1}^{n} x_j = k,\ \sum_{e_j \in S_i} x_j \leqslant r(S_i),\right.$$
$$\left. i = 1, \cdots, m;\ x_j \text{ 取 } 0 \text{ 或 } 1, j = 1, \cdots, n\right\}. \tag{4}$$

它的松弛线性规划问题为

$$\max\left\{wx\,\middle|\,\sum_{j=1}^{n}x_j=k,\ \sum_{e_j\in S_i}x_j\leqslant r(S_i),\ i=1,\cdots,m,\right.$$
$$\left.x\geqslant 0\right\}. \tag{5}$$

(5) 的对偶线性规划问题为

$$\min\left\{\sum_{i=1}^{m}r(S_i)u_i+\lambda k\,\middle|\,\sum_{S_i\ni e_j}u_i+\lambda\geqslant w_j,\ j=1,\cdots,n,\right.$$
$$\left.u_i\geqslant 0,\ i=1,\cdots,m\right\}. \tag{6}$$

定义 $u^*=(u_1^*,\cdots,u_m^*)$ 如下:

$$u_k^*=0,$$
$$u_{k-1}^*=w_{i_{k-1}}-w_{i_k}-u_k^*,$$
$$u_{k-2}^*=(w_{i_{k-2}}-w_{i_k})-u_{k-1}^*-u_k^*=w_{i_{k-2}}-w_{i_{k-1}},$$
$$\vdots$$
$$u_i^*=(w_{i_i}-w_{i_k})-\sum_{h=i+1}^{k}u_h^*=w_{i_i}-w_{i_{i+1}},$$
$$\vdots$$
$$u_1^*=(w_{i_1}-w_{i_k})-\sum_{h=2}^{k}u_h=w_{i_1}-w_{i_2},$$
$$u_i^*=0,\ i=k+1,\cdots,m,$$
$$\lambda^*=w_{i_k}.$$

下面,我们说明 x^* 和 $\{u^*,\lambda^*\}$ 分别是问题(5)和(6)的允许解,且它们之间满足"松紧"对偶关系.

x^* 显然是问题(5)的允许解. 且显然 $u^*\geqslant 0$. 对任意的 e_{i_i},有关系

$$\sum_{S_h\ni e_{i_i}}u_h^*+\lambda^*=\sum_{h=i}^{k}u_h^*+\lambda^*=\sum_{h=i}^{k}u_h^*+w_{i_k}=w_{i_i}.$$

对任意的 $e_j\notin I_k$, 若存在某个 i, $1\leqslant i\leqslant k$, 使得 $e_j\notin S_i$, 而 $e_j\in S_{i+1}$, 则必有 $e_{i_{i+1}}\in\mathscr{C}(e_j\cup I_k)$. 由定理的假设,可知 $w_{i_{i+1}}\geqslant$

w_j，因此，

$$\sum_{S_h \ni e_j} u_h^* + \lambda^* = \sum_{h=i+1}^{k} u_h^* + \lambda^* - w_{i_{k+1}} \geqslant w_j,$$

对任意的 $e_j \notin S_k$，则由定理的假设，可知 $w_{i_k} \geqslant w_j$，因此

$$\sum_{S_h \ni e_j} u_h^* + \lambda^* = \lambda^* = w_{i_k} \geqslant w_j,$$

所以 $\{u^*, \lambda^*\}$ 是(6)的允许解．且与 x^* 之间满足了松紧对偶关系，根据定理 1.14，可知 x^* 和 $\{u^*, \lambda^*\}$ 分别是(5)和(6)的最优解．因此 x^* 也是(4)的最优解．证毕．

给定两个定义在同一有限集合 $E = \{e_1, \cdots, e_n\}$ 上的拟阵 $M_1 = (E, \mathscr{I}_1)$ 和 $M_2 = (E, \mathscr{I}_2)$，设 e_i 的权为 w_i,($i = 1, \cdots, n$)，设 M_1 和 M_2 的秩函数分别为 r_1 和 r_2．所谓拟阵最优交问题是

求 $\quad \max\{w(I) \mid I \subseteq E,\ I \in (\mathscr{I}_1 \cap \mathscr{I}_2)\}$．

称 M_1 和 M_2 的公共的独立集 $I \in \mathscr{I}_1 \cap \mathscr{I}_2$ 为拟阵的交，简称为交．使 $w(I)$ 达到最大值的交，称为最优交．使 $|I|$ 达到最大值的交，称为最大基数交．设 M_1 的所有的不同闭集为 $\{S_1, S_2, \cdots, S_m\}$；设 M_2 的所有不同的闭集为 $\{S'_1, S'_2, \cdots, S'_{m'}\}$．则最优交问题可写成如下的 0,1 规划形式：

求 $$\max \sum_{j=1}^{n} w_j x_j, \tag{7}$$

满足条件

$$\sum_{e_j \in S_i} x_j \leqslant r_1(S_i),\quad i = 1, 2, \cdots, m, \tag{8}$$

$$\sum_{e_j \in S'_i} x_j \leqslant r_2(S'_i),\quad i = 1, 2, \cdots, m', \tag{9}$$

$$x_j \text{ 取 0 或 1},\qquad j = 1, 2, \cdots, n. \tag{10}$$

它的松弛线性规划问题为

求 $$\max \sum_{j=1}^{n} w_j x_j, \tag{11}$$

满足条件

$$\sum_{e_j \in S_i} x_j \leqslant r_1(S_i),\quad i = 1,2,\cdots,m, \tag{12}$$

$$\sum_{e_j \in S'_i} x_j \leqslant r_2(S'_i),\quad i = 1,2,\cdots,m', \tag{13}$$

$$x_j \geqslant 0,\qquad j = 1,2,\cdots,n. \tag{14}$$

松弛线性规划问题的对偶规划为

$$\text{求}\qquad \min\left[\sum_{i=1}^{m} r_1(S_i)u_i + \sum_{i=1}^{m'} r_2(S'_i)v_i\right], \tag{15}$$

满足条件

$$\sum_{S_i \ni e_j} u_i + \sum_{S'_i \in e_j} v_i \geqslant w_j,\ j = 1,2,\cdots n, \tag{16}$$

$$u_i \geqslant 0,\qquad i = 1,2,\cdots,m, \tag{17}$$

$$v_i \geqslant 0,\qquad i = 1,2,\cdots,m'. \tag{18}$$

根据定理 1.14，松弛线性规划和对偶线性规划的允许解 x^* 和(u^*, v^*)，分别是它们的最优解的充要条件是

$$\text{当}\ x_j^* > 0\ \text{时},\ \sum_{S_i \ni e_j} u_i^* + \sum_{S'_i \ni e_j} v_i^* = w_j;$$

$$\text{当}\ u_i^* > 0\ \text{时},\ \sum_{e_j \in S_i} x_j^* = r_1(S_i);$$

$$\text{当}\ v_i^* > 0\ \text{时},\ \sum_{e_j \in S'_i} x_j^* = r_2(S'_i).$$

记

$$\sum_{S_i \ni e_j} u_i^* = w'_j,\quad \sum_{S'_i \ni e_j} v_i^* = w''_j,\ j = 1,\cdots,n,$$

$$w_j^{(1)} = \frac{w'_j}{w'_j + w''_j} w_j,$$

$$w_j^{(2)} = \frac{w''_j}{w'_j + w''_j} w_j,$$

则松弛线性规划问题和它的对偶线性规划问题的允许解 x^* 和

(u^*, v^*)，分别是它们的最优解的充要条件是：

(i) x^* 和 u^* 分别是下述两个互为对偶的线性规则问题的最优解：

$$\max\left\{\sum_{j=1}^{n} w_j^{(1)}x_j \middle| \sum_{e_j\in S_i} x_j \leqslant r_1(S_i),\ i=1,\cdots,m,\right.$$

$$\left. x_j \geqslant 0,\ j=1,\cdots,n\right\}.$$

$$\min\left\{\sum_{i=1}^{m} r_1(S_i)u_i \middle| \sum_{S_i\ni e_j} u_i \geqslant w_j^{(1)},\ j=1,\cdots,n,\right.$$

$$\left. u_i \geqslant 0,\ i=1,\cdots,m\right\}.$$

(ii) x^* 和 v^* 分别是下述两个互为对偶的线性规划问题的最优解：

$$\max\left\{\sum_{j=1}^{n} w_j^{(2)}x_j \middle| \sum_{e_j\in S_i'} x_j \leqslant r_2(S_i'),\ i=1,\cdots,m,\right.$$

$$\left. x_j \geqslant 0,\ j=1,\cdots,n\right\}.$$

$$\min\left\{\sum_{i=1}^{m} r_2(S_i')v_i \middle| \sum_{S_i'\ni e_j} v_i \geqslant w_j^{(2)},\ j=1,\cdots,n,\right.$$

$$\left. v_i \geqslant 0,\ i=1,2,\cdots,m\right\}.$$

求最优交的计算过程，就是将 w_j 适当地分解为 $w_j^{(1)}$ 和 $w_j^{(2)}$ 两部分，使得对权函数为 $\{w_j^{(1)}\}$ 的 M_1 的最优独立集与权函数为 $\{w_j^{(2)}\}$ 的 M_2 的最优独立集互相一致。

定义

$$\mathscr{I}_{1,2}^k = \{I \mid I\in\mathscr{I}_1,\ I\in\mathscr{I}_2,\ |I| = k\} = \mathscr{I}_1^k \cap \mathscr{I}_2^k.$$

性质 1　设 $\{w_j^{(1)}\}$ 和 $\{w_j^{(2)}\}$ 是 E 上两个权函数，

$$w_j^{(1)} + w_j^{(2)} = w_j,\ j=1,\cdots,n,$$

使得存在某个 $I^*\in\mathscr{I}_{1,2}^k$，它既是 $\mathscr{I}_1^k$ 上关于 $w^{(1)}$ 的最优独立集，也是 $\mathscr{I}_2^k$ 上关于 $w^{(2)}$ 的最优独立集，则 I^* 是 $\mathscr{I}_{1,2}^k$ 中关于 w 的最优交。

证明：因为对任何的 $I\in\mathscr{I}^k_{1,2}$，有

$$w(I)=w^{(1)}(I)+w^{(2)}(I)\leqslant w^{(1)}(I^*)+w^{(2)}(I^*)=w(I^*).$$

证毕.

性质2　对拟阵 $M=(E,\mathscr{I})$，以及权函数 w，设 I 是 $\mathscr{I}^k$ 中的一个最优独立集. 设 $\{e_{i_1}, e_{j_1}\}$, $\{e_{i_2},e_{j_2}\}\cdots,\{e_{i_t},e_{j_t}\}$ 是 t 对不同的元素，$e_{i_h}\in I$，$e_{j_h}\notin I,(h=1,\cdots,t)$，且使得满足条件 (i),(ii),(iii):

(i) $e_{j_h}\cup I\notin\mathscr{I}$，且 $e_{i_h}\in\mathscr{C}(e_{j_h}\cup I)(h=1,\cdots,t)$;

(ii) $w_{i_h}=w_{j_h}(h=1,\cdots,t)$;

(iii) 若 $l<h$，$w_{i_l}=w_{i_h}$ 则 $e_{i_l}\notin\mathscr{C}(e_{j_h}\cup I)$，

则 $I'=(I\backslash\{e_{i_1},\cdots,e_{i_t}\})\cup\{e_{j_1},\cdots e_{j_t}\}$ 也是 $\mathscr{I}^k$ 中的一个最优独立集.

证明：由条件 (ii)，显然 $w(I)=w(I')$，且 $|I'|=k$. 下面，我们对 t 用数学归纳法证明 $I'\in\mathscr{I}^k$. 当 $t=0$ 或 1 时，命题显然成立. 假设命题在小于 t 时都成立.

设 e_{i_l} 是使向量 (w_{i_l},l) 在 $(w_{i_1}1),(w_{i_2},2)\cdots,(w_{i_t},t)$ 中按字典序达到最小. 因为 I 是 $\mathscr{I}^k$ 中的最优独立集，所以若有某个 e_{j_h}，$h\neq l$，使得 $e_{i_l}\in\mathscr{C}(e_{j_h}\cup I)$，则必有 $w_{i_l}\geqslant w_{j_h}=w_{i_h}$；又因为 $(w_{i_l},l)\prec(w_{i_h},h)$，所以必须 $w_{i_l}=w_{i_h}$，$l<h$，则就与条件 (iii) 相矛盾. 因此，对任何 $h\neq l$，必有 $e_{i_l}\notin\mathscr{C}(e_{j_h}\cup I)$. 让 $I''=(I\cup e_{j_l})\backslash e_{i_l}$ 则显然 $I''\in\mathscr{I}^k$，且是 $\mathscr{I}^k$ 中的最优独立集. 因为 $\mathscr{C}(e_{j_h}\cup I)=\mathscr{C}(e_{j_h}\cup I'')$，$(1\leqslant h\neq l\leqslant t)$，所以，对于 I'' 和 $(t-1)$ 对不同的元素：$\{e_{i_1}e_{j_1}\}\cdots\{e_{i_{l-1}}e_{j_{l-1}}\}\{e_{i_{l+1}}e_{j_{l+1}}\}\cdots\{e_{i_t}e_{j_t}\}$ 仍满足定理中的条件 (i)(ii)(iii). 应用归纳假设，$I'=(I''\backslash\{e_{i_1}\cdots e_{i_{l-1}}e_{i_{l+1}}\cdots e_{i_t}\})\cup\{e_{j_1}\cdots e_{j_{l-1}}e_{j_{l+1}}\cdots e_{j_t}\}=(I\backslash\{e_{i_1},\cdots,e_{i_t}\})\cup\{e_{j_1},\cdots,e_{j_t}\}$ 是 $\mathscr{I}^k$ 中的一个最优独立集. 证毕.

下面我们介绍求最优交的算法的思路. 在计算开始时，取 $k=0$，$w^{(1)}=0$，$w^{(2)}=w$，$I^*=\phi$. 假设已有 $w^{(1)}$，$w^{(2)}$，$I^*\in\mathscr{I}^k_{12}$，使得 $w^{(1)}+w^{(2)}=w$，I^* 既是 $\mathscr{I}^k_1$ 中关于 $w^{(1)}$ 的最

优独立集，也是 $\mathscr{I}_2^k$ 中关于 $w^{(2)}$ 的最优独立集。因此，I^* 是 $\mathscr{I}_{12}^k$ 中关于 w 的最优交。我们希望由此能构成 $\bar{w}^{(1)}$, $\bar{w}^{(2)}$, $\bar{I}^* \in \mathscr{I}_{12}^{k+1}$，使得 $\bar{w}^{(1)} + \bar{w}^{(2)} = w$，$\bar{I}^*$ 既是 $\mathscr{I}_1^{k+1}$ 中关于 $\bar{w}^{(1)}$ 的最优独立集，也是 $\mathscr{I}_2^{k+1}$ 中关于 $\bar{w}^{(2)}$ 的最优独立集。因此 $\bar{I}^*$ 是 $\mathscr{I}_{1,2}^{k+1}$ 中关于 w 的最优交。

设

$$m_i = \max\{w_j^{(i)} \mid e_j \in I^*, e_j \cup I^* \in \mathscr{I}_i\},\ i = 1,2,$$

$$X_i = \{e_j \mid e_j \notin I^*, e_j \cup I^* \in \mathscr{I}_i, w_j^{(i)} = m_i\},\ i = 1,2.$$

对应于 $w^{(1)}, w^{(2)}, I^* \in \mathscr{I}_{1,2}^k$，作一个辅助的定向图 $G = (E, U)$：

(i) 若 $e_j \notin I^*$，$e_j \cup I^* \notin \mathscr{I}_1$；设 $\mathscr{C}_1(e_j \cup I^*)$ 是 $e_j \cup I^*$ 在 M_1 中所形成的圈，若有 $e_h \in \mathscr{C}_1(e_j \cup I^*)$，$w_h^{(1)} = w_j^{(1)}$，$h \neq j$，则 $(e_j e_h) \in U$。

(ii) 若 $e_j \in I^*$，$e_j \cup I^* \notin \mathscr{I}_2$，设 $\mathscr{C}_2(e_j \cup I^*)$ 是 $e_j \cup I^*$ 在 M_2 中所形成的圈，若有 $e_h \in \mathscr{C}_2(e_j \cup I^*)$，$w_h^{(2)} = w_j^{(2)}$，$h \neq j$，则 $(e_h, e_j) \in U$。

情形 1 若存在从 X_2 中点连到 X_1 中点的(定向的)路，设 H 是其中的一条最短(所经过的弧数最少)路。让 H 也表示它所包含的点的集合。取

$$\bar{I}^* = (I^* \cup H) \backslash (I^* \cap H), \tag{19}$$

$$\bar{w}^{(1)} = w^{(1)},\ \bar{w}^{(2)} = w^{(2)}, \tag{20}$$

则有下述的性质 3 和性质 4：

性质 3 由(19)，(20)所定义的 $\bar{I}^*, \bar{w}^{(1)}, \bar{w}^{(2)}$，满足性质 1 中，对应于 $k+1$ 时的条件。因此，$\bar{I}^*$ 是 $\mathscr{I}_{1,2}^{k+1}$ 中关于 w 的最优交。

证明：设定向路 H 为 $\{e_{i_0}, e_{j_1}, e_{i_1}, e_{j_2} \cdots e_{j_t}, e_{i_t}\}$。其中 $e_{i_h} \notin I^*$，$e_{j_h} \in I^*$。因为 $e_{i_0} \in X_2$，所以 $B = I^* \cup e_{i_0} \in \mathscr{I}_2^{k+1}$，对任意的 $e_j \notin B$，若 $e_j \cup I^* \notin \mathscr{I}_2$ 则 $\mathscr{C}_2(e_j \cup B) = \mathscr{C}_2(e_j \cup I^*)$，由于 I^* 是 $\mathscr{I}_{1,2}^k$ 中关于 w 的最优交，所以对任意的 $e_i \in \mathscr{C}_2(e_j \cup B)$ 必有 $w_i^{(2)} \geqslant w_j^{(2)}$，对任意的 $e_j \notin B$，若 $e_j \cup I^* \in \mathscr{I}_2$ 则必有 $w_i^{(2)} \geqslant m_2 = w_{i_0}^{(2)} \geqslant w_j^{(2)}$（对任意的 $e_i \in I^*$）。因此，对拟阵 M_2 和权函数 $w^{(2)}$ 而言，B 是 $\mathscr{I}_2^{k+1}$ 中的最优独立集。由于 H 是一条从 X_2 中的

点连到 X_1 中的点的最短路（所经弧数最少的路），容易证明，对 $M_2, w^{(2)}$，和 $B \in \mathscr{I}_2^{k+1}$ 而言，序列

$$\{e_{i_1}, e_{j_1}\}, \{e_{i_2}, e_{j_2}\}, \cdots, \{e_{i_t} e_{j_t}\}$$

满足性质 2 中的条件 (i),(ii),(iii)，因此

$$\bar{I}^* = (B \cup \{e_{i_1}, \cdots, e_{i_t}\}) \backslash \{e_{j_1}, \cdots, e_{j_t}\} = (I^* \cup H) \backslash (I^* \cap H)$$

是 $\mathscr{I}_2^{k+1}$ 中关于 $w^{(2)}$ 的最优独立集.

另一方面，因为 $e_{i_t} \in X_1$，所以 $B' = (I^* \cup e_{i_t}) \in \mathscr{I}_1^{k+1}$. 对任意的 $e_j \notin B'$，若 $e_j \cup I^* \notin \mathscr{I}_1$，则 $\mathscr{C}_1(e_j \cup B') = \mathscr{C}_1(e_j \cup I^*)$，由于 I^* 的最优性，得

$$w_i^{(1)} \geqslant w_j^{(1)}，对任意的 \ e_i \in \mathscr{C}_1(e_j \cup B').$$

若 $e_j \cup I^* \in \mathscr{I}_1$，则对任何的 $e_i \in I^*$，必有

$$w_i^{(1)} \geqslant m_1 = w_{i_t}^{(1)} \geqslant w_j^{(1)},$$

即对任意的 $e_i \in B'$，和任意的 $e_j \notin B'$，而使 $e_j \cup I^* \in \mathscr{I}_1$，则有 $w_i^{(1)} \geqslant w_j^{(1)}$. 因此，对 M_1 和 $w^{(1)}$ 而言，B' 是 $\mathscr{I}_1^{k+1}$ 中的最优独立集. 根据图 $G = (E, U)$ 的作法，以及 H 是条最短路，容易证明，对 M_1、$w^{(1)}$、和 $B' \in \mathscr{I}_1^{k+1}$ 而言，序列

$$\{e_{i_{t-1}}, e_{j_t}\}, \ \{e_{i_{t-2}}, e_{j_{t-1}}\}, \cdots, \{e_{i_0} e_{j_1}\}$$

满足性质 2 中的条件 (i),(ii),(iii)，因此

$$\bar{I}^* = (B' \cup \{e_{i_0}, e_{i_1}, \cdots, e_{i_{t-1}}\}) \backslash \{e_{j_1}, e_{j_2}, \cdots, e_{j_t}\}$$

是 $\mathscr{I}_1^{k+1}$ 中关于 $w^{(1)}$ 的最优独立集. 证毕.

性质 4 由 (19) 所定义的 $\bar{I}^*$，满足

$$w(\bar{I}^*) - w(I^*) = m_1 + m_2.$$

证明：$w(\bar{I}^*) - w(I^*) = w^{(1)}(\bar{I}^*) + w^{(2)}(\bar{I}^*) - w^{(1)}(I^*) - w^{(2)}(I^*) = [w^{(1)}(\bar{I}^*) - w^{(1)}(I^*)] + [w^{(2)}(\bar{I}^*) - w^{(2)}(I^*)] = m_1 + m_2.$

情形 2 若不存在从 X_2 中点走到 X_1 中点的(定向的)路，则让 T 表示定向图 G 中，所有能从 X_2 中点出发，沿定向路走到的点的集合. 记 $R = E \backslash T$. 定义

$$\delta_1 = \min\{w_i^{(1)} - w_j^{(1)} | e_j \in T \backslash I^*, e_i \in I^* \backslash T, e_i \in \mathscr{C}_1(e_j \cup I^*)\},$$

$$\delta_2 = \min\{m_1 - w_j^{(1)} | e_j \in T \backslash I^*, e_j \cup I^* \in \mathscr{I}_1, e_j \notin X_1\},$$

$$\delta_3 = \min\{w_i^{(2)} - w_j^{(2)} \mid e_i \in T\cap I^*, e_j \notin T\cup I^*, e_i \in \mathscr{C}_2(e_j\cup I^*)\},$$

$$\delta_4 = \min\{m_2 - w_j^{(2)} \mid e_j \notin T\cup I^*, e_j\cup I^* \in \mathscr{I}_2, e_j \notin X_2\}$$

（当某个 δ_i 的定义域是空集时，取 $\delta_i = +\infty$）.

$$\delta = \min\{\delta_1, \delta_2, \delta_3, \delta_4\}.$$

若 $\delta = +\infty$ 则算法终止，相反，取

$$\bar{I}^* = I^*, \tag{21}$$

$$\bar{w}_i^{(1)} = \begin{cases} w_i^{(1)} + \delta, & \text{若 } e_i \in T, \\ w_i^{(1)}, & \text{若 } e_i \in R, \end{cases} \tag{22}$$

$$\bar{w}_i^{(2)} = \begin{cases} w_i^{(2)} - \delta, & \text{若 } e_i \in T, \\ w_i^{(2)}, & \text{若 } e_i \in R, \end{cases} \tag{23}$$

则有下述的性质 5，性质 6 和性质 7:

性质 5　$\delta > 0$.

证明：当 $e_i \in \mathscr{C}_1(e_j\cup I^*)$，$e_i \in I^*\backslash T$，$e_j \in T\backslash I^*$ 时，必有 $w_i^{(1)} > w_j^{(1)}$（否则就有 $(e_je_i) \in U$，$e_i \in T$，自相矛盾），因此，$\delta_1 > 0$；当 $e_j \in T\backslash I^*$，$e_j\cup I^* \in \mathscr{I}_1$，$e_j \notin X_1$ 时，必有 $w_j^{(1)} < m_1$（根据 m_1 的定义），因此 $\delta_2 > 0$；当 $e_j \notin T\cup I^*$，$e_i \in T\cap I^*$，$e_i \in \mathscr{C}_2(e_j\cup I^*)$ 时，必有 $w_i^{(2)} > w_j^{(2)}$（否则就有 $(e_ie_j) \in U$，$e_j \in T$，自相矛盾），因此 $\delta_3 > 0$；当 $e_j \notin T\cup I^*$，$e_j\cup I^* \in \mathscr{I}_2$，$e_j \notin X_2$ 时，必有 $w_j^{(2)} < m_2$（根据 m_2 的定义），因此 $\delta_4 > 0$. 证毕.

性质 6　当 $\delta = +\infty$ 时，$|I^*| = \max\{|I| \mid I \in \mathscr{I}_1\cap\mathscr{I}_2\}$，由此可知，$I^*$ 便是最优交.

证明：由 $\delta_4 = +\infty$，若 $e_j \notin I^*\cup T$，则必有 $e_j\cup I^* \notin \mathscr{I}_2$，即 $e_j \in SP_2(I^*)$.（其中 $SP_2(S)$ 表示 S 在拟阵 M_2 中的支撑集. 类似地，$SP_1(S)$ 表示 S 在 M_1 中的支撑集）. 由 $\delta_2 = +\infty$，若 $e_j \in (T\backslash I^*)$ 则必有 $e_j\cup I^* \notin \mathscr{I}_1$，即 $e_j \in SP_1(I^*)$. 由 $\delta_1 = +\infty$，若 $e_j \in (T\backslash I^*)$，则对任意的 $e_i \in \mathscr{C}_1(e_j\cup I^*)$，必有 $e_i \in T$，即 $e_j \in SP_1(I^*\cap T)$. 由 $\delta_3 = +\infty$，若 $e_i \in T\cap I^*$，则对任意的 $e_j \notin I^*$，且 $\mathscr{C}_2(e_j\cup I^*) \ni e_i$，必有 $e_j \in T$. 设

$$I_T^* = I^*\cap T,\quad I_R^* = I^*\cap R = I^*\backslash I_T^*.$$

考察任意的 $e_j \notin I^*$,

$$\text{假如 } e_j \in T \Rightarrow e_j \in SP_1(I^*) \quad (\text{由 } \delta_2 = +\infty)$$
$$\Rightarrow e_j \in SP_1(I_T^*) \quad (\text{由 } \delta_1 = +\infty),$$
$$\text{假如 } e_j \notin T \Rightarrow e_j \in SP_2(I^*) \quad (\text{由 } \delta_4 = +\infty)$$
$$\Rightarrow e_j \in SP_2(I_R^*) \quad (\text{由 } \delta_3 = +\infty),$$

因此可得

$$SP_1(I_T^*) \cup SP_2(I_R^*) = E. \tag{24}$$

另一方面,对 E 的任意一对子集 E_1 和 E_2, 若使 $E_1 \cup E_2 = E$, 则称 E_1 和 E_2 是 E 的一个子集覆盖(简称覆盖),记作 $\varepsilon = \{E_1, E_2\}$. 对拟阵 $M_1 = (E, \mathscr{I}_1)$ 和 $M_2 = (E, \mathscr{I}_2)$, 定义覆盖 ε 的秩 $r(\varepsilon)$ 为:

$$r(\varepsilon) = r(E_1, E_2) = r_1(E_1) + r_2(E_2).$$

对任意的交 $I \in \mathscr{I}_{12}$ 以及任意的覆盖 $\varepsilon = \{E_1, E_2\}$, 显然有关系

$$|I \cap E_1| \leqslant r_1(E_1), \quad |I \cap (E_2 \backslash E_1)| \leqslant r_2(E_2).$$

因此

$$|I| \leqslant r_1(E_1) + r_2(E_2) = r(\varepsilon).$$

因为 $E_1^* = SP_1(I_T^*)$, $E_2^* = SP_2(I_R^*)$ 构成了一个覆盖(见(24)), 且使

$$r_1(E_1^*) + r_2(E_2^*) = |I_T^*| + |I_R^*| = |I^*|,$$

故

$$|I^*| = \max\{|I| \mid I \in \mathscr{I}_1 \cap \mathscr{I}_2\}$$
$$r(E_1^*, E_2^*) = \min\{r(\varepsilon) \mid \text{对所有的覆盖 } \varepsilon\}.$$

证毕.

性质7　由(21),(22),(23)所定义的 $\bar{I}^*, \bar{w}^{(1)}, \bar{w}^{(2)}$ 满足性质1中, 对应于 k 时的条件. 即 I^* 既是 $\mathscr{I}_1^k$ 上关于 $\bar{w}^{(1)}$ 的最优独立集,也是 $\mathscr{I}_2^k$ 上关于 $\bar{w}^{(2)}$ 的最优独立集.

证明: 考虑元素 $e_j \notin I^*$, $e_i \in I^*$, $e_i \in \mathscr{C}_1(e_j \cup I^*)$. 假如 $\bar{w}_i^{(1)} < \bar{w}_j^{(1)}$, 则由 $w_i^{(1)} \geqslant w_j^{(1)}$, 可知 $e_j \in T$, $e_i \notin T$, 即 $\bar{w}_i^{(1)} = w_i^{(1)}$, $\bar{w}_j^{(1)} = w^{(1)} + \delta$. 但是 $\delta \leqslant \delta_1 \leqslant w_i^{(1)} - w_j^{(1)}$, 所以

$$\bar{w}_i^{(1)} - \bar{w}_j^{(1)} = w_i^{(1)} - w_j^{(1)} - \delta \geqslant 0,$$

自相矛盾. 故必有 $\bar{w}_i^{(1)} \geqslant \bar{w}_j^{(1)}$.

考虑元素 $e_j \notin I^*$, $e_i \in I^*$, $e_j \cup I^* \in \mathscr{I}_1$. 假如 $\bar{w}_i^{(1)} < \bar{w}_j^{(1)}$, 则由 $w_i^{(1)} \geqslant w_j^{(1)}$, 可知 $e_j \in T$ $e_i \notin T$, 即

$$\bar{w}_i^{(1)} = w_i^{(1)}, \ \bar{w}_j^{(1)} = w_j^{(1)} + \delta,$$

但是 $w_i^{(1)} \geqslant m_1$, $\delta \leqslant \delta_2 \leqslant m_1 - w_j^{(1)}$, 所以

$$\bar{w}_i^{(1)} \geqslant m_1 \geqslant w_j^{(1)} + \delta = \bar{w}_j^{(1)},$$

自相矛盾. 故必有 $\bar{w}_i^{(1)} \geqslant \bar{w}_j^{(1)}$.

考虑元素 $e_j \notin I^*, e_i \in I^*, e_i \in \mathscr{C}_2(e_j \cup I^*)$. 假如 $\bar{w}_i^{(2)} < \bar{w}_j^{(2)}$, 则由 $w_i^{(2)} \geqslant w_j^{(2)}$ 可知 $e_i \in T$, $e_j \notin T$, 即

$$\bar{w}_j^{(2)} = w_j^{(2)}, \ \bar{w}_i^{(2)} = w_i^{(2)} - \delta.$$

但是 $\delta \leqslant \delta_3 \leqslant w_i^{(2)} - w_j^{(2)}$, 故有

$$\bar{w}_i^{(2)} - \bar{w}_j^{(2)} = w_i^{(2)} - \delta - w_j^{(2)} \geqslant 0,$$

自相矛盾. 因此必有 $\bar{w}_i^{(2)} \geqslant \bar{w}_j^{(2)}$.

考虑元素 $e_j \notin I^*$, $e_i \in I^*$, $e_j \cup I^* \in \mathscr{I}_2$. 假如 $\bar{w}_i^{(2)} < \bar{w}_j^{(2)}$. 则由 $w_i^{(2)} \geqslant w_j^{(2)}$, 可知 $e_i \in T$, $e_j \notin T$, 即

$$\bar{w}_j^{(2)} = w_j^{(2)}, \ \bar{w}_i^{(2)} = w_i^{(2)} - \delta.$$

但是, $m_2 \leqslant w_i^{(2)}$, $\delta \leqslant \delta_4 \leqslant m_2 - w_j^{(2)}$, 即 $w_j^{(2)} + \delta \leqslant m_2$, 因此, $\bar{w}_i^{(2)} + \delta = w_i^{(2)} \geqslant m_2 \geqslant w_j^{(2)} + \delta = \bar{w}_j^{(2)} + \delta$, 自相矛盾. 因此必有 $\bar{w}_i^{(2)} \geqslant \bar{w}_j^{(2)}$. 根据本节中的定理 6.2 命题即可得证. 证毕.

最优交程序:

步骤 1　置 $w^{(1)} = 0$, $w^{(2)} = w$, $I^* = \phi$.

步骤 2　构造辅助定向图 G, 并确定对应的点集 X_1 和 X_2.

步骤 3　寻求从 X_2 中点走到 X_1 中点的最短(弧数最少)的定向路 H. 假如这样的路 H 不存在, 则转到步骤 5; 否则接步骤 4.

步骤 4　$(I^* \cup H) \backslash (I^* \cap H) \to I^*$, 然后转到步骤 2.

步骤 5　设 T 是能从 X_2 中点沿定向路走到的点的集合(包含点集 X_2). 计算: $\delta_1, \delta_2, \delta_3, \delta_4$ 以及 δ. 若 $\delta = +\infty$, 则步骤终止, 我们已求得了最优交; 若 $\delta < +\infty$, 则

$$w_j^{(1)} + \delta \to w_j^{(1)}, \quad 当 \ e_j \in T \ 时,$$

$$w_j^{(2)} - \delta \to w_j^{(2)}, \quad 当 \ e_j \in T \ 时$$

然后转到步骤 2。

每执行一次步骤 4，I^* 中元素增加一个；每执行一次步骤 5，假如不终止，则对修改后的 $\bar{w}^{(1)}$、$\bar{w}^{(2)}$ 而言，对应的辅助定向图 $\bar{G}$ 中，或者出现了所需要的定向路 $\bar{H}$，从而转到步骤 4；或者得到了相应的集合：$\bar{X}_1$，$\bar{X}_2$，$\bar{m}_1$，$\bar{m}_2$，$\bar{T}$。根据 $\bar{w}^{(1)}$，$\bar{w}^{(2)}$ 的定义 (22) 和 (23)，以及 $\delta_i\delta$ 的取法，容易证明以下的事实：设对应于 $w^{(1)}w^{(2)}$ 的集合为：X_1,X_2,m_1,m_2,T，则在修改后有关系：$\bar{X}_i \supseteq X_i$，$(i=1,2)$，$\bar{T}\supset T$。因此，步骤 5 最多连续执行 $|E|$ 次后，必将转到步骤 4，或者出现 $\delta=+\infty$。因而上述计算程序最多循环 $|E|^2$ 次。

综上所述，我们可得如下的基本定理。

定理 6.3 上述的最优交计算程序，必能在有限步内求得拟阵的最优交。

§3 拟阵交多面体

在上一节中，我们已经看到，求拟阵最优基和最优交的算法，实际上也求出了下述线性规划问题的基本最优解。

$$\max \quad wx=\sum_{j=1}^{n} w_j x_j,$$

$$\text{满足} \quad x(S)=\sum_{e_j\in S} x_j \leqslant r(S),\ S\subseteq E, \tag{25}$$

$$x\geqslant 0, \tag{26}$$

和

$$\max \quad wx=\sum_{j=1}^{n} w_j x_j,$$

$$\text{满足} \quad x(S)=\sum_{e_j\in S} x_j \leqslant r_1(S),\ S\subseteq E, \tag{27}$$

$$x(S)=\sum_{e_j\in S} x_j \leqslant r_2(S),\ S\subseteq E, \tag{28}$$

$$x\geqslant 0. \tag{29}$$

利用目标函数的任意性，已经可以说明，拟阵多面体（25），（26）和拟阵交多面体（27），（28），（29）的所有顶点，都是0、1向量。然而，为了使读者能深入了解秩函数的次模性的意义，这里，我们对拟阵多面体和拟阵交多面体的顶点的整数性，另给一个直接的证明。

两个子集 S_1 和 S_2，若使

$$S_1 \cap S_2 \neq \phi,\quad S_1 \backslash S_2 \neq \phi,\quad S_2 \backslash S_1 \neq \phi,$$

则称 S_1 和 S_2 是相互交叉的。

设 $M=(E,\mathscr{I})$ 是一个拟阵，$r(S)$ 是 M 的秩函数。假设 $r(e)=1$，（对所有的元素 $e\in E$）。

性质1　对任意的两个相互交叉的子集 S_1 和 $S_2 \subseteq E$，若约束条件（25），（26），有一个允许解 x，使得满足

$$x(S_1)=r(S_1),\quad x(S_2)=r(S_2),$$

则 x 也必满足

$$x(S_1\cap S_2)=r(S_1\cap S_2),\quad x(S_1\cup S_2)=r(S_1\cup S_2).$$

证明：由拟阵秩函数 $r(S)$ 的次模性，以及 x 是（25）、（26）的允许解，可得

$$\begin{aligned} x(S_1)+x(S_2)&=r(S_1)+r(S_2)\geqslant r(S_1\cap S_2)+r(S_1\cup S_2)\\ &\geqslant x(S_1\cap S_2)+x(S_1\cup S_2)=x(S_1)+x(S_2),\end{aligned}$$

因此

$$x(S_1\cap S_2)=r(S_1\cap S_2),\quad x(S_1\cup S_2)=r(S_1\cup S_2).$$

定理6.4　拟阵多面体（25），（26）的所有顶点都是0，1向量。

证明：设 x^* 是（25），（26）的这样一个顶点，它是在顶点中间，使所含的非整数分量数目最多的一个。假如 x^* 的分量都是整数，那末命题得证。相反，设删去使 $x_i^*=1$ 或0的元素后的拟阵为 $\bar{M}=(\bar{E},\mathscr{I})$，秩函数为 $\bar{r}(S)$。设删去这些分量后，x^* 变为 $\bar{x}^*$。则容易看出，$\bar{x}^*$ 也是删去后的拟阵多面体（$\bar{F}$）：

$$\{\bar{x}\,|\,\bar{x}\geqslant 0,\ \bar{x}(S)\leqslant \bar{r}(S),\ S\subseteq \bar{E}\}$$

的顶点。设

$$|S_1|=\min\{|S|\,|\,S\subseteq\bar{E},\ \bar{x}^*(S)=\bar{r}(S)\},$$

则对任意的 $S\subseteq\bar{E}$，

$$\bar{x}^*(S) = \bar{r}(S), \ S \cap S_1 \neq \phi \Rightarrow S_1 \subseteq S$$

(因为不然的话，就有 $\bar{x}^*(S_1 \cap S) = \bar{r}(S_1 \cap S)$，而 $|S_1 \cap S| < |S_1|$)。此时，S_1 中至少有两个元素。（不然的话，$\bar{x}^*$ 中就有分量为 1）。不妨可设，$e_1, e_2 \in S_1$。作 $\bar{x}', \bar{x}''$ 如下：

$$\bar{x}_1' = \bar{x}_1^* + \varepsilon, \ \bar{x}_2' = \bar{x}_2^* - \varepsilon, \ \text{其余的 } \bar{x}_i' = \bar{x}_i^*,$$
$$\bar{x}_1'' = \bar{x}_1^* - \varepsilon, \ \bar{x}_2'' = \bar{x}_2^* + \varepsilon, \ \text{其余的 } \bar{x}_i'' = \bar{x}_i^*,$$

则容易证明，只要 ε 是一个足够小的正数，$\bar{x}'$ 和 $\bar{x}''$ 都是 $(\bar{F})$ 的允许解。但是

$$\bar{x}^* = \frac{1}{2}\bar{x}' + \frac{1}{2}\bar{x}'', \ \bar{x}' \neq \bar{x}''.$$

这就与 $\bar{x}^*$ 是 $(\bar{F})$ 的顶点相矛盾。证毕。

设 $M_1 = (E, \mathscr{I}_1)$，$M_2 = (E, \mathscr{I}_2)$ 是两个不同的拟阵，$r_1(S), r_2(S)$ 是 M_1 和 M_2 的秩函数。

定理 6.5 拟阵交多面体 (FF)：

$$\{x \mid x \geqslant 0, \ x(S) \leqslant r_1(S), \ x(S) \leqslant r_2(S), S \subseteq E\}$$

的所有顶点都是 0,1 向量。

证明：设 $\bar{x}$ 是 (FF) 的任意的一个顶点。不妨可设，$\bar{x}$ 的非零分量为 $\bar{x}_1, \cdots, \bar{x}_k$。则在由子集 S 所确定的不等式约束条件中，至少有 k 个(互不相关的)条件，使 $\bar{x}$ 满足成等式。我们选出这样的 k 个约束条件，它要求

(i) 使 $\bar{x}$ 都满足成等式；

(ii) 在满足 (i) 的前提下，使 k 个条件所对应的 k 个子集 S_i 中，所含的元素数目的平方和 $\left(\text{即} \sum\limits_i |S_i|^2\right)$ 最大。

不妨可设，所选出的 k 个条件为

$$x(S_i) \leqslant r_1(S_i), \ i = 1, 2, \cdots, p,$$
$$x(S_i) \leqslant r_2(S_i) \quad i = p+1, p+2, \cdots, k.$$

根据要求 (ii)，我们可知，子集簇 $\{S_1, S_2, \cdots, S_p\}$ 必互不交叉。

事实上，若其中有 S_i 和 S_j 相互交叉，则由 $r_1(S)$ 的次模性，我们若用关于 $(S_i \cap S_j)$ 以及 $(S_i \cup S_j)$ 的两个约束条件来替换关于

S_i 以及 S_j 的两个约束条件后，仍能满足要求 (i)．但是，由于

$$|S_i|^2+|S_j|^2<|S_i\cap S_j|^2+|S_i\cup S_j|^2$$

这就矛盾于选择的要求 (ii)．

因为 $\{S_1,\cdots,S_p\}$ 互不交叉，则方程组

$$x(S_i)=r_1(S_i),\ i=1,\cdots,p.$$

只要适当地更换变量和方程的序号，就可排列成如下的等价形式 $A'x'=b'$，其中

$x'=(x_1,\cdots,x_k)^T$，

$b'=(r_1(S_1),\cdots,r_1(S_p))^T$，

$$A'=\begin{pmatrix}
1\cdots 1 & & & & & & & \\
1\cdots 1\cdots 1 & & & & & & & \\
\vdots & & & & & & & \\
1\cdots\cdots\cdots 1 & & & & & & & \\
 & 1\cdots 1 & & & & & & \\
 & 1\cdots 1\cdots 1 & & & & & & \\
 & \vdots & & & & & & \\
 & 1\cdots\cdots\cdots 1 & & & & & & \\
 & & \ddots & & & & & \\
 & & & 1\cdots 1 & & & & \\
 & & & 1\cdots 1\cdots 1 & & & & \\
 & & & \ddots & & & & \\
 & & & 1\cdots\cdots\cdots 1 & & & &
\end{pmatrix}.$$

从 $A'x'=b'$ 出发，再经过适当地初等变换后，就很容易化成如下的等价形式 $A_1x'=b_1$，其中的 b_1 和 A_1 呈如下形式

$b_1=(b_{11}\cdots,b_{1p})^T$，所有的 b_{1i} 都是整数，

$$A_1=\begin{pmatrix}
1\cdots 1 & & & \\
 & 1\cdots 1 & & \\
 & & \ddots & \\
 & & & 1\cdots 1
\end{pmatrix}.$$

这时，每个变量最多只出现在一个方程中．

完全相类似地，可以证明，方程组

$$x(S_i)=r_2(S_i),\ i=p+1,\cdots,k.$$

能化成如下的等价形式 $A_2x'=b_2$，其中的 b_2 是一个整数向量，

A_2 中的每一列，最多有一个 1，其他的数都为 0.

因此，方程组

$$x(S_i)=r_1(S_i),\quad i=1,\cdots,p,$$
$$x(S_i)=r_2(S_i),\quad i=p+1,\cdots,k,$$

可以等价地化为

$$Ax'=b,$$
$$A=\begin{pmatrix}A_1\\A_2\end{pmatrix},\ b=\begin{pmatrix}b_1\\b_2\end{pmatrix},$$

因为 A 的每一列至多包含两个 1，当含有两个 1 时，一个属于前 p 行，另一个必属于后 $k-p$ 行，故 A 可以看作是某个二部图的点边关联矩阵的子矩阵. 由 A 的全单位模性，以及 $\bar{x}'$ 必是多面体

$$\{x'\mid Ax'=b,\ x'\geqslant 0\}$$

的一个顶点，就可知 $\bar{x}'$ 必是整数向量，因此，$\bar{x}$ 也必是整数向量. 证毕.

§4 练 习 题

1. 设 $M=(E,\mathscr{I})$ 是一个拟阵，A 和 B 是 M 的任意两个基. 求证：存在 A 和 B 中元素的一个适当的排列

$$A=\{a_1,a_2,\cdots,a_r\},$$
$$B=\{b_1,b_2,\cdots,b_r\},$$

使得对任意的 i，$1\leqslant i\leqslant r$，当 $a_i\neq b_i$ 时，

$$(B\cup\{a_i\})\backslash\{b_i\}$$

是 M 的一个基.

2. 设 $E=\{e_1,e_2,\cdots,e_m\}$，$w(e_i)(\geqslant 0)$ 表示元素 e_i 的权. 对任意的子集 $S\subseteq E$，记

$$w(S)=\sum_{e\in S}w(e).$$

E 上的一个子集簇 $\mathscr{I}$，若满足遗传性：

$$I\in\mathscr{I},\ I'\subseteq I\Rightarrow I'\in\mathscr{I},$$

则称 $\mathscr{I}$ 是一个独立簇. 独立簇中的元素称为独立集，使权和最

大的独立集 I^*:

$$w(I^*) = \max\{w(I) \mid I \in \mathscr{I}\}$$

称为最优独立集. 很多组合最优化问题都可形成为求最优独立集的问题. 下述算法通常称为“贪婪”(Greedy) 算法:

1° 将元素按权由大到小排好:

$$w(e_1) \geqslant w(e_2) \geqslant \cdots \geqslant w(e_n).$$

2° 让 $I^* = \phi$, $i = 1$.

3° 若 $i > m$, 则步骤终止.

若 $i \leqslant m$, 则进行步骤 4°.

4° 若 $I^* \cup \{e_i\} \in \mathscr{I}$, 则置

$$I^* \cup \{e_i\} \to I^*;\ i + 1 \to i,$$

然后转到步骤 3°. 若 $I^* \cup \{e_i\} \notin \mathscr{I}$, 则置

$$i + 1 \to i,$$

然后转到步骤 3°.

试证下述的重要定理 (Rado, Edmonds):

一个独立簇 $\mathscr{I}$ 构成拟阵的独立集簇 (即同时也满足拟阵的第二条公理: “可扩性”) 的充要条件为: 对任何的权函数 w, 贪婪算法都能求得最优独立集.

3. 设 $G = [V,E]$ 是一个连通图. $X = \{v_1, v_2, \cdots, v_k\}$ 是 G 的一个极大的点无关集. a_i, $(1 \leqslant i \leqslant k)$ 是给定的正整数. 定义独立簇:

$$\mathscr{I} = \{S \mid S \subseteq E,\ \text{子图 } [V,S] \text{ 不含圈},\ |S \cap \delta(v_i)| \leqslant a_i,\ 1 \leqslant i \leqslant k\},$$

其中 $\delta(v_i)$ 表示关联于 v_i 的边的集合. 证明 $\mathscr{I}$ 是属于两个特殊拟阵的交簇.

4. 设 $G = [V,E]$ 是一个连通图, v_1, v_2 是两个特定的点, 定义独立簇:

$$\mathscr{I} = \{S \mid S \subseteq E,\ \text{子图 } [V,S] \text{ 或者不含圈},\ \text{或者包含一个通过 } v_1, v_2 \text{ 的圈}\}.$$

试证: $\mathscr{I}$ 是属于两个特殊拟阵的交簇.

第七章　集合分解与覆盖问题

§1　基本概念

设 $I = \{1,2,\cdots,m\}$ 是一有限个元素的集合．设 $F = \{F_1, F_2,\cdots,F_n\}$ 是 I 上的一子集簇．即 F_i 都是 I 的子集．记 $J = \{1,2,\cdots,n\}$．J 的一个子集 J^*，若满足

$$\bigcup_{j\in J^*} F_j = I,$$

则称 J^* 是 I 的一个覆盖；若满足

$$F_j\cap F_k = \varnothing，\text{对所有的 } j,k\in J^*, j\neq k,$$

则称 J^* 是 F 的一个无关子簇；若满足

$$\bigcup_{j\in J^*} F_j = I,\ F_j\cap F_k = \varnothing,\ j\neq k,\ j,k\in J^*,$$

则称 J^* 是 I 的一个分解．

对应于一个子集簇 F，定义 0,1 矩阵 $A = (a_{ij})$ 如下

$$a_{ij} = \begin{cases}1, & \text{若元素 } i\in F_j,\\ 0, & \text{若元素 } i\notin F_j.\end{cases}$$

称 A 为子集簇 F 的关联矩阵．

设 C_j 是子集 F_j 的价格(或称权)．对 J 的任意子集 J^*，定义 J^* 的价格为

$$\sum_{j\in J^*} C_j.$$

下面三个问题是基本的整数规划问题．

覆盖问题 (COP)：

$$\min x_0 = \sum_{j=1}^{n} C_j x_j,$$

满足

$$\sum_{j=1}^{n} a_{ij}x_j \geqslant 1, \quad i=1,\cdots,m,$$

$$x_j \text{ 取 } 0 \text{ 或 } 1, \quad j=1,\cdots,n.$$

写成矩阵形式为

$$\min\{Cx \mid Ax \geqslant \mathbf{1},\ x \text{ 为 } 0,1 \text{ 向量}\},$$

其中

$$C=(C_1,\cdots,C_n)>0,$$

$$\mathbf{1}=(1,\cdots,1)^T,$$

$$x=(x_1,\cdots,x_n)^T,$$

$$x_j=\begin{cases}1, & j\in J^*,\\ 0, & j\notin J^*.\end{cases}$$

分解问题 (DPP):

$$\min\{Cx \mid Ax=\mathbf{1},\ x \text{ 为 } 0,1 \text{ 向量}\},$$

无关子簇问题 (IPP):

$$\max\{Cx \mid Ax \leqslant \mathbf{1},\ x \text{ 为 } 0,1 \text{ 向量}\}.$$

我们已经看到,图和网络中的很多极值问题,都可归结成上述 0, 1 规划问题. 也有很多实际问题可以归结成上述形式的规划问题.

例如,让 $I=\{1,2,\cdots,m\}$ 表示某天运输任务的集合, $F_j\subset I$ 表示任务的某种搭配方式,它组合成一个合宜的循环运输路线,适合于一辆汽车去完成, 而 F 表示所有合宜的搭配方式的集合, 设 C_j 是循环运输路线 F_j 上空驶的总里程. 则此运输任务的分配问题,就可归结为集合分解问题.

又例如,设 I 是材料的集合, J 是商品的种类, F_j 表示制作商品 j 时所必需的材料子集合(假设一种材料只能用在一种商品上, 不能分开使用). C_j 表示商品 j 的价格, 则此生产计划问题可以归结为无关子簇问题.

定理 7.1 设 $A=(a_{ij})$ 是 m 行 n 列的 0, 1 矩阵, 若有两个 n 维的 0,1 向量 x^1,x^2, 使得

$$x^1+x^2=\mathbf{1}, \quad Ax^i=\mathbf{1}, \quad i=1,2,$$

则 A 是全单位模矩阵.

证明：因为 x_j^1 和 x_j^2 取 0 或 1，且

$$x_j^1 + x_j^2 = 1,\ j = 1,\cdots,n,$$

则可将 A 的列指标分解成两部分：S_1 和 S_2

$$S_1 = \{j \mid x_j^1 = 1\},\ S_2 = \{j \mid x_j^2 = 1\},$$

因为

$$Ax^i = 1,\ i = 1,2,$$

所以

$$A\left(\frac{1}{2}x^1 + \frac{1}{2}x^2\right) = 1,$$

即

$$A(x^1 + x^2) = A1 = 21.$$

因此，有关系式

$$\sum_{j=1}^{n} a_{ij} = 2,\ i = 1,\cdots,m.$$

故 A 中每一行有恰仅有两个 1，一个属于 S_1 的列中，另一个 1 处于 S_2 中的列. 因此 A^T 可以看作某二部图 G 的点边关联矩阵，故 A^T 是全单位模矩阵，因而 A 也是全单位模矩阵. 证毕.

定理 7.2 设 $A = (a_{ij})$ 是 m 行 n 列的 0, 1 矩阵，若有两个 n 维的 0,1 向量 x^1, x^2，使得

$$\begin{aligned} &Ax^i = 1, && i = 1,2, \\ &x_j^1 = x_j^2, && 1 \leqslant j \leqslant k < n, \\ &x_j^1 + x_j^2 = 1, && k+1 \leqslant j \leqslant n, \end{aligned}$$

则多面体

$$P = \{x \mid Ax = 1,\ x_j = x_j^1,\ (1 \leqslant j \leqslant k);\ 0 \leqslant x \leqslant 1\}$$

的所有顶点，都是 0,1 解

证明：设 $A = (P_1,\cdots,P_k,P_{k+1},\cdots,P_n)$. 设

$$\sum_{j=1}^{k} x_j^1 P_j = \delta$$

设在 $Ax = 1$ 中，去掉使 δ 的分量为 1 的行，以及前面的 k 列后，

变为 $\bar{A}\bar{x}=\bar{1}$，其中的 $\bar{x}=(x_{k+1},\cdots,x_n)^T$。由于

$$\bar{x}^1=(x_{k+1}^1,\cdots x_n^1)^T$$

和 $\bar{x}^2=(x_{k+1}^2,\cdots,x_n^2)^T$ 都是条件 $\bar{A}\bar{x}=\bar{1}$ 的 0, 1 解，且满足 $\bar{x}^1+\bar{x}^2=1$，根据定理 7.1，可知 $\bar{A}$ 是全单位模的，因此，多面体 P 的所有顶点都是 0,1 解. 证毕.

考虑集合分解问题

$$\min\{Cx \mid Ax=1,\ x\text{ 为 }0,1\text{ 向量}\}.$$

设 x^1 是它的任何一个允许解，x^* 是它唯一的最优解. 记

$$\bar{P}=\{x \mid Ax=1,\ x\geqslant 0\}.$$

定理 7.3 存在多面体 $\bar{P}$ 的顶点序列

$$x^1,x^2,\cdots,x^k=x^*,$$

使得

(1) 所有的 x^i 都是 0,1 向量，

(2) x^i 与 x^{i+1} 在 $\bar{P}$ 上相邻(即 x^i 与 x^{i+1} 之间只有一个基变量不同)，

(3) $Cx^i\geqslant Cx^{i+1}$, $i=1,\cdots,k-1$.

证明：若 $x_j^1+x_j^*=1$, $j=1,2,\cdots,n$，则由定理 7.1，可知 A 是全单位模矩阵，$\bar{P}$ 的所有顶点都是 0,1 向量. 应用单纯形方法到线性规划问题：

$$\min\{Cx \mid x\in\bar{P}\}.$$

假如我们以 x^1 为初始的顶点，那末，当终止于最优解 x^* 时，根据单纯形程序的计算过程，便可得到满足 (1),(2),(3) 的顶点序列.

现在，不妨假设

$$x_j^1=x_j^*,\qquad j=1,\cdots,k,$$

$$x_j^1+x_j^*=1,\ j=k+1,\cdots,n.$$

根据定理 7.2，我们只要对子问题：

$$\begin{aligned}&\min\ Cx,\\&\text{满足 } Ax=1,\\&\qquad x_j=x_j^1,\ j=1,\cdots,k,\\&\qquad x_j\geqslant 0,\ j=k+1,\cdots,n.\end{aligned}$$

应用单纯形方法，同样也可得到一个满足(1),(2)、(3)的顶点序列. 证毕.

对给定的m行n列的0,1矩阵 $A=(P_1,\cdots,P_n)$ 定义A的交图 $G[A]=[V,E]$ 如下:

$$V=\{1,2,\cdots,n\},$$

$$E=\left\{[i,j]\mid P_i^TP_j=\sum_{k=1}^{m}a_{ki}a_{kj}\geqslant 1\right\}.$$

让 $\bar{A}^T$ 表示交图 $G[A]$ 的点边关联矩阵(即 $\bar{A}$ 的列对应于 $G[A]$ 的点, $\bar{A}$ 的行对应于 $G[A]$ 的边). 记

$$P=\{x\mid Ax\leqslant 1,\ x\text{ 是 }0,1\text{ 向量}\},$$

$$\bar{P}=\{x\mid \bar{A}x\leqslant 1,\ x\text{ 是 }0,1\text{ 向量}\},$$

则容易证明, $P=\bar{P}$.

交图 $G[A]$ 中的一个团K, 若对任意的 $v\in(V\backslash K)$, 都使 $v\cup K$ 不是 $G[A]$ 的团,则称K是 $G[A]$ 的一个极大团.

定理 7.4 不等式条件 H:

$$\sum_{j\in K}x_j\leqslant 1,\ \text{对某一给定的 }K\subseteq V$$

是 $(P)^\Delta$ 的一个边界面的充要条件为: K是 $G[A]$ 的一个极大团.

证明: 设K是 $G[A]$ 的一个极大团. 则显然条件H是$(P)^\Delta$ 的一个分离,即

$$x\in(P)^\Delta\Rightarrow\sum_{j\in K}x_j\leqslant 1.$$

因为K是极大团, 所以对任意的 $g\notin K$, 必有某个 $i_g\in K$, 使得 $[i_g,g]\notin E$, (即 $P_g^TP_{i_g}=0$) 记

e^i 为第 i 个 n 维的单位向量,

$x^i=e^i$, 对所有的 $i\in K$,

$x^g=e^g+e^{i_g}$, 对所有的 $g\notin K$.

则容易看出

$$\sum_{j\in K} x_j^h = 1,\ h = 1,\cdots,n,$$

$$x^h \in P \subseteq (P)^\Delta,\ h = 1,\cdots,n,$$

$\{x^1,\cdots,x^n\}$ 构成一线性无关的向量组，

因此，条件 H 是 $(P)^\Delta$ 的一个边界面。

设 H 是 $(P)^\Delta$ 的一个边界面，则显然 K 必是 $G[A]$ 的一个团. 现在假设 K 不是 $G[A]$ 的极大团. 则必存在某 $i \notin K$, 使得 $K\cup\{i\}$ 是 $G[A]$ 的团. 因此有关系：

$$x \in (P)^\Delta \Rightarrow \sum_{j\in K\cup\{i\}} x_j \leqslant 1.$$

因为条件 H 是 $(P)^\Delta$ 的一个边界面，所以必存在线性无关的向量组 $\{x^1,x^2,\cdots,x^n\}$，使得

$$x^k \in (P)^\Delta,\ k = 1,2,\cdots,n,$$

$$\sum_{j\in K} x_j^k = 1,\ k = 1,2,\cdots,n,$$

$$\sum_{j\in(K\cup\{i\})} x_j^k \leqslant 1,\ k = 1,2,\cdots,n,$$

由此可知

$$x_i^k = 0,\ k = 1,2,\cdots,n,$$

则 $\{x^1,x^2,\cdots,x^n\}$ 实际上是 $n-1$ 维空间中的 n 个向量，故必线性相关，矛盾. 证毕.

无关子簇问题，增加松弛变量后，就可化为分解问题. 而分解问题 (DPP)，当 $C>0$ 时，可等价地化成如下的覆盖问题：

$$\min \sum_{j=1}^{n} (C_j + Lt_j)x_j,$$

满足

$$\sum_{j=1}^{n} a_{ij}x_j \geqslant 1,\ i = 1,2,\cdots,m,$$

所有的 x_j 取 0 或 1，其中

$$t_j = \sum_{i=1}^{m} a_{ij},\ L = \sum_{j=1}^{n} C_j + 1.$$

事实上，设 x^* 是分解问题的任一允许解，$\hat{x}$ 是覆盖问题的，但不是分解问题的允许解．即

$$Ax^* = 1,\ A\hat{x} \geqslant 1,$$

$$\hat{I} = \left\{i \,\middle|\, \sum_{j=1}^{n} a_{ij}\hat{x}_j > 1,\ 1 \leqslant i \leqslant m\right\} \neq \phi.$$

则显然有关系

$$\sum_{j=1}^{n} (C_j + Lt_j)x_j^* = \sum_{j=1}^{n} C_j x_j^* + Lm < L(m+1).$$

但是

$$\sum_{j=1}^{n} (C_j + Lt_j)\hat{x} \geqslant \sum_{j=1}^{n} C_j\hat{x}_j + L(m + |\hat{I}|) \geqslant L(m+1).$$

因此，只要分解问题有允许解，上述覆盖问题的最优解必在分解问题的允许解中达到．

§2 覆盖问题的割平面算法

对覆盖问题 (COP)，当 $C > 0$ 时，常常可能根据下述的简单规则，将问题化简．

化简规则 1 若 A 的某一行 a_i 是一个单位向量，例如 $a_{ik}=1$，$a_{ij}=0$（对所有的 $j \neq k$）则 x_k 必须取 1． 由于 $x_k=1$，在 A 的第 k 列中，凡是元素为 1 的行，条件都已得到满足，因此，可将这些行和第 k 列去掉．

化简规则 2 若 A 中的行 a_t 和 a_p，使得 $a_t \geqslant a_p$，则第七个条件可以去掉．因为它是第 p 个条件的推论．

化简规则 3 若有 A 的某列指标集 S，以及某一个列指标 $k \notin S$，使得

$$\sum_{j\in S} a_{ij} \geqslant a_{ik},\ i = 1,\cdots,m,$$

且

$$\sum_{j\in S} C_j \leqslant C_k,$$

则显然第 k 列可以去掉，即 x_k 在最优解中可取为零

这些规划虽然简单，但是，实践证明，在计算时很起作用.

对 A 的任一列指标子集合 J，定义向量 $x(J)=(x_1,\cdots,x_n)^T$ 如下：

$$x_j=\begin{cases}1, & j\in J,\\ 0, & j\notin J.\end{cases}$$

假如 J 的关联向量 $x(J)$ 是覆盖问题的允许解，则称 J 为一个覆盖. 假如在覆盖 J 中，有一个指标 j，使得 $J\backslash\{j\}$ 仍是一个覆盖，即

$$\sum_{k\in J} a_{ik}-a_{ij}\geqslant 1,\ i=1,\cdots,m$$

则称 j 是一过剩指标. 一个不含过剩指标的覆盖，称为基本覆盖，否则称为过剩覆盖. 覆盖 J 中的一个指标 k，它不是 J 的过剩指标的充要条件为：

$$I(k)=\left\{i\,\middle|\,\sum_{j\in J} a_{ij}-a_{ik}=0\right\}\neq\phi.$$

因为 $C>0$，故覆盖问题的最优解必对应于一个基本覆盖.

定义线性规划问题 $(\tilde{P})$ 为：

$$\min\{Cx\,|\,Ax\geqslant 1,\ x\geqslant 0\}.$$

因为 A 是 0,1 矩阵，$C>0$，故 $(\tilde{P})$ 的最优解必满足条件

$$0\leqslant x_j\leqslant 1,\ j=1,\cdots,n.$$

设 $(\tilde{P})$ 的基本最优解为 $\tilde{x}^*$. 对应于 $\tilde{x}^*$，定义向量 $\bar{x}^*$ 如下：

$$\bar{x}_j^*=\lceil \tilde{x}_j^*\rceil,\ j=1,\cdots,n,$$

显然，$\bar{x}^*$ 是覆盖问题 (COP) 的一个允许解. 记

$$\bar{J}^*=\{j\,|\,\bar{x}_j^*=1,\ 1\leqslant j\leqslant n\},$$

则 $\bar{J}^*$ 是一个覆盖，但不一定是基本覆盖. 从 $\bar{J}^*$ 中逐个地减去过剩指标后，可得一个基本覆盖，记作 J^*.

定理 7.5 若 J 是一个基本覆盖，则 $x(J)$ 是 $(\tilde{P})$ 的一个基本允许解.

证明：因为 J 是一个基本覆盖，所以 J 中无过程指标，即对任

意的 $k\in J$，必存在某一行 i，使得

$a_{ik}=1$，$a_{ij}=0$，对所有的 $j\in J\backslash\{k\}$。因此，将行适当排列后，由 J 的列构成的 A 中子矩阵，必可表示成如下的形式：

J 中的列

$$\begin{pmatrix} 1 & & \\ & \ddots & \\ & & 1 \\ & A_J & \end{pmatrix}.$$

上述子矩阵必可扩充成一个基矩阵，因此，$x(J)$ 是 $(\tilde{P})$ 的一个基本允许解。证毕。

将线性规划 $(\tilde{P})$ 化成标准形式：

求 $\min Cx$，

满足 $Ax-Iy=1$，$x\geqslant 0$，$y\geqslant 0$。

这里的 I 表示 $m\times m$ 的单位矩阵。

不妨可设，$J=\{1,2,\cdots k\}$ 是一个基本覆盖。将行进行适当排列后，矩阵 A 和向量 C 可表示成如下的形式

$$C=(C_J C_N),$$

$$A=\begin{bmatrix} \begin{matrix} 1 & & \\ & \ddots & \\ & & 1 \end{matrix} & A_{12} \\ A_{21} & A_{22} \end{bmatrix},$$

$$\underbrace{\qquad}_{J\text{的列}}\quad \underbrace{\qquad}_{\text{非}J\text{的列}}$$

因此，对应于 $x(J)$ 的基矩阵可取成如下的半三角形式：

$$B(J)=\begin{bmatrix} \begin{matrix} 1 & & \\ & \ddots & \\ & & 1 \end{matrix} & O \\ A_{21} & \begin{matrix} -1 & & \\ & \ddots & \\ & & -1 \end{matrix} \end{bmatrix}$$

$$\underbrace{\qquad}_{J\text{的列}}\quad \underbrace{\qquad}_{-I\text{中的列}}$$

定理 7.6 对应于任何基本覆盖 J 的基矩阵 $B(J)$，必满足 $B(J)^{-1}=B(J)$。

证明：不妨可设

$$B(J)=\begin{pmatrix} I_1 & 0 \\ A_{21} & -I_2 \end{pmatrix},$$

其中 I_1 和 I_2 都表示单位矩阵，则容易看出

$$B(J)B(J)=\begin{pmatrix} I_1 & 0 \\ A_{21}I_1-I_2A_{21} & I_2 \end{pmatrix}=\begin{pmatrix} I_1 & 0 \\ 0 & I_2 \end{pmatrix}.$$

证毕.

对给定的基本覆盖 J，为了书写简单起见，我们记

$$B^{-1}=B(J)^{-1}=B(J),$$
$$C_B=(C_J,0),$$
$$\bar{A}=(A,-I),$$
$$\bar{C}=(C_J,C_N,0),$$
$$N=\{1,\cdots,n\}\backslash J.$$

根据单纯形算法，对线性规划 $(\tilde{P})$ 而言，允许基 $B(J)$ 是最优的条件为

$$C_BB^{-1}\bar{A}\leqslant\bar{C}.$$

设

$$\bar{A}=\begin{bmatrix} I_1 & A_{12} & -I_1 & 0 \\ A_{21} & A_{22} & 0 & -I_2 \end{bmatrix},$$

让 $P_j(j\in N)$ 表示 A_{12} 中的列向量，则最优判别条件可等价地写为

$$C_JP_j-C_j\leqslant 0,\ 对所有的\ j\in N.$$

假设 $B(J)$ 不是 $(\tilde{P})$ 的最优基，记

$$Q=\{j\,|\,C_JP_j-C_j>0,\ j\in N\},$$

这时，若有另一个基本覆盖 J^*，使得

$$Cx(J^*)<Cx(J),$$

则 $x(J^*)=(x_1^*,\cdots,x_n^*)^T$ 必须满足

$$\sum_{j\in Q}x_j^*\geqslant 1.$$

现在，我们称条件

$$\sum_{j \in Q} x_j \geqslant 1$$

为关于基本覆盖 J 的割平面.

覆盖问题的割平面算法的计算程序:

步骤 1　若 A 中有一行全为零,则步骤终止,问题无允许解.相反,任给一个覆盖,以它作为初始的记录 J,置 $x_0^* = Cx(J)$。

步骤 2　利用化简规则 1,2,3,尽可能地化简问题 (COP) 和约束条件的矩阵 A.假如经过化简后,已经能完全确定问题(COP)的最优解,则步骤终止.否则进行步骤 3.

步骤 3　求松弛线性规划问题 ($\tilde{P}$) 的基本最优解 $\tilde{x}^*$,并通过 $\tilde{x}^*$,求得一个基本覆盖 J^*.

步骤 4　若 $Cx(J^*) < x_0^*$,则改进记录解,将 $J^* \to J$,$Cx(J^*) \to x_0^*$,然后进行步骤 5;若 $Cx(J^*) \geqslant x_0^*$,则进行步骤 5.

步骤 5　对应于基本覆盖 J^*,经过适当地交换行和列的次序后,将矩阵 A 和向量 C 排列成如下的形式

$$C = (C_{J^*} C_{N^*}),$$

$$A = \begin{pmatrix} I_1 & A_{12} \\ A_{21} & A_{22} \end{pmatrix},$$

同时,取基矩阵为

$$B(J^*) = \begin{pmatrix} I_1 & 0 \\ A_{21} & -I_2 \end{pmatrix},$$

然后进行步骤 6.

步骤 6　若对所有的 $j \in N^*$,满足

$$C_{J^*} P_j - C_j \leqslant 0,\ P_j \text{ 为 } A_{12} \text{ 中的列向量},$$

则步骤终止,当时的记录解 $x(J)$ 便是 (COP) 的最优解.相反,置

$$Q = \{j \mid C_{J^*} P_j - C_j > 0,\ j \in N^*\},$$

然后,进行步骤 7.

步骤 7　增加割平面

$$\sum_{j\in Q} x_j \geqslant 1,$$

用覆盖问题

$$\min\left\{Cx \mid Ax \geqslant 1,\ \sum_{j\in Q} x_j \geqslant 1,\ x\text{ 为 }0,1\text{ 向量}\right\}$$

代替原来的问题（COP），转到步骤2.

因为每增加一个割平面后，至少割去了原问题的一个覆盖．所以程序必在有限步内终止。

§3 练习题

设 $A=(a_{ij})$ 是一个 $m\times n$ 的0,1矩阵，a_j 表示 A 的第 j 列，A 中没有全为零的行或列．e 表示 m 维的分量全为1的列向量．记

$$N=\{1,\cdots,n\},$$
$$M=\{1,\cdots,m\},$$
$$P=\{x\in R^n \mid Ax=e,\ x_j=0\text{ 或 }1,\ j\in N\},$$
$$\tilde{P}=\{x\in R^n \mid Ax=e,\ x\geqslant 0\},$$
$$\bar{P}=\{x\in R^n \mid Ax\leqslant e,\ x_j=0\text{ 或 }1,\ j\in N\},$$
$$M_k=\{i\in M \mid a_{ik}=1\},\ k\in N,$$
$$\bar{M}_k=M\backslash M_k,$$
$$N_i=\{k\in N \mid a_{ik}=1\},\ i\in M,$$
$$\bar{N}_i=N\backslash N_i,$$
$$N_{ik}=\{j\in N_i \mid a_j^T a_k=0\},\ i\in\bar{M}_k,\ k\in N.$$

1. 证明对任意的 $x\in P$，必有

$$\sum_{j\in N_{ik}} x_j \leqslant \sum_{j\in N_i} x_j \leqslant 1.$$

2. 证明对任意的 $x\in P$，以及任意的 $k\in N$，$i\in\bar{M}_k$，必有

$$x_k \leqslant \sum_{j\in N_{ik}} x_j.$$

3. 证明对任意的 $x \in \bar{P}$，$x \neq 0$，若满足：

$$x_k \leqslant \sum_{j \in N_{ik}} x_j, \text{对任意的 } k \in N, \ i \in \bar{M}_k$$

则 $x \in P$。

4. 用本章 § 2 中所述的割平面算法，计算第三章 § 6 中的练习题 3（选址问题）。

第八章　背包问题

§1　背包问题的割平面

形式最简单的整数规划问题是背包问题：一个背包的容积为 $V>0$，现有 n 种物品可装，物品 j 的重量为 $w_j>0$，体积为 $v_j>0$，$j\in N$，$N=\{1,\cdots,n\}$. 问如何配装，既使得不超过背包的容积，且使装的总重量最大.

设变量

$$x_j=\begin{cases}1, & \text{物品 } j \text{ 被装入背包},\\ 0, & \text{物品 } j \text{ 不装入背包},\end{cases}$$

则背包问题可写成如下的 0,1 规划的形式：

求
$$\max\ wx=\sum_{j\in N} w_j x_j,$$

满足

$$vx=\sum_{j\in N} v_j x_j\leqslant V,$$

$$x_j \text{ 取 } 0 \text{ 或 } 1,\ j\in N.$$

记背包问题的允许解集合为 S. 不妨可设，$v_j\leqslant V$，$j\in N$.（若有某 $v_j>V$，则必有 $x_j=0$），且 $\sum_{j\in N} v_j>V$（不然的话，必有 $x_j=1$，$j\in N$）. 因此，下述 $n+1$ 个仿射无关的向量都是背包问题的允许解：

$$\begin{pmatrix}0\\0\\\vdots\\0\end{pmatrix},\begin{pmatrix}1\\0\\\vdots\\0\end{pmatrix},\cdots,\begin{pmatrix}0\\0\\\vdots\\1\end{pmatrix},$$

因此 $\dim(S^\Delta)=n$. 不妨假设，变量的排列次序已满足条件

$$v_1 \geqslant v_2 \geqslant \cdots \geqslant v_n > 0.$$

对任意的子集 $R \subseteq N$，定义关联向量 x^R 如下：

$$x_j^R = \begin{cases} 1, & j \in R, \\ 0, & j \notin R. \end{cases}$$

若 $x^R \in S$，则称 R 是 S 的一个独立集，若 $x^R \notin S$，则称 R 是 S 的一个相关集. 显然，独立集的任何子集都是独立集. 一个 S 的相关集 C，若它的任何真子集都是独立集，则称 C 是 S 的一个圈（即极小相关集）. 定义

$$P = \{x \mid vx \leqslant V,\ x \geqslant 0,\ x \leqslant 1\}$$

则 P 的任何非整数的顶点 $\hat{x}$ 必呈如下形式：

$$\hat{x}_j = 1,\ j \in C \backslash \{k\},$$
$$\hat{x}_j = 0,\ j \in N \backslash C,$$
$$\hat{x}_k = \Big(V - \sum_{j \in C \backslash \{k\}} v_j\Big) \Big/ v_k.$$

这里的 C 表示某个圈. 对 S 的任意的圈 C，定义扩充集 $E(C)$ 如下：

$$E(C) = C \cup \{k \mid k \in N \backslash C,\ v_k \geqslant \max_{j \in C} v_j\}.$$

性质 1. 若 C 是 S 的一个圈，则圈条件

$$\sum_{j \in E(C)} x_j \leqslant |C| - 1$$

是 S（或 S^Δ）的一个分离.

证明：设若相反，存在某 $x^R \in S$，使得

$$\sum_{j \in E(C)} x_j^R \geqslant |C|，即\ |R \cap E(C)| \geqslant |C|.$$

根据扩充集 $E(C)$ 的定义，可得

$$\sum_{j \in N} v_j x_j^R = \sum_{j \in R} v_j \geqslant \sum_{j \in (R \cap E(C))} v_j \geqslant \sum_{j \in C} v_j > V,$$

与 $x^R \in S$ 相矛盾. 证毕.

性质 2. 设 $C = \{j_1, \cdots, j_r\}$ 是 S 的一个圈，$j_1 < j_2 < \cdots < j_r$. 若满足 (i) $N \backslash E(C) \neq \phi$，$p = \min\{j \mid j \in N \backslash E(C)\}$，且集合

$(C\backslash\{j_1,j_2\})\cup\{1\}$ 以及 $(C\backslash\{j_1\})U\{p\}$ 都是 S 的独立集；或者满足 (ii) $N\backslash E(C)=\phi$，且集合 $(C\backslash\{j_1,j_2\})\cup\{1\}$ 是 S 的独立集，则圈条件

$$\sum_{j\in E(C)} x_j \leqslant |C|-1$$

是 S^{Δ} 的一个边界面.

证明: (i) 设 $N\backslash E(C)\neq\phi$. 记

$$I_i = C\backslash\{j_i\},\ j_i\in C,$$

则根据圈的定义，I_i 都是 S 的独立集，且

$$|I_i\cap E(C)| = |I_i| = |C|-1.$$

记

$$I'_k = (C\backslash\{j_1,j_2\})\cup\{k\},\ k\in E(C)\backslash C,$$

则因为 $v_k\leqslant v_1$，所以 I'_k 都是 S 的独立集，且

$$|I'_k\cap E(C)| = |I'_k| = |C|-1,\ k\in E(C)\backslash C.$$

记

$$\tilde{I}_j = (C\backslash\{j_1\})\cup\{j\},\ j\in N\backslash E(C),$$

则因为 $v_j\leqslant v_p$，所以 $\tilde{I}_j$ 都是 S 的独立集，且

$$|\tilde{I}_j\cap E(C)| = |C|-1,\ j\in N\backslash E(C).$$

因此，我们已得到 S 的 n 个独立集，它们的关联向量都满足

$$\sum_{j\in E(C)} x_j = |C|-1,$$

且容易证明，这 n 个关联向量线性无关，故这时的圈条件是 S^{Δ} 的边界面.

(ii) 设 $N\backslash E(C)=\phi$，则上述的 $\{I_i\}$ 和 $\{I'_k\}$ 便构成了 S 的 n 个独立集. 与情形 (i) 相类似的可以证明，圈条件是 S^{Δ} 的边界面. 证毕.

性质 3. 设 $C=\{j_1,j_2,\cdots,j_r\}$ 是 S 的一个圈，$j_1<j_2<\cdots<j_r$，设

$$\widetilde{C} = \{j \mid j\in N\backslash C,\ v_j\geqslant v_{j_1}\}.$$

对任意的 $j\in\widetilde{C}$，若

$$v_{j_1}+\cdots+v_{j_h}\leqslant v_j<v_{j_1}+\cdots+v_{j_{h+1}},$$

定义 $\alpha_j=h$（其中 $1\leqslant h\leqslant r$，而让 $v_{j_{r+1}}=+\infty$），则圈条件的扩充条件

$$\sum_{j\in\tilde{C}}\alpha_j x_j+\sum_{j\in C}x_j\leqslant r-1$$

是 $S^{\triangle}$ 的一个分离面。

证明：根据 α_j 的定义，说明若将 $\tilde{C}$ 中的某个物品 j 装入了背包，则被它所占的体积相当于至少装进了 C 中较大的 α_j 个物品的总体积。因为 C 是 r 个元素的圈，故充其量，只能装进 C 中较大的 $r-1$ 个物品。由此，命题即可得证。证毕。

性质 4．设 $S=\left\{x\in B^n\,\middle|\,\sum_{j\in N}v_jx_j\leqslant v\right\}$． $v\in Z_+^1$， $v_j\in Z_+^1$，$C=\{j_1,\cdots,j_r\}$ 是 S 的一个圈，$j_1<j_2<\cdots<j_r$．设

$$\mu_h=\sum_{k=1}^{h}v_{j_k},\ h=1,\cdots,r,$$

$$\mu_0=0,\ \lambda=\mu_r-v\geqslant 1,$$

则 $(S)^{\triangle}$ 具有如下形式的一个边界面：

$$\sum_{j\in N\setminus C}\alpha_j x_j+\sum_{j\in C}x_j\leqslant |C|-1.$$

其中的 α_j 定义如下：设 $\mu_h\leqslant v_j<\mu_{h+1}$，则

(i) 当 $\{v_j,v_{j_{h+2}},\cdots,v_{j_r}\}$ 是独立集时，$\alpha_j=h$．

(ii) 当 $\{v_j,\ v_{j_{h+2}},\cdots,v_{j_r}\}$ 是圈时，$\alpha_j\in\{h,\ h+1\}$（且至少存在一个边界面使 $\alpha_j=h+1$）．

证明：因为 C 是一个圈，所以

$$R_k=C\setminus\{j_k\},\ k=1,\cdots,r$$

都是独立集，$x^{R_1},\cdots,x^{R_r}$ 线性无关，且

$$\sum_{j\in C}x_j^{R_k}=|C|-1,\ k=1,\cdots,r.$$

因此，分离

$$\sum_{j\in C}x_j\leqslant|C|-1$$

是 $(S)^{\Delta}$ 的一个 $|C|-1$ 维面。设 $\{i_1,\cdots,i_k,\cdots,i_t\}$ 是 $N\backslash C$ 中元素的任一排列，假设从分离

$$\sum_{j\in C} x_j \leqslant |C|-1$$

出发，按上述排列的次序，(极大地)应用升高定理 2.9，最后得边界面不等式

$$\sum_{j\in N\backslash C} \alpha_j x_j + \sum_{j\in C} x_j \leqslant |C|-1.$$

考察任一 $j^*\in N\backslash C$，$\mu_h \leqslant v_{j^*} < \mu_{h+1}$。下面首先证明

情形 (i)：当 $\{v_{j^*}, v_{i_{h+2}},\cdots,v_{i_t}\}$ 是独立集时，有 $\alpha_{j^*}=h$。

假如 $i_k=j^*$，而分别按顺序：

$$i_1,\cdots,i_{k-1},i_{k+1},\cdots,i_t,j^*,$$

$$j^*,i_1,\cdots,i_{k-1},i_{k+1},\cdots,i_t,$$

(极大地)升高后，所得的边界面不等式分别为

$$\sum_{j\in N\backslash C} \alpha'_j x_j + \sum_{j\in C} x_j \leqslant |C|-1,$$

$$\sum_{j\in N\backslash G} \alpha''_j x_j + \sum_{j\in C} x_j \leqslant |C|-1.$$

那末，根据定理 2.10，可知 $\alpha_{j^*}\geqslant \alpha'_{j^*}$，$\alpha''_{j^*}\geqslant \alpha_{j^*}$。因此，假如我们能证明 $\alpha'_{j^*}\geqslant h$，$h\geqslant \alpha''_{j^*}$，那末，$\alpha_{j^*}=h$。为了证明 $\alpha_{j^*}\geqslant h$，不妨可设 $i_t=j^*$。定义整数规划问题 $G(d)$ 如下：

$$x_0(d)=\max\left\{\sum_{j\in N\backslash(C\cup j^*)} \alpha_j x_j + \sum_{j\in C} x_j\right\},$$

满足

$$\sum_{j\in N\backslash\{j^*\}} v_j x_j \leqslant d,\ x\in B^{n-1},$$

则由定理 2.9 可知

$$\alpha_{j^*}=|C|-1-x_0(v-v_{j^*}).$$

因为不等式

$$\sum_{j\in N\backslash(C\cup j^*)} \alpha_j x_j + \sum_{j\in C} x_j \leqslant |C|-1$$

是多面体 $(S)^{\Delta}\cap\{x\,|\,x_{j^*}=0\}$ 的一个分离，故

$$x_0(v) \leqslant |C| - 1,$$

因此有

$$\alpha_{j^*} \geqslant x_0(v) - x_0(v - v_{j^*}).$$

因为 $v_{j^*} \geqslant \sum_{k=1}^{h} v_{i_k}$，$\lambda > 0$，所以

$$\sum_{k=h+1}^{r} v_{i_k} = v + \lambda - \sum_{k=1}^{h} v_{i_k} \geqslant v + \lambda - v_{j^*} > v - v_{j^*},$$

即问题 $G(v - v_{j^*})$ 没有允许解 $x \in B^{n-1}$，使得

$$x_{i_k} = 1,\ k = h+1, \cdots, r.$$

又因为

$$v_{i_1} \geqslant \cdots \geqslant v_{i_h} \geqslant v_{i_{h+1}} \geqslant \cdots \geqslant v_{i_r},$$

则容易证明，$G(v - v_{j^*})$ 必存在一个最优解 $\hat{x} \in B^{n-1}$，使得

$$\hat{x}_{i_k} = 0,\ k = 1, \cdots, h.$$

定义 $\tilde{x} \in B^{n-1}$ 如下：

$$\tilde{x}_{i_k} = 1,\ k = 1, \cdots, h,$$

$$\tilde{x}_j = \hat{x}_j,\ \text{对其余的 } j.$$

因为 $\sum_{k=1}^{h} v_{i_k} \leqslant v_{j^*}$，$\hat{x}$ 是 $G(v - v_{j^*})$ 的最优解，故 $\tilde{x}$ 是问题 $G(v)$ 的一个允许解，且有

$$x_0(v) \geqslant x_0(v - v_{j^*}) + \sum_{k=1}^{h} \tilde{x}_{i_k} = x_0(v - v_{j^*}) + h,$$

因此，

$$\alpha_{j^*} \geqslant x_0(v) - x_0(v - v_{j^*}) \geqslant h.$$

为了证明 $\alpha_{j^*} \leqslant h$，下面不妨可设 $i_1 = j^*$。根据定理 2.9，可得

$$\alpha_{j^*} = |C| - 1 - z,$$

其中

$$z = \max\left\{\sum_{j \in C} x_j \,\middle|\, \sum_{j \in C} v_j x_j \leqslant v - v_{j^*},\ x \in B^r\right\}$$

$$= \max\left\{|C| + 1 - i \,\middle|\, \sum_{k=i}^{r} v_{i_k} \leqslant v - v_{j^*}.\right.$$

根据假设，$\{v_{j^*}, v_{i_{h+2}}, \cdots, v_{i_r}\}$ 是独立集，$\{v_{j^*}, v_{i_{h+1}}, \cdots, v_{i_r}\}$ 是相关集，故

$$z = |C| + 1 - (h + 2) = |C| - h - 1,$$

因此，$\alpha_{j^*} = |C| - 1 - z = h$. 情形(i)得证。

情形(ii). 当 $\mu_h \leqslant v_{j^*} < \mu_{h+1}$，$\{v_{j^*}, v_{i_{h+1}}, \cdots, v_{i_r}\}$ 是相关集时，有 $\alpha_{j^*} \in \{h, h+1\}$.

与情形(i)中的证明完全一样，可以得到 $\alpha_{j^*} \geqslant h$. 为了证明 $\alpha_{j^*} \leqslant h + 1$，同样地，不妨可设 $i_1 = j^*$. 因而 $\alpha_{j^*} = |C| - 1 - z$，

$$z = \max\left\{|C| + 1 - i \,\middle|\, \sum_{k=i}^{r} v_{i_k} \leqslant v - v_{j^*}\right\}.$$

根据假设，$\{v_{j^*}, v_{i_{h+2}}, \cdots, v_{i_r}\}$ 是相关集，$\{v_{j^*}, v_{i_{h+3}}, \cdots, v_{i_r}\}$ 是独立集，故

$$z = |C| + 1 - (h + 3) = |C| - h - 2.$$

因此

$$\alpha_{j^*} = h + 1.$$

情形(ii)得证. 证毕.

§2 背包问题的解法

递推函数方法:

对背包问题:

$$\max\{wx \mid vx \leqslant V, x \text{ 是 } 0,1 \text{ 向量}\},$$

我们归纳地定义子问题如下:

$$F_k(y) = \max\left\{\sum_{j=1}^{k} w_j x_j \,\middle|\, \sum_{j=1}^{k} v_j x_j \leqslant y,\ x_j \text{ 取 } 0 \text{ 或 } 1\right\},$$

其中 $k = 1, 2, \cdots, n$; $y = 1, 2, \cdots, V$,

$F_k(y) = 0$，当 $y \leqslant 0$ 时，

$F_0(y) = 0$，对任何的整数 y.

则容易证明：

(i) 当 $y < v_k$ 时，$F_k(y) = F_{k-1}(y)$，

(ii) 当 $y \geqslant v_k$ 时，$F_k(y) = \max\{F_{k-1}(y), F_{k-1}(y - v_k) + w_k\}$（其中 $k = 2,3,\cdots,n$；$y = 1,2,\cdots,V$）。

显然，$F_n(V)$ 便是背包问题的解。

最短路方法

考虑较一般的背包问题：

$$\text{求} \quad \min\left\{\sum_{j=1}^{n} c_j x_j \,\middle|\, \sum_{j=1}^{n} a_j x_j = b, \ x_j \text{ 取非负整数}\right\},$$

其中 $c_j \geqslant 0$，a_j 和 b 都是正整数（$j = 1,\cdots,n$）。不妨可设，所有的 a_j 各不相同(因为假如有某 $a_k = a_j$，而 $c_j \leqslant c_k$，则若问题有解，必有使 $x_k = 0$ 的最优解，故可删去 x_k)。

作一个定向图 $\boldsymbol{G}$，图的点集为 $\{0,1,\cdots,b\}$，图的弧集为

$$\{(h,i) | 0 \leqslant h < i \leqslant b, \text{ 且使 } i - h \text{ 等于某个 } a_j\}.$$

若弧 (h,i) 使 $i - h = a_j$，则定义弧 (h,i) 的长度为 c_j。容易看出，这时求背包问题最优解等价于求点 0 到点 b 的定向的最短路。

对一般的线性整数规划问题，有时也能化为定义在某个阿倍尔群上的背包问题。

考虑整数规划问题 (P)：

$$\max\{x_0 | x_0 = cx, \ Ax = b, \ x \text{ 为非负整数向量}\}.$$

设放弃整数性要求后的线性规划问题最优基为 B。设 B 的基变量为 $x_1,\cdots,x_m$，把非基变量看作参变量，解出基变量，问题 (P) 就可写成如下的等价形式：

$$\text{求} \quad \min \sum_{j=1}^{d} \alpha_{0j} t_j,$$

满足

$$x_i = \alpha_{i0} + \sum_{j=1}^{d} \alpha_{ij}(-t_j), \quad i = 1,\cdots,m,$$

$$x_i \geqslant 0, \ t_j \geqslant 0, \ i = 1,\cdots,m; \ j = 1,\cdots,d.$$

x_i, t_j 都是整数，$i=1,\cdots,m$, $j=1,\cdots,d$.

其中 $\alpha_{0j}\geqslant 0$, $\alpha_{i0}\geqslant 0$, $(i=1,\cdots,m;\ j=1,\cdots,d)$. 假如放弃基变量 $\{x_1,\cdots,x_m\}$ 的非负性要求，保持其整数性要求，我们可得 (P) 的另一个松弛问题 $(\tilde{P})$:

求 $\min \sum_{j=1}^{d}\alpha_{0j}t_j$,

满足

$$r_{i0}\equiv\sum_{j=1}^{d}r_{ij}t_j,\ (\mathrm{mod}\ 1),\ i=1,\cdots,m,$$

t_j 为非负整数，$j=1,\cdots,d$,

其中 $r_{ij}=\alpha_{ij}-\lfloor\alpha_{ij}\rfloor=\frac{1}{\|B\|}m_{ij}$, m_{ij} 为小于 $\|B\|$ 的非负整数，$\|B\|$ 表示 B 的行列式的绝对值. 通常称上述松弛问题 $(\tilde{P})$ 为 (P) 的渐近问题. 记

$$0=\begin{pmatrix}0\\0\\\vdots\\0\end{pmatrix},\quad r_j=\begin{pmatrix}r_{1j}\\\vdots\\r_{mj}\end{pmatrix},\quad j=0,1,\cdots,d$$

则 $(\tilde{P})$ 可写成如下简单形式:

求 $\min \sum_{j=1}^{d}\alpha_{0j}t_j$,

满足

$$\sum_{j=1}^{d}r_jt_j\equiv r_0\quad(\mathrm{mod}\ 1),$$

t_j 为非负整数，$j=1,\cdots,d$.

定义集合

$$R=\left\{r\,|\,r\equiv\sum_{j=0}^{d}r_jt_j,\ (\mathrm{mod}\ 1);\ t_j\text{ 为非负整数}\right\},$$

不难看出，R 中元素数目不超过 $\|B\|$. 作定向图 $\boldsymbol{G}=(R,U)$:

$$U=\{(r,r')\,|\,r,\ r'\in R,\ \text{且存在某个 } r_j\in R,\ i\neq 0,\ \text{使得 } r'-r\equiv r_j,\ (\mathrm{mod}\ 1)\}.$$

对弧 (r, r')，若 $r' - r \equiv r_j \pmod 1$，则定义 (r, r') 的长度为 α_{0j}. 不难看出，这时求渐近问题的最优解等价于求定向图 $\boldsymbol{G}$ 上，从点 $\mathbf{0}$ 到点 r_0 的定向的最短路.

粗略地说，当 r_{i0} 的值较大时，渐近问题的最优解往往便是原整数规划的最优解.

近似方法：

考虑背包问题 (KP)

$$\max\left\{\sum_{j=1}^{n} w_j x_j \,\middle|\, \sum_{j=1}^{n} v_j x_j \leqslant V,\ \ x_j \text{ 取 } 0 \text{ 或 } 1\right\},$$

其中所有的系数 w_j，v_j 和 V 都是正整数. 记 (KP) 的线性规划松弛问题为 (LKP)：

$$\max\left\{\sum_{j=1}^{n} w_j x_j \,\middle|\, \sum_{j=1}^{n} v_j x_j \leqslant V,\ 0 \leqslant x_j \leqslant 1,\ j = 1, \cdots, n\right\},$$

不妨可设，变量已经过适当的排列，使得

$$\frac{w_1}{v_1} \geqslant \frac{w_2}{v_2} \geqslant \cdots \geqslant \frac{w_n}{v_n},$$

则容易证明，(LKP) 的最优解必可取为如下的形式：$(1, \cdots, 1, \lambda, 0, \cdots, 0)$，其中某个 $x_r = \lambda$. 称此指标 r 为问题 (KP) 的界标. 设 (KP) 的最优解为 x^*，定义

$$\begin{aligned}
j' &= \min\{j \mid x_j^* = 0,\ 1 \leqslant j \leqslant n\}, \\
j'' &= \max\{j \mid x_j^* = 1,\ 1 \leqslant j \leqslant n\}, \\
j_1 &= \min\{j', j''\}, \\
j_2 &= \max\{j', j''\}, \\
k &= \{j_1, j_1 + 1, \cdots, j_2\}.
\end{aligned}$$

称 k 为 (KP) 的一个核. 通常有 $j_1 = j'$，$j_2 = j''$，不然的话，x^* 呈如下形式：$(1, \cdots, 1, 0, \cdots 0)$. 假如 (KP) 的最优解不唯一，取 x^* 是使 $(j_2 - j_1)$ 最小的最优解. 称 $(j_2 - j_1)$ 为 (KP) 的核长. 称子问题：

$$\max\left\{\sum_{j \in k} w_j x_j \,\middle|\, \sum_{j \in k} v_j x_j \leqslant V - \sum_{j=1}^{j_1 - 1} v_j,\ x_j \text{ 取 } 0 \text{ 或 } 1\right\}.$$

为 (KP) 的核心问题，记作 (CKP). 显然，(KP) 和 (CKP) 等价.

Balas 和 Zemel 作过统计试验，随机生成 100 个都含有 10000 个变量的背包问题，发现除极少数问题外，核长都不超过 25. 并且发现，当变量的数目足够大以后，核长的平均值与变量的数目无关. 同时，他们也用概率论中的方法，证明了以上事实. 由此提出了一个解大规模的背包问题的近似算法. 它的基本步骤如下:

步骤 1　排列变量，使满足

$$\frac{w_1}{v_1} \geqslant \frac{w_2}{v_2} \geqslant \cdots \geqslant \frac{w_n}{w_n}$$

步骤 2　解 (LKP)，设它的最优解为 $\bar{x}$，界标为 r.

步骤 3　选取一个适当的正整数 θ (一般可取 $\theta = 12$).

步骤 4　定义

$$I = \{r-\theta, r-\theta+1, \cdots, r-1, r, r+1, r+2, \cdots, r+\theta\},$$

$$I_1 = \{r-\theta, r-\theta+1, \cdots, r-1\},$$

$$I_0 = \{r+1, r+2, \cdots, r+\theta\},$$

步骤 5　计算:

$$\bar{v} = \max_{k\in I_0} v_k, \quad \underline{v} = \min_{k\in I_0} v_k,$$

步骤 6　对每一个 $i \in I_1$，定义

$$\bar{v}_i = \begin{cases} v_i + v_r\bar{x}_r, & \text{当 } v_i + v_r\bar{x}_r \leqslant \bar{v} \text{ 时}, \\ v_i - v_r(1-\bar{x}_r), & \text{相反}. \end{cases}$$

$$\beta_i = \begin{cases} \bar{v}_i, & \text{当 } \bar{v}_i \geqslant \underline{v} \text{ 时}, \\ -\infty, & \text{当 } \bar{v}_i < \underline{v} \text{ 时}, \end{cases}$$

步骤 7　置 $\bar{x}^*$ 如下:

$$\bar{x}_j^* = \begin{cases} \bar{x}_j, & \text{当 } j \neq r \text{ 时}, \\ 0, & \text{当 } j = r \text{ 时}. \end{cases}$$

步骤 8　若 $i = r$，则步骤终止，$\bar{x}^*$ 便是要求的 (近似最优) 解. 相反，进行步骤 9.

步骤 9　检查是否存在某个 $k \in I_0$，使得 $v_k = \beta_i$. 若是，则进行步骤 10；否则 $i + 1 \to i$，然后转到步骤 8.

步骤 10　置 $\tilde{x}$ 如下：

$$\tilde{x}_j = \begin{cases} 0, & \text{当 } j = i \text{ 时}, \\ 1, & \text{当 } j = k \text{ 时}, \\ 0, & \text{当 } j = r, \text{ 且 } v_i + r_r\bar{x}_r \leqslant \bar{v} \text{ 时}, \\ 1, & \text{当 } j = r, \text{ 且 } v_i + v_r\bar{x}_r > \bar{v} \text{ 时}, \\ \bar{x}_j, & \text{当 } j \neq i, k, r \text{ 时}. \end{cases}$$

步骤 11　若 $\sum\limits_j w_j\tilde{x}_j > \sum\limits_j w_j\bar{x}_j^*$，则用 $\tilde{x}$ 代替 $\bar{x}^*$，$i+1 \to i$，然后转到步骤 8；若 $\sum\limits_j w_j\tilde{x}_j \leqslant \sum\limits_j w_j\bar{x}_j^*$，则 $i + 1 \to i$，然后转到步骤 8.

第九章　货郎问题

§1　基本概念和性质

一个货郎，从家出发，要经过若干个预先确定的村子，然后回到家．假定已经知道，每两个村子间的距离．问应该如何选择行走路线，使得经过每个要去的村子，且使总的行程最短？用图论语言，可叙述如下：给定图 $G=[V,E]$ 及边长 $d(e)(e\in E)$，寻求 G 的一个使边长之和最小的哈密尔顿圈．以后，我们把哈密尔顿圈简写为“H-圈”．由于理论和实际的需要，近 40 年来，货郎问题成为运筹学中的几个重要问题之一．

1954 年，G. B. Dantzig, D. R. Fulkerson 和 S. M. Johnson, 通过引入“子圈不等式”，首先将货郎问题形成为一个线性整数规划问题．

不妨可设，G 是一个完全图(那些不属于原来图上的边的长度都取足够大的值)．定义完全对称的有向图 $\mathbf{G}=(V,U)$ 如下：

$$U=\{(i,j)\mid i\neq j,\ i\in V,j\in V\}.$$

弧 (i,j) 和 (j,i) 的长度都等于边 $[i,j]$ 的长度，记作 $d_{ij}(=d_{ji})$．定义 0,1 变量 x_{ij} 如下：

$$x_{ij}=\begin{cases}1, & \text{货郎的路线是从 } i \text{ 走到 } j,\\ 0, & \text{相反,}\end{cases}$$

则货郎问题可以写成如下的 0,1 规划形式：

求　$\min\sum_{i\neq j}d_{ij}x_{ij}$，

满足条件

$$\sum_{i, i \neq j} x_{ij} = 1, \quad j \in V,$$

$$\sum_{j, j \neq i} x_{ij} = 1, \quad i \in V,$$

$$\sum_{i \in S,} \sum_{j \in S \setminus \{i\}} x_{ij} \leqslant |S| - 1, \quad \phi \neq S \subset V, \quad S \neq V,$$

所有的 x_{ij} 取 0 或 1.

1973 年，V. Chvátal 根据哈密尔顿圈（H-圈）是一个连通的 2-匹配，将货郎问题形成为另外一种形式的线性整数规划问题.

设 $G = [V, E]$ 是 n 个点的完全图. A 是 G 的点边关联矩阵. $d(e)(e \in E)$ 表示边 e 的长度. 对任意的 $\phi \neq W \subset V$，定义

$$E(W) = \{[i,j] \mid i \neq j, \ i \in W, \ j \in W\}.$$

$a(W)$ 表示集合 $E(W)$（对于边）的关联向量.

$\delta(v)$ 表示关联于 v 的边的集合，$v \in V$.

$$x(e) = \begin{cases} 1, & \text{所求的 } H\text{-圈经过 } e \in E, \\ 0, & \text{相反}, \end{cases}$$

则货郎问题可以写成如下的 0,1 规划形式

求 $\min \sum_{e \in E} d(e)x(e)$,

满足条件

$$\sum_{e \in \delta(v)} x(e) = 2, \quad v \in V \quad (\text{即 } Ax = 2\mathbf{1}),$$

$$\sum_{e \in E(W)} x(e) \leqslant |W| - 1, \quad \phi \neq W \subset V,$$

$$(\text{即 } a(W)x \leqslant |W| - 1, \quad \phi \neq W \subset V).$$

所有的 $x(e)$ 取 0 或 1.

因为 2 匹配的凸包（见第四章 § 4）是

$$\sum_{e \in \delta(v)} x(e) = 2, \quad v \in V,$$

$$\sum_{e \in E(S)} x(e) + \sum_{e \in F} x(e) \leqslant |S| + \frac{|F| - 1}{2},$$

对所有的梳子 “S. F.”.

$0 \leqslant x(e) \leqslant 1$，对所有的 $e \in E$.

所以，人们自然地会想到用下述线性规划问题去迫近货郎问题：

$$\min \sum_{e \in E} d(e)x(e)$$

满足条件

$$\sum_{e \in \delta(v)} x(e) = 2, \quad v \in V,$$

$$\sum_{e \in E(S)} x(e) + \sum_{e \in F} x(e) \leqslant |S| + \frac{|F|-1}{2}, \text{对所有的梳子“}S.F.\text{”}$$

$$\sum_{e \in E(W)} x(e) \leqslant |W| - 1, \quad \phi \neq W \subset V,$$

$$0 \leqslant x(e) \leqslant 1, \text{对所有的 } e \in E.$$

V. Chvátal 称上述问题为弱货郎问题.

让 K_n 表示 n 个点 $\{1,2,\cdots,n\}$ 的完全图，Q_T^n 表示 K_n 中的哈密尔顿圈(H-圈)的关联向量的凸包. 下面我们将证明，弱货郎问题中的约束条件，都是 Q_T^n 的边界面.

首先，请读者自己证明图论中的一个性质：

性质1. 设 $G=[V,E]$ 是 n 个点的完全图，k 表示非负整数.

(i) 若 $n=2k+1$，则G中存在k个边互不相交的H-圈 $T_1,T_2,\cdots,T_k$，使得

$$E = T_1 \cup T_2 \cup \cdots \cup T_k$$

(ii) 若 $n=2k$，则G中存在边互不相交的 $k-1$ 个 H-圈 $T_1,T_2,\cdots,T_{k-1}$ 以及一个(完美)匹配 M，使得

$$E = T_1 \cup T_2 \cup \cdots \cup T_{k-1} \cup M$$

性质2. 当 $n \geqslant 3$ 时，多面体 Q_T^n 的维数 $\dim Q_T^n$ 为 $\frac{1}{2}n(n-3)$.

证明 当 $n=3$ 时，只有一个哈密尔顿圈，Q_T^n 是一个点，因此，$\dim Q_T^n = 0$.

因为对任意的 $x \in Q_T^n$，有 $Ax = 2\mathbf{1}$，所以

$$\dim Q_T^n \leqslant \frac{n(n-1)}{2} - n = \frac{1}{2}n(n-3).$$

为了证明等式成立，我们只须说明 Q_T^n 中包含 $\frac{1}{2}n(n-3)+1$ 个线性无关的 H-圈的关联向量.

(a) 设 $n = 2k+2$, k 为正整数. 让 K_{n-1} 表示 $n-1$ 个点 $\{1, 2, \cdots, n-1\}$ 的完全图. 根据性质 1, 它的边集合可以分解成 k 个互不相交的, 长度都为 $n-1$ 的 H-圈之和:

$$E = T_1 \cup T_2 \cup \cdots \cup T_k,$$

对每个 $T_i = \langle i_1, i_2, \cdots, i_{n-1}, i_1\rangle$, 我们利用在边 $[i_r i_{r+1}]$ 中间插入点 n 的办法, 构成 $n-1$ 个长度都为 n 的 H-圈 $T_{ir}(r = 1, \cdots, n-1)$:

$$\begin{aligned} T_{i1} &= \langle i_1, n, i_2, i_3, \cdots, i_{n-1}, i_1\rangle, \\ T_{i2} &= \langle i_1, i_2, n, i_3, \cdots, i_{n-1}, i_1\rangle, \\ &\vdots \\ T_{i,n-2} &= \langle i_1, i_2, \cdots, i_{n-2}, n, i_{n-1}, i_1\rangle, \\ T_{i,n-1} &= \langle i_1, i_2, \cdots, i_{n-2}, i_{n-1}, n, i_1\rangle. \end{aligned}$$

在它们(关于边)的关联矩阵中, 包含一个, $(n-1)\times(n-1)$ 的, 如下形式的子矩阵:

$$J_{n-1} = \begin{pmatrix} 0 & 1 & 1 & \cdots & 1 \\ 1 & 0 & 1 & \cdots & 1 \\ 1 & 1 & 0 & \ddots & \vdots \\ \vdots & \vdots & \ddots & \ddots & 1 \\ 1 & 1 & \cdots & 1 & 0 \end{pmatrix}.$$

全部 $T_{ij}(i = \text{i}, \cdots, k;\ j = 1, \cdots, n-1)$ 的关联矩阵中, 包含一个 $k(n-1)\times k(n-1)$ 的如下形式的子矩阵:

$$J = \begin{pmatrix} J_{n-1} & & & \\ & J_{n-1} & & \bigcirc \\ & \bigcirc & \ddots & \\ & & & J_{n-1} \end{pmatrix}$$

因为 $k(n-1)=\frac{1}{2}n(n-3)+1$，$|J|\neq 0$，所以，

$$\dim Q_T^n=\frac{1}{2}n(n-3).$$

(b) 设 $n=2k+1$，k 为大于 1 的整数。让 K_{n-1} 表示 $n-1$ 个点 $\{1,2,\cdots,n-1\}$ 的完全图. 根据性质 1，它的边集合可以分解成 $k-1$ 个互不相交的 H-圈：$\{T_1,T_2,\cdots,T_{k-1}\}$，以及一个匹配 M 之和. 不妨可设，

$$M=\{[1,2],[3,4],\cdots,[n-2,n-1]\}.$$

和情形 (a) 中相似，使用在 T_i 的边中间插入点 n 的办法，可以构成 $(k-1)(n-1)$ 个长度都为 n 的 H-圈 $T_{ij}(i=1,2,\cdots,k-1;\ j=1,2,\cdots,n-1)$.

定义

$$T_k=\langle 1,2,3,\cdots,n-2,n-1,1\rangle,$$

使用在 $T_k\cap M$ 的边中间插入点 n 的办法，构成 k 个长度都为 n 的 H-圈 $T_{kj}(j=1,\cdots,k)$：

$$T_{k1}=\langle 1,n,2,3,\cdots,n-2,n-1,1\rangle,$$
$$T_{k2}=\langle 1,2,3,n,4,\cdots,n-2,n-1,1\rangle,$$
$$\vdots$$
$$T_{kk}=\langle 1,2,3,4,\cdots,n-2,n,n-1,1\rangle.$$

不难证明，全部 T_{ij} 的关联矩阵中，包含一个

$$[(k-1)(n-1)+k]\times[(k-1)(n-1)+k]$$

的，如下形式的子矩阵：

$$J=\begin{pmatrix} J_{n-1} & & & & \\ & J_{n-1} & & & \\ & & \ddots & & \\ & & & J_{n-1} & \\ & & & & J_k \end{pmatrix}$$

因为 $(k-1)(n-1)+k=\frac{1}{2}n(n-3)+1$，$|J|\neq 0$，所以 $\dim Q_T^n=\frac{1}{2}n(n-3)$．证毕．

性质 3 对 Q_T^n 的每一个边界面 F，必存在向量 $a\geqslant 0$ 及数 $a_0\geqslant 0$，使得

$$x\in Q_T^n \Rightarrow ax\leqslant a_0,$$
$$F=\{x\,|\,x\in Q_T^n,\ ax=a_0\}.$$

证明：因为

$$x\in Q_T^n \Rightarrow \sum_{e\in E} x(e)=n,$$

所以，对 $x\in Q_T^n$，条件 $ax\leqslant a_0$ 等价于

$$(a+\lambda 1)x\leqslant a_0+\lambda n,\ \lambda\in z_+^1.$$

因此，不妨可设，Q_T^n 的所有边界面条件 $ax\leqslant a_0$ 都满足 $a\geqslant 0$．

性质 4 设 $ax\leqslant a_0$ 是 Q_T^n 的一个边界面条件，$a\geqslant 0$．记

$$E_a=\{e\in E\,|\,a(e)>0\},$$
$$N_a=\{i\in V\,|\,i\ \text{是}\ E_a\ \text{中某个边的端点}\},$$
$$G_a=[N_a,E_a],$$

则或者 G_a 是一个连通子图；或者，对 Q_T^n 而言，存在两个等价于 $ax\leqslant a_0$ 的边界面条件

$$bx\leqslant b_0\ \text{和}\ cx\leqslant c_0,$$

使得

$$b\neq 0\neq c,\ a=b+c,\ a_0=b_0+c_0,$$

且 a 不能表示成 λb．

证明：设 G_a 不连通，$[V_1,E_1]$ 是 G_a 中的某个连通子图．显然，$|V_1|\geqslant 2$．定义

$$b(e)=\begin{cases}a(e), & e\in E_1,\\ 0, & \text{相反},\end{cases}$$
$$b_0=\max\{bx\,|\,x\in Q_T^n\},$$
$$V_2=V\setminus V_1,$$

$$E_2 = \{[i,j] \in E \mid i \in V_2, j \in V_2\},$$

$$c(e) = \begin{cases} a(e), & e \in E_2, \\ 0, & \text{相反}, \end{cases}$$

$$c_0 = \max\{cx \mid x \in Q_T^n\},$$

显然，$b \geqslant 0$，$c \geqslant 0$，$b \neq 0$，$c \neq 0$，$a = b + c$，$a_0 \leqslant b_0 + c_0$，a 不能表示成 λb 或 λc，$bx \leqslant b_0$ 和 $cx \leqslant c_0$ 都是 Q_T^n 的分离面，且存在 H-圈 T_1 和 T_2，使得它们的关联向量 x^{T_1} 和 x^{T_2} 满足

$$bx^{T_1} = b_0 \text{ 和 } cx^{T_2} = c_0.$$

由于 b 和 c 的非负性；由于对任何的 $e \notin E_1 \cup E_2$，均有

$$b(e) = c(e) = a(e) = 0;$$

又由于 G 是完全图，我们不妨可设，$T_1 \cap E_1$ 和 $T_2 \cap E_2$ 分别是子图 $[V_1, E_1]$ 和 $[V_2, E_2]$ 中的 H-链。适当地选取一些 $E \backslash (E_1 \cup E_2)$ 中的边，可将链 $T_1 \cap E_1$ 和 $T_2 \cap E_2$ 串联起来，得到一个 H-圈 T_3，使得 $(T_1 \cap E_1) \subset T_3$，$(T_2 \cap E_2) \subset T_3$，且使它的关联向量 x^{T_3} 满足

$$bx^{T_3} = b_0, \quad cx^{T_3} = c_0, \quad b_0 + c_0 = ax^{T_3} \leqslant a_0,$$

因此，$a_0 = b_0 + c_0$.

现在，假如有某个 H-圈 T_4，使它的关联向量 x^{T_4} 满足 $ax^{T_4} = a_0$，但是，

$$bx^{T_4} < b_0, \text{ 或者 } cx^{T_4} < c_0,$$

那末，

$$a_0 = ax^{T_4} = bx^{T_4} + cx^{T_4} < b_0 + c_0 = a_0.$$

自相矛盾. 故对任意的 $x \in Q_T^n$，

$$ax = a_0 \Rightarrow bx = b_0 \text{ 和 } cx = c_0.$$

证毕.

性质 5　设 A 是完全图 K_n 的(点-边)关联矩阵. 设 $ax \leqslant a_0$ 是 Q_T^n 的一个分离. 记

$$H(a) = \{x \mid x \in Q_T^n, ax = a_0\}.$$

设 $H(a) \neq \phi$. 则下述两条件等价:

(i) $H(a)$ 是 Q_T^n 的一个边界面（即不等于 Q_T^n 的极大面).

(ii) 对 Q_T^n 的任何分离 $a'x \leqslant a_0'$，当满足：$H(a') \supseteq H(a)$，$H(a') \neq Q_T^n$ 时，就有 $\lambda \in R^n$ 及数 $\pi \neq 0$，使得 $\lambda A + \pi a = a'$.

证明：(i) ⇒ (ii). 因为 $H(a)$ 是一个不等于 Q_T^n 的极大面，且 $Q_T^n \neq H(a') \supseteq H(a)$，所以 $H(a') = H(a)$. 因为存在某 x'，$x'' \in Q_T^n$，使得

$$Ax' = 21,\quad a'x' < a_0',\quad ax' < a_0,$$
$$Ax'' = 21,\quad a'x'' = a_0',\quad ax'' = a_0,$$

所以，矩阵

$$\begin{pmatrix} A \\ a \end{pmatrix} \text{ 和 } \begin{pmatrix} A \\ a' \end{pmatrix}$$

的秩都为 $n+1$. 假如方程组 $\lambda A + \pi a = a'$ 无解，那末，矩阵

$$\begin{pmatrix} A \\ a \\ a' \end{pmatrix}$$

的秩为 $n+2$. 因此，边界面

$$H(a) = \{x \mid x \in Q_T^n,\ ax = a_0,\ a'x = a_0'\}$$

的维数 $\dim H(a) \leqslant \frac{1}{2} n(n-1) - (n+2) = \dim Q_T^n - 2$. 自相矛盾. 所以，方程组 $\lambda A + \pi a = a'$ 有使 $\pi \neq 0$ 的解.

(ii) ⇒ (i). 选取一个 Q_T^n 的分离 $a'x \leqslant a_0'$，使得 $H(a')$ 是一个包含 $H(a)$ 的边界面. 因为存在某 x', $x'' \in Q_T^n$，使得

$$Ax' = 21,\quad a'x' < a_0',\quad ax' < a_0,$$
$$Ax'' = 21,\quad a'x'' = a_0',\quad ax'' = a_0,$$

且存在 $\lambda \in R^n$ 及数 $\pi \neq 0$，使得

$$\lambda A + \pi a = a',$$

所以，对任意的 $x \in H(a')$，必有

$$\lambda Ax + \pi ax = a'x = a_0' = a'x'' = \lambda Ax'' + \pi ax''$$
$$= \lambda A_x'' + \pi a_0,$$

即

$$ax = a_0,$$

因此，$H(a)=H(a')$. 证毕.

性质6 当 $n\geqslant 4$ 时，对任意的 $i,j,1\leqslant i<j\leqslant n$，不等式 $x_{ij}\leqslant 1$，是 Q_T^n 的边界面条件.

证明：不失一般性，我们不妨可设 $i=n-1,\ j=n$. 当 $n=4$ 和 5 时，容易直接验证命题成立.

(a) 设 $n\geqslant 6,\ n=2k+2,k$ 是大于 1 的整数. 让 K_{n-2} 表示 $2k$ 个点 $\{1,2,\cdots,n-2\}$ 的完全图. 根据性质 1，它的边集合可以分解成 $\frac{1}{2}(n-4)$ 个互不相交的，长度都为 $n-2$ 的 H-圈 $\{T_1,T_2,\cdots,T_{\frac{1}{2}(n-4)}\}$，以及一个匹配 M 之和

(a1) 选取其中的一个 H-圈 T_1. 不妨可设

$$T_1=\langle 1,2,3,\cdots,n-3,n-2,1\rangle,$$

交错地用链

$$\langle j,n,n-1,j+1\rangle \text{ 或 } \langle j,n-1,n,j+1\rangle$$

依次替换 T_1 中的边 $[j,j+1](j=1,\cdots,n-3)$，可得 $(n-3)$ 个长度都为 n 的 H-圈 T_{1j}:

$$T_{11}=\langle 1,n,n-1,2,3,4,\cdots,n-3,n-2,1\rangle,$$
$$T_{12}=\langle 1,2,n-1,n,3,4,\cdots,n-3,n-2,1\rangle,$$
$$T_{13}=\langle 1,2,3,n,n-1,4,\cdots,n-3,n-2,1\rangle,$$
$$\vdots$$
$$T_{1n-3}=\langle 1,2,3,4,\cdots,n-3,n,n-1,n-2,1\rangle.$$

(a2) 在上述的各个 T_{1j} 中，将点 n 与 $n-1$ 的位置交换后，又可得 $(n-3)$ 个长度都为 n 的 H-圈 T'_{1j}:

$$T'_{11}=\langle 1,n-1,n,2,3,4,\cdots,n-3,n-2,1\rangle,$$
$$T'_{12}=\langle 1,2,n,n-1,3,4,\cdots,n-3,n-2,1\rangle,$$
$$T'_{13}=\langle 1,2,3,n-1,n,4,\cdots,n-3,n-2,1\rangle,$$
$$\vdots$$
$$T'_{1n-3}=\langle 1,2,3,4,\cdots,n-3,n-1,n,n-2,1\rangle.$$

(a3) 取

$$T'_{1_{n-2}}=\langle 1,2,3,\cdots,n-3,n-2,n,n-1,1\rangle.$$

(a4) 串联M中的边，扩展成 K_{n-2} 中的一个 H-圈 T_M. 对 $T_2,T_3,\cdots,T_{\frac{1}{2}(n-4)}$ 以及 T_M，我们逐次用链 $\langle i,n-1,n,j\rangle$ 代替圈上的各个边 $[i,j]$（对 T_M 只用M中的边），可得

$$\left[\frac{1}{2}(n-4)-1\right](n-2)+\frac{1}{2}(n-2)$$

个 K_n 中的 H-圈.

综上所述，我们已构成：

$$(n-3)+(n-3)+1+\left[\frac{1}{2}(n-4)-1\right](n-2)$$
$$+\frac{1}{2}(n-2)=\frac{1}{2}n(n-3)$$

个 K_n 中的 H-圈. 这些 H-圈都包含了边 $[n-1,n]$. 让D表示这些 H-圈的关联矩阵. 去掉D中对应于下述各边的列：

$[1,n],[n-1,n]$,

$[k,n]$, $2\leqslant k\leqslant n-2$, k 为偶数,

$[k,n-1]$, $1\leqslant k\leqslant n-2$, k 为奇数,

就可得到一个 $\left[\frac{1}{2}n(n-3)\right]\times\left[\frac{1}{2}n(n-3)\right]$ 的子矩阵 D'. 适当地排列行和列的次序后，D' 可写成如下的形式：

$$D'=\begin{pmatrix} P & 0 \\ R & J \end{pmatrix},$$

其中

$$P=\begin{pmatrix} I' & N' \\ 0 & J_{n-2} \end{pmatrix},$$

$$I'=\begin{pmatrix} 1 & & & & \\ 1 & 1 & & \huge 0 & \\ & 1 & \ddots & & \\ & \huge 0 & & \ddots & \\ & & & 1 & 1 \end{pmatrix}.$$

J_{n-2} 和 J 的形式见性质 2 的证明。因为

$$|P| \neq 0,\ |J| \neq 0,\ 所以\ |D'| \neq 0.$$

(b) 对 $n = 2k+1$，k 为大于 2 的整数时，可类似地证明. 证毕。

性质 7　当 $n \geqslant 5$ 时，对任意的 $i, j, 1 \leqslant i < j \leqslant n$，不等式 $x_{ij} \geqslant 0$，是 Q_T^n 的边界面条件。

证明：不失一般性，我们不妨可设，$i = n-2$，$j = n-1$. 当 $n = 5$ 和 6 时，容易直接验证命题成立。

(a) 在完全图 K_{n-1} 上，应用性质 6，可得 $\frac{1}{2}(n-1)(n-4)$ 个，都含有边 $[n-2, n-1]$ 的，线性独立的，长为 $n-1$ 的 H-圈. 用链：$\langle n-2, n, n-1\rangle$ 代替边 $[n-2, n-1]$ 后，就可得到 K_n 中的，$\frac{1}{2}(n-1)(n-4)$ 个线性独立的，都不含边 $[n-2, n-1]$ 的 H-圈。

(b) 在 K_{n-1} 中任选一个包含链：$\langle n-2, 1, n-1, 2\rangle$ 的长为 $n-1$ 的 H-圈. 然后将点 n 分别插入边 $[n-2, 1]$，$[1, n-1]$ 和 $[n-1, 2]$ 后，可得 3 个 K_n 中的 H-圈，它们都不含边 $[n-2, n-1]$。

(c) 对 $3 \leqslant i \leqslant n-3$，我们再任意地构造 $n-5$ 个分别含有 $[i, n]$ 的，但都不含边 $[n-2, n-1]$ 的，K_n 中的 H-圈。

至此，我们已构成

$$\frac{1}{2}(n-1)(n-4) + 3 + (n-5) = \frac{1}{2}n(n-3)$$

个都不含边 $[n-2, n-1]$ 的 H-圈。

不难证明，这些 H-圈的关联矩阵的秩为 $\frac{1}{2}n(n-3)$. 证毕.

性质 8　设 $G = [V, E] = K_n$，$n \geqslant 6$，$W_0 = \{u, v, w\} \subset V$，$W_1 = [u, u_1]$，$W_2 = [v, v_1]$ $W_3 = [w, w_1]$，$F = \{W_1, W_2, W_3\} \subset E$. 则 6 个点的梳子"$W_0, F$"的不等式：

$$x_{uv} + x_{uw} + x_{vw} + x_{uu_1} + x_{vv_1} + x_{ww_1} \leqslant 4$$

是 Q_T^n 的一个边界面不等式。

证明：对 $n = 6,7,8$，容易直接验证命题成立。因此，可设 $n \geqslant 9$。不失一般性，不妨可设，$u = n$，$v = n - 1$，$w = n - 2$，$u_1 = n - 4$，$v_1 = n - 3$，$w_1 = 1$。

(a) 在 K_{n-3} 中，应用性质 6，可得 $\frac{1}{2}(n-3)(n-6)$ 个线性独立的，都含有边 $[n-4, n-3]$ 的，长为 $n-3$ 的 H-圈。用链

$$\langle n-4, n, n-2, n-1, n-3\rangle$$

代替 $[n-4, n-3]$ 后，可得恰好包含梳子"W_0，F"中 4 条边的，$\frac{1}{2}(n-3)(n-6)$ 个 K_n 中的 H-圈。

(b) 在 K_{n-3} 中，任意的选取一个包含链：$\langle n-4, 1, n-3\rangle$ 的 H-圈，然后，分别用链 $\langle n-4, n, n-1, n-2, 1\rangle$ 和 $\langle 1, n-2, n, n-1, n-3\rangle$ 代替边 $[n-4, 1]$ 和 $[1, n-3]$ 后，可得恰好包含梳子"W_0，F"中 4 条边的 2 个 K_n 中的 H-圈。

(c) 在 K_{n-3} 中，任意的选取一个包含链 $\langle n-4, n-3, 1\rangle$ 的 H-圈。然后，用链 $\langle n-3, n-1, n, n-2, 1\rangle$ 代替边 $[n-3, 1]$ 后，可得恰好包含梳子"W_0F"中 4 条边的 1 个 K_n 中的 H-圈。

(d) 用如下方法构成 $3(n-3)-3$ 个线性独立的 H-圈：

(i) 要求它们都经过边 $[n-4, n]$，$[n-3, n-1]$ 和 $[1, n-2]$。

(ii) 经过 $[n-1, n]$ 以及某个不属于梳子"W_0，F"中的边 $[n-2, j]$，$(1 \leqslant j \leqslant n-3)$；

或者经过 $[n-2, n-1]$ 以及某个不属于梳子"W_0，F"中的边 $[n, j]$，$(1 \leqslant j \leqslant n-3)$；

或者经过 $[n-2, n]$ 以及某个不属于"W_0，F"中的边 $[n-1, j]$ $(1 \leqslant j \leqslant n-3)$。

综上所述，我们已构成 $\frac{1}{2}n(n-3)$ 个 H-圈，它们都恰好包

含“W_0,F”中的4条边，且不难证明它们的关联向量线性独立.证毕.

性质9　设 $n\geqslant 4$，$K_n=[V,E]$，$W\subset V$，$2\leqslant |W|\leqslant n-2$．则条件

$$a(W)x\leqslant |W|-1$$

是 Q_T^n 的一个边界面条件.

证明：不妨可设，$n\geqslant 6$．对 $n=4$ 和 5，容易直接验证．也不妨可设，$3\leqslant |W|\leqslant |n-3|$，且 $W=\{1,2,\cdots,k\}$，$3\leqslant k\leqslant n-3$．对 $|W|=2$ 或 $n-2$ 时，可由性质6推出.

设 $bx\leqslant b_0$ 是 Q_T^n 的任一分离，满足：

$$\{x\in Q_T^n|a(W)x=|W|-1\}\subseteq\{x\in Q_T^n|bx=b_0\}.$$

下面，我们将证明存在 $\lambda\in R^n$ 及数 $\alpha>0$，使得

$$b=\alpha a(W)+\lambda A.$$

由性质5，命题即可得证.

让 A_F 表示 A 中对应于边集合 F 的列所构成的子矩阵．取

$$F=\{[1,i]|i=2,\cdots,n\}\cup[2,3],$$

则 $|A_F|=\pm 2$，因为对任意的 $\lambda\in R^n$，当 $x\in Q_T^n$ 时，条件

$$\bar{b}x=(\lambda A+b)x\leqslant 2\lambda 1+b_0=\bar{b}_0$$

等价于 $bx\leqslant b_0$；又因为 $|A_F|\neq 0$，我们必可找到一个适当的 λ，使得 $\bar{b}$ 满足：

$$\bar{b}_{1i}=1,\ i=2,\cdots,k,$$
$$\bar{b}_{1i}=0,\ i=k+1,\cdots,n,$$
$$\bar{b}_{23}=1.$$

下面，我们说明这时的 $\bar{b}$ 已同时满足条件：

(i) $\bar{b}_{ij}=1$，$1\leqslant i<j\leqslant k$，

(ii) $\bar{b}_{ij}=0$，$i\in\{1,\cdots,k\}$；$j\in\{k+1,\cdots,n\}$，

(iii) $\bar{b}_{ij}=\beta$，$k+1\leqslant i<j\leqslant n$.

对情形(i)，我们只看 $\bar{b}_{3k}$．其余的可以完全类似地证明.

考虑两个 H-圈：

$$\tau_1=\langle 1,k,k-1,\cdots,4,2,3,k+1,\cdots,n,1\rangle,$$

$$\tau_2 = \langle 1,2,4,\cdots,k-1,k,3,k+1,\cdots,n,1\rangle,$$

则 τ_1 和 τ_2 的关联向量 x^{τ_1} 和 x^{τ_2} 都满足条件：

$$a(W)x = |W| - 1.$$

根据假设，因此也都满足条件：

$$\bar{b}x = \bar{b}_0,$$

即

$$0 = \bar{b}x^{\tau_1} - \bar{b}x^{\tau_2} = \bar{b}_{1k} + \bar{b}_{23} - \bar{b}_{12} - \bar{b}_{3k} = 1 - \bar{b}_{3k},$$

$$\bar{b}_{3k} = 1.$$

对情形(ii)，我们只看 $\bar{b}_{2n}$。其余的可以完全类似地证明。

考虑两个 H-圈：

$$\tau_3 = \langle 1,2,3,4,\cdots,n,1\rangle,$$

$$\tau_4 = \langle 2,1,3,4,\cdots,n,2\rangle.$$

则 τ_3 和 τ_4 的关联向量 x^{τ_3} 和 x^{τ_4} 都满足条件：

$$a(W)x = |W| - 1.$$

根据假设，因此也都满足条件：

$$\bar{b}x = \bar{b}_0,$$

即

$$0 = \bar{b}x^{\tau_3} - \bar{b}x^{\tau_4} = \bar{b}_{23} + \bar{b}_{1n} - \bar{b}_{13} - \bar{b}_{2n} = -\bar{b}_{2n}.$$

对情形(iii)，我们只证明：

$$\bar{b}_{i,i+1} = \bar{b}_{k+1,n} = \beta, \ (i = k+1,\cdots,n-1).$$

其余的可以类似地证明.

考虑两个 H-圈：

$$\tau_3 = \langle 1,2,3,\cdots,k,k+1,\cdots,i,i+1,\cdots n,1\rangle,$$

$$\tau_5 = \langle 1,2,3,\cdots,k,i+1,\cdots,n,k+1,\cdots,i,1\rangle,$$

它们的关联向量 x^{τ_3}, x^{τ_5} 都满足条件：

$$a(W)x = |W| - 1.$$

根据假设，因此也都满足条件：

$$\bar{b}x = \bar{b}_0,$$

即

$$0=\bar{b}x^{\tau_3}-\bar{b}x^{\tau_5}=\bar{b}_{k,k+1}+\bar{b}_{i,i+1}+\bar{b}_{1,n}-\bar{b}_{k,i+1}-\bar{b}_{k+1,n}$$
$$-\bar{b}_{1i}=\bar{b}_{i,i+1}-\bar{b}_{k+1,n},$$

$\bar{b}_{ii+1}=\bar{b}_{k+1,n}$,

由条件 (i),(ii),(iii), 可得

$$\bar{b}x=a(W)x+\beta a(V\backslash W)x,$$
$$\bar{b}_0=\bar{b}x^{\tau_3}=|W|-1+\beta(|V\backslash W|-1),$$

考虑 H-圈:

$$\tau_6=\langle 1,n,2,\cdots,k,k+1,\cdots,n-1,1\rangle.$$

因为

$$\bar{b}x^{\tau_6}=|W|-2+\beta(|V\backslash W|-2)\leqslant\bar{b}_0$$
$$=|W|-1+\beta(|V\backslash W|-1).$$

所以

$$\beta\geqslant -1.$$

取 $\lambda\in R^n$ 如下:

$$\lambda_i=-\frac{\beta}{2},\ i=1,\cdots,k,$$

$$\lambda_i=\frac{\beta}{2},\quad i=k+1,\cdots,n.$$

取

$$\alpha=1+\beta\geqslant 0,$$

则

$$\bar{b}=\alpha a(W)+\lambda A,$$

证毕.

性质 10 设 $n\geqslant 8, K_n=[V,E]$, 则对任何的梳子 "S,F", 不等式:

$$\sum_{e\in E(S)}x(e)+\sum_{e\in F}x(e)\leqslant|S|+\frac{|F|-1}{2}$$

是 Q_T^n 的一个边界面条件.

这个定理的证明很长, 读者可参阅 M. Grötschel, M. W. Padberg 的文章 "On the symmetric travelling salesman problem", Math. Programming 16.

证明的思路是从最简单的，6个边的梳子不等式（见性质8）开始，利用一系列的精致的升高定理，证明了扩大后的各种梳子不等式仍然是 Q_T^n 的边界面.

§2 算　法

这一节中所介绍的算法，是 M. Grötschel 和 M. W. Padberg 首先提出的. 他们综合地运用了分枝估界、割平面和整点凸包等概念. 而这里所用的割平面是整点凸包的边界面. 因此，可以认为是使用了最好的割平面. 他们在实际计算时，已收到了很好的效果. 虽然，这里是针对货郎问题叙述了算法，但是，程序的框架是适用于一般的整数规划问题的. 实际上，M. W. Padberg 等人，也已经开始在背包问题、选址问题、集合覆盖问题等特殊的整数规划问题中，应用了整点凸包边界面作为割平面，建立了新的割平面算法.

给定图 $G=[V,E]$，以及边长 $d(e)$，$(e\in E)$.

把货郎问题写成如下的0,1规划问题 (P):

$$\min \sum_{e\in E} d(e)x(e), \tag{1}$$

满足条件

$$\sum_{e\in\delta(v)} x(e)=2, \text{ 对所有的 } v\in V, \tag{2}$$

$$\sum_{e\in\delta(S)} x(e)\geqslant 2, \text{ 对所有的 } \phi\neq S\subset V, \tag{3}$$

$$x(e) \text{ 取 0 或 1, 对所有的 } e\in E, \tag{4}$$

其中

$$\delta(v)=\{e\mid e\in E,\ e \text{ 关联于 } v\},$$

$$\delta(S)=[S,V\backslash S].$$

记满足(2),(3),(4)的 x 所构成的集合为 $F(P)$. 满足(2)和(4)的 x 是2匹配，它的凸包是:

$$\sum_{e\in\delta(v)} x(e) = 2，对所有的\ v\in V，\tag{5}$$

$$\sum_{e\in E(S)} x(e) + \sum_{e\in F} x(e) \leqslant |S| + \frac{|F|-1}{2},$$

对所有的梳子“S,F” (6)

(见第四章 § 4)．称问题(1),(2),(3),(5),(6)为货郎问题的线性规划松弛问题，记作($\tilde{P}$)．让一些 $x(e)$ 的值固定为 1，另一些 $x(e)$ 固定为 0 后,可得一个子问题．下面的树形图,表示将(P)分解为三个子问题之和．(P_1)表示已取定了两条边 e_1 和 e_2;(P_2)表示已取定了 e_1，但不取 e_2 等等．

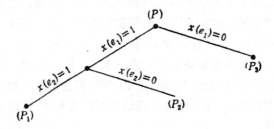

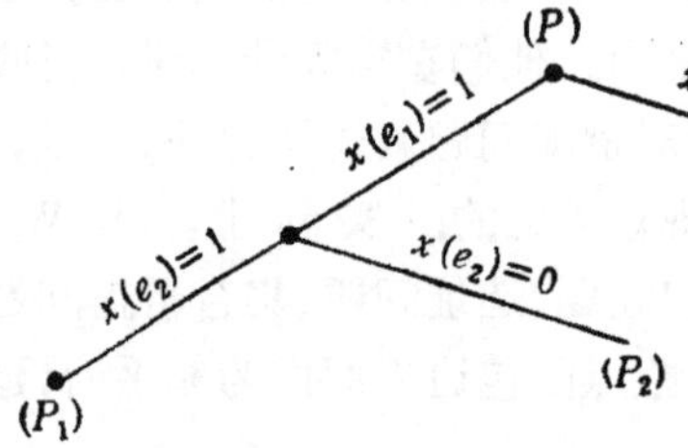

让 π 表示尚未探明的,(P)的子问题的记录表． x^* 表示(P)的一个已知的允许解(即某个 H-圈)． x_0^* 表示 x^* 的目标函数值．称 x^* 为记录解,x_0^* 为记录．各子问题,赋予目标函数值的下界估计值．

步骤 1 置 $\pi = \{(P)\}$，$x^* = \phi$，$x_0^* = +\infty$．

步骤 2 若 $\pi = \phi$，则步骤终止． x^* 便是(P)的最优解(假如存在的话)．否则,进行步骤 3．

步骤 3 从 π 中取出一个使下界值最小的子问题，记作(CP)． $\pi\backslash(CP)\to\pi$．

步骤 4 利用字典序单纯形算法，求解子问题(CP)的松弛问题($\widetilde{CP}$):

$$\min \sum_{e\in E} c(e)x(e),$$

满足条件

$$\sum_{e\in\delta(v)} x(e) = 2,\ v\in V,$$

$$0\leqslant x(e)\leqslant 1,\ e\in E,$$

$x(e)=1$，若 $x(e)$ 在 (CP) 中已固定为 1，

$x(e)=0$，若 $x(e)$ 在 (CP) 中已固定为 0.

步骤 5 若 $(\widetilde{CP})$ 的最小値 $\geqslant x_0^*$，则转到步骤 2. 否则进行步骤 6.

步骤 6 若求得 $(\widetilde{CP})$ 的最优解 $\tilde{x}$ 是一个 H-圈. 则转到步骤 12. 否则，进行步骤 7.

步骤 7 对应于 $\tilde{x}$，构造一个网络 $\widetilde{G}$. 让边 e 的容量为 $\tilde{x}(e)$. 然后，求 $\widetilde{G}$ 的最小截集 $\delta(\widetilde{S})$.

步骤 8 若 $\sum_{e\in\delta(\widetilde{S})}\tilde{x}(e)\geqslant 2$，则转到步骤 10；否则，进行步骤 9.

步骤 9 增加割平面条件：

$$\sum_{e\in\delta(\widetilde{S})} x(e)\geqslant 2.$$

改进松弛问题 $(\widetilde{CP})$，继续用字典序单纯形算法，求 $(\widetilde{CP})$ 的最优解. 然后，转到步骤 5.

步骤 10 对应于网络 $\widetilde{G}$，通过下述方法，构造一个新的网络 $\overline{G}$：

步骤 10.1 首先在 $\widetilde{G}$ 的每条边 $e=[v,w]$ 中间，插入两个新的点 e_v,e_w，得三条边：$[v,e_v]$，$[e_v,e_w]$，$[e_w,w]$. 定义边 $[e_v,e_w]$ 的容量为 $Q[e_v,e_w]=1-\tilde{x}(e)$；边 $[v,e_v]$ 和 $[e_w,w]$ 的容量为 $Q[v,e_v]$ 和 $Q[e_w,w]$，它们都等于 $\tilde{x}(e)$.

步骤 10.2 将 $\widetilde{G}$ 中的每个(原来的)点 v，替换成两个互不关联的点 v_1,v_2. 若 $[v,e_v]$ 是边，则 $[v_1,e_v]$ 和 $[v_2,e_v]$ 都是边，且它们的容量 $Q[v_1,e_v]$ 和 $Q[v_2,e_v]$ 都取为 $\tilde{x}(e)$.

步骤 11 求网络 $\overline{G}$ 的最小奇截集 $\delta(\overline{S})$（从定理 4.8 的证明中，我们知道，$\overline{G}$ 中的奇截集不等式，对应于 $\widetilde{G}$ 中的梳子不等式.）若

$$\sum_{e\in\delta(\tilde{S})} Q[e] \geqslant 1,$$

则转到步骤 13；若

$$\sum_{e\in\delta(\tilde{S})} Q[e] < 1,$$

则可找到网络 $\tilde{G}$ 中的一个梳子 "$\tilde{S}$、$\tilde{F}$"，使得

$$\sum_{e\in E(\tilde{S})} \tilde{x}(e) + \sum_{e\in\tilde{F}} \tilde{x}(e) > |\tilde{S}| + \frac{|\tilde{F}|-1}{2},$$

因此，我们可增加割平面条件

$$\sum_{e\in E(\tilde{S})} x(e) + \sum_{e\in\tilde{F}} x(e) \leqslant |\tilde{S}| + \frac{|\tilde{F}|-1}{2}.$$

改进松弛问题 ($\widetilde{CP}$)，继续用字典序单纯形算法求 ($\widetilde{CP}$) 的最优解。然后，转到步骤 5。

步骤 12 设 $\tilde{x}_0 = \sum_{e\in E} c(e)\tilde{x}(e)$，则置

$\tilde{x} \to x^*$，$\tilde{x}_0 \to x_0^*$，然后，转到步骤 2。

步骤 13 选取一个边 e，使得 $0 < \tilde{x}(e) < 1$（容易证明，这样的 e 必定存在），按条件 "$x(e) = 0$" 和 "$x(e) = 1$"，将(CP)分解为两个子问题 (CP_1) 和 (CP_2)，赋予它们的目标函数下界估值为 $\tilde{x}_0$。将 (CP_1) 和 (CP_2) 记入 π 中，然后，转到步骤 3。

参 考 文 献

[1] 田丰、马仲蕃，图与网络流理论(运筹学丛书 2)，科学出版社 (1987).

[2] E. Balas, M. Guignard (1979), Branch and bound/implicit enumeration, Ann. Discrete Math. 5, 185—191.

[3] E. Balas (1980), Cutting planes from conditional bounds: a new approach to set covering, Math. Programming Stud. 12, 19—36.

[4] E. Balas, M. W. Padberg (1976), Set partitioning: a survey. SIAM. Rev. 18, 710—780.

[5] R. G. Bland (1977), New finite pivoting rules for the simplex method, Mathematics of Operations Research 2:103—107.

[6] V. Chvátal (1973a), Edmonds polytopes and weakly Hamiltonian graphs, Math. Programming 5, 29—40.

[7] V. Chvátal (1983), Linear Programming, Freeman, San Francisco.

[8] H. Crowder, E. L. Johnson, M. W. Padberg (1983), Solving large-scale zero-one linear programming problems, Oper. Res. 31, 803—834.

[9] G. B. Dantzig (1963), Linear Programming and Extensions, Princeton University Press, Princeton, NJ.

[10] G. B. Dantzig, D. R. Fulkerson, S. M. Johnson, (1954), Solution of a large scale travelling salesman problem, Oper. Res. 2, 393—410.

[11] J. Edmonds (1965a), Paths, trees, and flowers, Canad. J. Math. 17, 449—467.

[12] J. Edmonds (1965c), Maximum matching and a polyhedron with 0,1-vertices, J. Res. Nat. Bur. Standards 69B, 125—130.

[13] J. Edmonds (1970), Submodular functions, matroids, and certain polyhedra, R. Guy, H. Hanani, N. Sauer, J. Schonheim (eds). Combinatorial Structures and Their Applications, Gordon and Breach, New York, 69—87.

[14] J. Edmonds (1971) Matroids and the greedy algorithm. Math. Programming 1, 127—136.

[15] J. Edmonds and R. Giles, A min-max relation for submodular functions on graphs, Annals of discrete math. (1977) 185—204.

[16] M. L. Fisher (1981), The Lagrangean method for solving integer programming problems. Management Sci. 27, 1—18.

[17] L. R. Ford, D. R. Fulkerson (1962), Flows in Networks, Princeton University Press, Princeton NJ.

[18] D. R. Fulkerson (1971), Blocking and Anti-blocking pairs of polyhedra, Math. Programming 1, 168—194.

[19] D. R. Fulkerson (1972), Anti-blocking polyhedra, J. Combinatorial Theory (B) 12, 50—71.

[20] R. S. Garfinkel, G. L. Nemhauser (1972). Integer Programming, Wiley, New York.

[21] A. M. Geoffrion (1974), Lagrangean relaxation for integer programming, Math. Programming Stud. 2, 82—114.

[22] R. Giles and W. R. Pulleyblank (1979), Total dual integrality and integer polyhedra, Linear Algebra and Its Applications, 25, 191—196.

[23] R. E. Gomory (1958), Outline of an algorithm for integer solutions to linear programs, Bull, Amer. Math. Soc. 64, 275—278.

[24] R. E. Gomory, T. C. Hu (1961), Multi-terminal network flows, SIAM J. Appl. Math. 9, 551—556.

[25] M. Grötschel, M. W. Padberg (1979a), On the symmetric travelling salesman problem I: inequalities, Math. Programming 16, 265—280.

[26] M. Grötschel, M. W. Padberg (1979b), On the symmetric travelling salesman problem II: lifting theorems and facets, Math. Programming 16, 281—302.

[27] E. L. Lawler (1976), Combinatorial Optimization: Networks and Matroids, Holt, Rinehart and Winston, New York.

[28] L. Lovász, M. D. Plummer (1986), Matching Theory, North Holland, Amsterdam, New York, Oxford, Tokyo.

[29] M. W. Padberg (1979), Covering, packing and knapsack problems, Ann. Discrete Math. 4, 265—287.

[30] M. W. Padberg, M. R. Rao (1982), Odd minimum cut-sets and b-matchings, Math. Oper. Res. 7, 67—80.

[31] C. H. Papadimitriou, K. Steiglitz (1982), Combinatorial Optimization: Algorithms and Complexity, Prentice-Hall, Englewood Cliffs, NJ.

[32] A. Schrijver (1983), Min-max results in combinatorial optimization, A. Bachem, M. Grötschel B. Korte (eds), Mathematical Programming: the state of the Art-Bonn 1982, Springer, Berlin, 439—500.

《现代数学基础丛书》已出版书目

1　数理逻辑基础(上册)　1981.1　胡世华　陆钟万　著
2　数理逻辑基础(下册)　1982.8　胡世华　陆钟万　著
3　紧黎曼曲面引论　1981.3　伍鸿熙　吕以辇　陈志华　著
4　组合论(上册)　1981.10　柯　召　魏万迪　著
5　组合论(下册)　1987.12　魏万迪　著
6　数理统计引论　1981.11　陈希孺　著
7　多元统计分析引论　1982.6　张尧庭　方开泰　著
8　有限群构造(上册)　1982.11　张远达　著
9　有限群构造(下册)　1982.12　张远达　著
10　测度论基础　1983.9　朱成熹　著
11　分析概率论　1984.4　胡迪鹤　著
12　微分方程定性理论　1985.5　张芷芬　丁同仁　黄文灶　董镇喜　著
13　傅里叶积分算子理论及其应用　1985.9　仇庆久　陈恕行　是嘉鸿　刘景麟　蒋鲁敏　编
14　辛几何引论　1986.3　J.柯歇尔　邹异明　著
15　概率论基础和随机过程　1986.6　王寿仁　编著
16　算子代数　1986.6　李炳仁　著
17　线性偏微分算子引论(上册)　1986.8　齐民友　编著
18　线性偏微分算子引论(下册)　1992.1　齐民友　徐超江　编著
19　实用微分几何引论　1986.11　苏步青　华宣积　忻元龙　著
20　微分动力系统原理　1987.2　张筑生　著
21　线性代数群表示导论(上册)　1987.2　曹锡华　王建磐　著
22　模型论基础　1987.8　王世强　著
23　递归论　1987.11　莫绍揆　著
24　拟共形映射及其在黎曼曲面论中的应用　1988.1　李　忠　著
25　代数体函数与常微分方程　1988.2　何育赞　萧修治　著
26　同调代数　1988.2　周伯壎　著
27　近代调和分析方法及其应用　1988.6　韩永生　著
28　带有时滞的动力系统的稳定性　1989.10　秦元勋　刘永清　王　联　郑祖庥　著
29　代数拓扑与示性类　1989.11　[丹麦] I. 马德森　著
30　非线性发展方程　1989.12　李大潜　陈韵梅　著

31 仿微分算子引论 1990.2 陈恕行 仇庆久 李成章 编
32 公理集合论导引 1991.1 张锦文 著
33 解析数论基础 1991.2 潘承洞 潘承彪 著
34 二阶椭圆型方程与椭圆型方程组 1991.4 陈亚浙 吴兰成 著
35 黎曼曲面 1991.4 吕以辇 张学莲 著
36 复变函数逼近论 1992.3 沈燮昌 著
37 Banach 代数 1992.11 李炳仁 著
38 随机点过程及其应用 1992.12 邓永录 梁之舜 著
39 丢番图逼近引论 1993.4 朱尧辰 王连祥 著
40 线性整数规划的数学基础 1995.2 马仲蕃 著
41 单复变函数论中的几个论题 1995.8 庄圻泰 杨重骏 何育赞 闻国椿 著
42 复解析动力系统 1995.10 吕以辇 著
43 组合矩阵论(第二版) 2005.1 柳柏濂 著
44 Banach 空间中的非线性逼近理论 1997.5 徐士英 李 冲 杨文善 著
45 实分析导论 1998.2 丁传松 李秉彝 布 伦 著
46 对称性分岔理论基础 1998.3 唐 云 著
47 Gel'fond-Baker 方法在丢番图方程中的应用 1998.10 乐茂华 著
48 随机模型的密度演化方法 1999.6 史定华 著
49 非线性偏微分复方程 1999.6 闻国椿 著
50 复合算子理论 1999.8 徐宪民 著
51 离散鞅及其应用 1999.9 史及民 编著
52 惯性流形与近似惯性流形 2000.1 戴正德 郭柏灵 著
53 数学规划导论 2000.6 徐增堃 著
54 拓扑空间中的反例 2000.6 汪 林 杨富春 编著
55 序半群引论 2001.1 谢祥云 著
56 动力系统的定性与分支理论 2001.2 罗定军 张 祥 董梅芳 著
57 随机分析学基础(第二版) 2001.3 黄志远 著
58 非线性动力系统分析引论 2001.9 盛昭瀚 马军海 著
59 高斯过程的样本轨道性质 2001.11 林正炎 陆传荣 张立新 著
60 光滑映射的奇点理论 2002.1 李养成 著
61 动力系统的周期解与分支理论 2002.4 韩茂安 著
62 神经动力学模型方法和应用 2002.4 阮 炯 顾凡及 蔡志杰 编著
63 同调论——代数拓扑之一 2002.7 沈信耀 著
64 金兹堡-朗道方程 2002.8 郭柏灵 黄海洋 蒋慕容 著

65　排队论基础　2002.10　孙荣恒　李建平　著
66　算子代数上线性映射引论　2002.12　侯晋川　崔建莲　著
67　微分方法中的变分方法　2003.2　陆文端　著
68　周期小波及其应用　2003.3　彭思龙　李登峰　谌秋辉　著
69　集值分析　2003.8　李　雷　吴从炘　著
70　强偏差定理与分析方法　2003.8　刘　文　著
71　椭圆与抛物型方程引论　2003.9　伍卓群　尹景学　王春朋　著
72　有限典型群子空间轨道生成的格(第二版)　2003.10　万哲先　霍元极　著
73　调和分析及其在偏微分方程中的应用(第二版)　2004.3　苗长兴　著
74　稳定性和单纯性理论　2004.6　史念东　著
75　发展方程数值计算方法　2004.6　黄明游　编著
76　传染病动力学的数学建模与研究　2004.8　马知恩　周义仓　王稳地　靳　祯　著
77　模李超代数　2004.9　张永正　刘文德　著
78　巴拿赫空间中算子广义逆理论及其应用　2005.1　王玉文　著
79　巴拿赫空间结构和算子理想　2005.3　钟怀杰　著
80　脉冲微分系统引论　2005.3　傅希林　闫宝强　刘衍胜　著
81　代数学中的 Frobenius 结构　2005.7　汪明义　著
82　生存数据统计分析　2005.12　王启华　著
83　数理逻辑引论与归结原理(第二版)　2006.3　王国俊　著
84　数据包络分析　2006.3　魏权龄　著
85　代数群引论　2006.9　黎景辉　陈志杰　赵春来　著
86　矩阵结合方案　2006.9　王仰贤　霍元极　麻常利　著
87　椭圆曲线公钥密码导引　2006.10　祝跃飞　张亚娟　著
88　椭圆与超椭圆曲线公钥密码的理论与实现　2006.12　王学理　裴定一　著
89　散乱数据拟合的模型、方法和理论　2007.1　吴宗敏　著
90　非线性演化方程的稳定性与分歧　2007.4　马　天　汪宁宏　著
91　正规族理论及其应用　2007.4　顾永兴　庞学诚　方明亮　著
92　组合网络理论　2007.5　徐俊明　著
93　矩阵的半张量积:理论与应用　2007.5　程代展　齐洪胜　著
94　鞅与 Banach 空间几何学　2007.5　刘培德　著
95　非线性常微分方程边值问题　2007.6　葛渭高　著
96　戴维-斯特瓦尔松方程　2007.5　戴正德　蒋慕蓉　李栋龙　著
97　广义哈密顿系统理论及其应用　2007.7　李继彬　赵晓华　刘正荣　著
98　Adams 谱序列和球面稳定同伦群　2007.7　林金坤　著

99 矩阵理论及其应用 2007.8 陈公宁 编著
100 集值随机过程引论 2007.8 张文修 李寿梅 汪振鹏 高 勇 著
101 偏微分方程的调和分析方法 2008.1 苗长兴 张 波 著
102 拓扑动力系统概论 2008.1 叶向东 黄 文 邵 松 著
103 线性微分方程的非线性扰动(第二版) 2008.3 徐登洲 马如云 著
104 数组合地图论(第二版) 2008.3 刘彦佩 著
105 半群的 S-系理论(第二版) 2008.3 刘仲奎 乔虎生 著
106 巴拿赫空间引论(第二版) 2008.4 定光桂 著
107 拓扑空间论(第二版) 2008.4 高国士 著
108 非经典数理逻辑与近似推理(第二版) 2008.5 王国俊 著
109 非参数蒙特卡罗检验及其应用 2008.8 朱力行 许王莉 著
110 Camassa-Holm 方程 2008.8 郭柏灵 田立新 杨灵娥 殷朝阳 著
111 环与代数(第二版) 2009.1 刘绍学 郭晋云 朱 彬 韩 阳 著
112 泛函微分方程的相空间理论及应用 2009.4 王 克 范 猛 著
113 概率论基础(第二版) 2009.8 严士健 王隽骧 刘秀芳 著
114 自相似集的结构 2010.1 周作领 瞿成勤 朱智伟 著
115 现代统计研究基础 2010.3 王启华 史宁中 耿 直 主编
116 图的可嵌入性理论(第二版) 2010.3 刘彦佩 著
117 非线性波动方程的现代方法(第二版) 2010.4 苗长兴 著
118 算子代数与非交换 L_p 空间引论 2010.5 许全华 吐尔德别克 陈泽乾 著
119 非线性椭圆型方程 2010.7 王明新 著
120 流形拓扑学 2010.8 马 天 著
121 局部域上的调和分析与分形分析及其应用 2011. 4 苏维宜 著
122 Zakharov 方程及其孤立波解 2011. 6 郭柏灵 甘在会 张景军 著
123 反应扩散方程引论(第二版) 2011. 9 叶其孝 李正元 王明新 吴雅萍 著
124 代数模型论引论 2011. 10 史念东 著
125 拓扑动力系统——从拓扑方法到遍历理论方法 2011. 12 周作领 尹建东 许绍元 著
126 Littlewood-Paley 理论及其在流体动力学方程中的应用 2012. 3 苗长兴 吴家宏 章志飞 著
127 有约束条件的统计推断及其应用 2012. 3 王金德 著
128 混沌、Mel′nikov 方法及新发展 2012. 6 李继彬 陈凤娟 著
129 现代统计模型 2012. 6 薛留根 著
130 金融数学引论 2012. 7 严加安 著
131 零过多数据的统计分析及其应用 2013. 1 解锋昌 韦博成 林金官 著

132　分形分析引论　2013.6　胡家信　著
133　索伯列夫空间导论　2013.8　陈国旺　编著
134　广义估计方程估计方程　2013.8　周　勇　著
135　统计质量控制图理论与方法　2013.8　王兆军　邹长亮　李忠华　著
136　有限群初步　2014.1　徐明曜　著
137　拓扑群引论(第二版)　2014.3　黎景辉　冯绪宁　著
138　现代非参数统计　2015.1　薛留根　著